U0382496

本书受中国社会科学院登峰战略重点学科建设项目"环境技术经济学"资助

China
Environment and
Development Review

中国环境与
发展评论 （第八卷）

减污降碳 20 年：
回顾与展望

中国社会科学院环境与发展研究中心　主编

中国社会科学出版社

图书在版编目（CIP）数据

中国环境与发展评论. 第八卷，减污降碳 20 年：回顾与展望／
中国社会科学院环境与发展研究中心主编 . —北京：中国社会科学
出版社，2022.3

　ISBN 978－7－5203－9738－4

　Ⅰ.①中…　Ⅱ.①中…　Ⅲ.①环境—问题—研究—中国　Ⅳ.①X－12

　中国版本图书馆 CIP 数据核字（2022）第 027221 号

出 版 人	赵剑英
责任编辑	黄　晗
责任校对	李　莉
责任印制	王　超

出　　版	中国社会科学出版社
社　　址	北京鼓楼西大街甲 158 号
邮　　编	100720
网　　址	http://www.csspw.cn
发 行 部	010－84083685
门 市 部	010－84029450
经　　销	新华书店及其他书店

印　　刷	北京明恒达印务有限公司
装　　订	廊坊市广阳区广增装订厂
版　　次	2022 年 3 月第 1 版
印　　次	2022 年 3 月第 1 次印刷

开　　本	710×1000　1/16
印　　张	20.5
插　　页	2
字　　数	346 千字
定　　价	108.00 元

《中国环境与发展评论（第八卷）》
编 委 会

前　言

2001年，由中国社会科学院环境与发展研究中心郑易生研究员和王世汶博士主编的《中国环境与发展评论》首卷出版，在学术界和政府相关部门获得广泛好评。随后，《中国环境与发展评论》第二卷至第七卷相继出版，在业内树立了良好的口碑。

2021年，恰逢距第一卷出版已有20年。在这20年间，中国社会经济和国际形势发生了巨大变化，生态环境治理取得了显著的成就。第八卷主题为：减污降碳20年，以环境污染治理和碳减排为主线，回顾和评论过去20年中国环境质量和环境政策的演变。

围绕污染治理和"双碳"目标主题，本书分为五个篇章。第一篇为"中国环境污染治理及政策进展"，该篇由大气污染、水污染、固体废物与土壤修复以及环境监测等四章组成，分别介绍了三类主要环境污染治理领域的进展和环境监测事业的发展情况（王世汶、杨亮）。中国大气污染治理工作已取得了阶段性成就，部分污染物排放量得到控制，可吸入颗粒物、SO2、NOx等常规污染物的排放量开始处于下降趋势，但VOCs、氨等污染物排放仍处于上升态势，臭氧污染突出。中国水环境治理从"点"到"线"、再到"面"，呈现出了从单一治理到多元治理，再到综合治理的阶段性发展态势。中国水污染治理重点从早期的工业和市政污水末端治理，逐步扩展到农村污水处理、水环境综合治理和黑臭水体治理等。在固废领域，近二十年生活垃圾焚烧发电方式逐步取代了填埋模式，在危险废物治理领域，近十年得到全面发展和规范化、精细化管理。我国土壤污染修复工作起步相对较晚，但近年来得到广泛重视，发展较快。我国环境监测事业起步相对较早，从初期的以工业领域废气、废水、废渣的"三废"为主要监测对象，正在逐步拓展成为覆盖城市、区域、流域的包括生态环境质量和污染源的综合性环境监测体系。总体来看，随着国家环境治理能力的提升，污染防治的范围逐步扩大、防治力度逐渐加深、环境治理能力不断提高。

本书第二篇为"中国碳排放与"双碳"目标",该篇介绍了中国碳排放现状、碳达峰碳中和形势与开局思路,介绍了美国和欧盟应对气候问题的政策,对于中国实现"双碳"目标有重要启示。2020年9月,习近平主席在第七十五届联合国大会向全世界宣布,中国将力争于2030年前实现碳达峰,在2060年前实现碳中和。这项承诺体现了中国作为世界第二大经济体的责任与担当。《中国碳排放现状和气候治理政策综述》(蒋金荷、马露露)回顾了全球社会应对气候变化谈判的主要过程、中国气候治理政策及碳排放情况,认为"十一五"时期以来中国节能减排效率显著提高,经济增长与碳排放增长"弱脱钩"。由于世界发展格局的不断变化,中国从全球应对气候变化事业的积极参与者逐步转变为引领者和主导者,中国的低碳发展战略目标也随之发生变化。《碳达峰、碳中和工作面临的形势与开局思路》(张友国)回顾了中国低碳战略目标的演变过程,其主要特征是从节能这一间接、隐性的碳减排目标逐步过渡到直接的碳强度减排目标、继而演进到碳峰值、碳中和等碳总量控制目标。该文指出碳达峰、碳中和工作为新发展阶段中国低碳发展确立了新目标、注入了新动力,符合中国低碳发展战略内在的演化逻辑;碳达峰、碳中和工作开局应围绕高质量发展,不断提升低碳技术创新水平、充分考虑地区差异性和协同性、加强国际合作、动员全社会力量,深度融合低碳发展与供给侧结构性改革,并进一步完善相关政策体系和体制机制。

作为世界上综合国力最强大的国家和第二大温室气体排放国,美国在全球气候治理中的地位举足轻重。然而,美国历届政府对待气候变化问题的态度并非总是一致。《美国气候变化政策特征分析与展望》(蒋金荷、黄珊)提出,美国自20世纪90年代初签署《联合国气候变化框架公约》至今,美国的气候变化政策随着不同党派执政而变化,国内政治生态与结构的多样性和复杂性限制了气候政策的连续性,气候政策具有极大的不确定性,但是拜登政府积极的气候政策无疑会推动全球气候治理更上一层楼。2008年国际金融危机爆发。世界各国为应对经济衰退和环境危机推出绿色发展规划,《欧盟绿色新政的主要内容、特征及对中国的启示》(朱兰)回顾了绿色新政的出台背景和战略意义,并以2008年国际金融危机之后和2020年新型冠状肺炎疫情后欧盟的两次绿色新政为例,归纳其主要内容和特征,了解不同时期绿色新政的政策框架和重点演变。

第三篇主题是环境保护与经济发展，这一部分不仅探讨环境问题，而且关注污染问题与社会经济活动的因果关系。绿色是农业的底色，农业农村现代化必须是绿色的现代化。《农业绿色转型的政策演变及实践探索》（金书秦、冯丹萌）将改革开放以来至今农业绿色转型政策举措分为四个时期，分别是理念形成期（1978—1994）、起步阶段（1995—1999）、创新探索转型期（2000—2012）和优化转型期（2013—2020）。农业绿色发展具有阶段性，可划分为"去污、提质、增效"3个阶段：去污就是生产生活过程的清洁化，实现增产增收不增污；提质就是实现产地绿色化和产品优质化，通过完善市场实现优质优价；增效就是绿色成为驱动发展的内生动力，农业农村的多功能性逐步凸显，成为满足人们对美好生活向往的重要载体。《加快推进产业体系绿色现代化：模式与路径》（张友国）认为，加快发展现代产业体系与经济社会发展全面绿色转型有着内在的密切联系，产业体系的现代化也必须是人与自然和谐共生的现代化，或者说要建立一个绿色现代化产业体系。结合理论分析与现实观察，不同地区产业体系绿色现代化的模式可归结为绿色经济主导模式、低碳经济主导模式和循环经济主导模式。文章分析了产业体系绿色现代化面临的绿色转型原动力不足等突出问题，提出大力推进生态环境治理倒逼产业体系绿色现代化等实现路径。

黄河是中华民族的母亲河。目前，黄河流域不仅面临资源性缺水，而且面临水污染的严峻挑战。《黄河流域干支流水质演变与社会经济驱动因素》（李玉红）分析了黄河干流和支流水质的演变特征，发现2012年以来黄河水质显著改善，而干流水质不但好于支流，而且较早实现了水质好转。黄河干支流水质差异反映了沿岸城市在经济增长和污染治理能力方面的显著差距。省会大城市率先实现产业结构升级，治污能力增强且污染治理任务减轻；而各级支流沿线的小城市和县域污染治理任务重且治污能力较弱。黄河流域水污染治理不但要加强末端防控，还要着眼于各级城市利益分配格局和发展方式的调整。巢湖是我国重点治理的三大湖泊之一。2011年，原巢湖市被拆分，巢湖成为合肥市的内湖。《区划调整与环境治理——基于巢湖撤市的准自然实验》（李静、王敏、王姝兰）研究发现，区划调整后巢湖主要的污染指标如化学需氧量和溶解氧都不同程度地恶化，巢湖拆并的环境政策效果并不尽如人意。该文认为原因在于快速地拓展城镇空间、巢湖管理体制不完善、地方绩效考核偏重经济等。要治理巢湖，必须回归行政区划调整的政策"初心"，摈弃传统的经济先行的发展理念，强化精准治理和问责机制。

第四篇主题为环境保护与资源利用，由三篇文章组成。《中国资源利用政策体系研究》（王红）综合梳理了我国资源高效利用制度体系，包括政府文件、法律制度、行政规章、发展规划以及各种具体的激励性、指导性和限制性措施。文章评价制度政策的实施效果，我国能源消耗强度下降、资源产出率提高、资源综合利用规模不断扩大。针对当前存在问题和面临挑战，文章提出未来提高资源利用效率的政策建议。在我国西北农村地区，不断加剧的生态环境问题和水资源使用危机日益成为当地经济发展的重要限制因素，这说明现有水资源管理方法亟待改进。《我国水资源综合管理的发展与挑战：以我国西北四条河流为例》（张倩、KuoRay Mao）回顾了我国水资源管理方法。农业税费改革之后，我国开始采用基于项目制的水资源综合管理办法来应对农村地区普遍存在的水资源短缺和生态系统退化问题。虽然这一方法在减少荒漠化、水资源短缺和生态退化问题上有相当多的成功经验，但其实施也遇到了很多限制和障碍。由于忽略了地方社会经济背景和内在的矛盾关系，导致各种措施面临种种限制因素，引发了新的不确定性。"绿水青山"通过生态产品价值实现而转化为"金山银山"。《生态产品价值实现模式、关键问题及制度保障体系》（孙博文、彭绪庶）从理论层面廓清了生态产品的概念内涵、特征和产业匹配模式。该文分析了生态产品价值实现过程中面临的一系列诸如生态产品概念界定泛化等理论问题，以及生态产业"生态溢价"空间不足等实践问题，提出构建生态产品价值实现制度体系，包括完善要素保障制度、生态补偿制度、自然资源资产产权制度、生态产品价值核算制度、多元生态金融制度以及法律保障制度等。

第五篇为机制保障与社会参与，包括环保产业、绿色金融、信息公开与公益诉讼等四篇文章。《中国环保产业发展历程、问题与对策》（王世汶、杨亮）回顾了我国环保产业发展历程，20世纪90年代发展步伐明显加快，进入2000年以后，特别是2002年以后呈现出了快速的超常规发展，是国民经济体系中发展轨迹独特、成长较为迅速的新兴产业。经过几十年的积累和优胜劣汰，中国的环保产业已经基本建立起了可以对应中国污染当量和经济产业结构类型的环境产业体系。绿色金融为减污降碳提供重要的资金支持。《中国绿色金融的发展现状、问题与对策》（贾晓薇）回顾了中国与国外高收入、中高收入及中低收入国家绿色金融的发展历程，指出我国各种绿色金融制度存在着法律制度不够完善、产品制度缺乏标准、政策支持体系滞后、中介服务体系落后、信息沟通机制不畅等不足，提出加强绿色金融法律、市场、监管、机构和信息等方面的制度建设。

现代化环境治理体系的核心是"多元共治"，而多元共治的基础是信息全面公开。《环保组织视角下中国环境信息公开 20 年回顾与展望》（张静宁）从环保组织的视角，将我国环境信息公开分为启蒙和起步、深化和完善阶段，并且以垃圾焚烧发电行业的信息公开为例，介绍了环保组织与政府部门在环境信息公开方面的互动。回顾环境信息公开 20 年，后 10 年也是我国环境信息公开体系逐步构建、发展变化最大的 10 年。从申请公开答复称企业排污数据属于"秘密"到排污信息公开属于常态，从环保部门收到环保组织建议信质疑是否会"敲诈"到商讨如何一起解决问题，反映了生态环境部门和企业对于信息公开态度的变化。环境公益诉讼制度是一项新生事物，但已成为我国环境法治建设的重要内容。在生态文明思想指导下，社会组织在环境公益诉讼当中发挥着越来越重要的作用。《我国社会组织环境公益诉讼述评》（葛枫）将我国社会组织环境公益诉讼发展历程分为 2014 年前的探索期和 2015 年至今的全面发展期。2014 年的新环保法及相关司法解释的规定有力促进了社会组织参与环境公益诉讼活动。目前，我国环境公益诉讼具有以民事公益诉讼案件为主、案件数量少但影响大、涉及领域广泛、诉讼时间长且成本高的特点。社会组织在环境公益诉讼方面存在功能定位不清晰等特点，应重构民事公益诉讼功能、完善体现预防功能的程序，激励社会组织参与公益诉讼的积极性。

由于时间和能力所限，本书必定存在各种不足，欢迎各位专家不吝指正。

编　者

2021 年 12 月

目　录

第五篇 机制保障与社会参与

总论 中国减污降碳20年：回顾与展望[*]

2001年，中国在国际舞台上有两件耀眼的大事，第一件是2001年7月，首都北京获得举办2008年奥运会申办权；第二件是2001年12月，中国正式加入世界贸易组织（WTO）。这些事件释放出这样的信号，即中国面临的国际形势缓和，中国因此迎来了经济发展的重要战略机遇期。

在过去的20年，中国社会经济发生了重大变化：经济总量上升成为世界第二、居民生活水平大幅提高、中等收入群体逐渐形成、脱贫攻坚取得胜利；与此同时，社会经济增长对生态环境形成了巨大冲击，中国大气、水和土壤环境容量严重不足，中国治理生态环境问题的战略思想和制度体系都发生了相应的积极变化。

一 中国经济增长基本特点

（一）经济总量持续增长、体量庞大，成为世界工厂

改革开放以来，中国一直保持较快的经济增长速度。从图1来看，2001年之前，中国经济总量较小，经济增速波动起伏较大；而2001年以后，随着中国经济总量的增大，经济增速逐渐放缓，趋于平稳，即使2020年在全球疫情冲击下，中国依然保持了2.3%的增速。

2001年，中国GDP刚刚迈过1万亿美元大关。2010年，中国GDP达到5.9万亿美元，超过日本成为世界第二大经济体，占美国GDP的

---

*本文作者为李玉红（中国社会科学院数量经济与技术经济研究所、中国社会科学院环境与发展研究中心，研究员）。

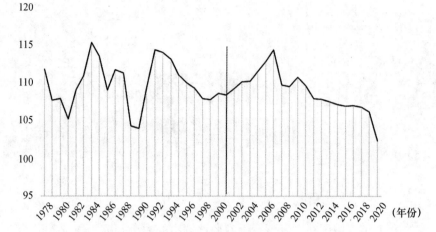

图 1　1978—2020 年中国 GDP 增长指数（上年 = 100）

资料来源：《中国统计年鉴（2020）》。

40.10%。2019 年，中国 GDP 达 14.3 万亿美元，已经占美国的 66.94%，与世界第一大经济体的差距逐渐缩小。

中国出口总额持续增长，2000 年中国货物出口总额为 0.25 万亿美元，2007 年突破万亿美元，2012 年突破 2 万亿美元。中国制造的机械和轻纺产品遍布美国等发达国家的超市商店，成为新的"世界工厂"。外需成为拉动中国经济增长的"三驾马车"之一。

（二）重化工产品增速较快，工业化进程尚未结束

近 20 年中国经济结构呈现出偏向重化工的特点。2002 年中国爆发了非典型肺炎，对私家车的需求猛增，带动了汽车相关产业的发展，如高速公路、石化和钢铁产业等；同时，世纪之交的住房改革启动了房地产市场，带动了建材、钢铁行业的迅速发展。从表 1 可以看到，21 世纪以来，中国原煤产量增速不仅没有降低，而且以更快的速度增长。2019 年，中国原煤产量达到 38.5 亿吨，是 2000 年的近 3 倍，增速超过了改革开放前 20 年 1.8 个百分点。同样，近 20 年中国生铁产量以 10% 的速度增长，比前 20 年快近 4 个百分点。近 20 年水泥增速尽管低于前 20 年，但是 9.42% 的增速也令人瞩目。

表 1　　　　　　　　　　　中国主要工业品产量

年份	原煤 （亿吨）	水泥 （万吨）	生铁 （万吨）	发电量 （亿千瓦时）
1978	6.2	6524.0	3479.0	2565.5
2000	13.8	59700.0	13101.5	13556.0
2019	38.5	234430.6	80849.4	75034.3
1978—2000 平均增速（%）	3.73	10.59	6.21	7.86
2000—2019 平均增速（%）	5.53	7.46	10.05	9.42

资料来源：《中国统计年鉴（2020）》。

从中国重化工产品产量走势来看，中国工业化进程有所减慢，但似乎远未结束。1996 年，中国粗钢产量达到 1 亿吨，2003 年，中国粗钢产量达到了 2 亿吨，其后，粗钢产量几乎每 1 至 2 年增加 1 亿吨，2013 年迈上 8 亿吨。其后，粗钢产量增速有所放缓，2018 年达到 9 亿吨（见图 2）。

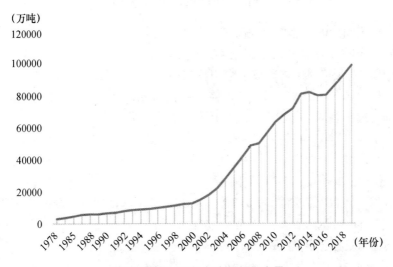

图 2　1978—2019 年中国粗钢产量

资料来源：历年《中国统计年鉴》。

相比世界发达国家的同期发展水平，中国重化工产品的生产能力更高。2019 年中国粗钢产量已经达到 9.9 亿吨，人均粗钢产量 0.7 吨，不但远超美国 1.4 亿吨的历史最高产量，而且已超过美国 0.6 吨的最高人均产量，但中国钢铁产量似乎尚未达到峰值。中国钢铁、水泥和煤炭等重化工产品的高消费有多方面的原因，一方面，如同发达国家经历过的基础设施投资，中国在道路硬化、建筑物、电水气网络建设等方面需要投入钢铁等重化工产品，而且中国基础设施建设带有追赶速度，用几十年时间追赶发达国家上百年的积累。另一方面，中国特有的基础设施结构和建筑结构也刺激了对重化工产品的需求。以高铁为例，中国建成世界上最长的高速铁路运输网络，2008 年，中国高铁里程仅有 672 公里，2019 年已经达 35388 公里。据中国铁道科学研究院有关专家分析测算，通常情况下高速铁路每公里约消耗水泥 1.2 万吨左右，但中国高速铁路建设中，桥梁占线路总长超过 50%，京沪高铁每公里消耗水泥 2 万吨以上[1]。在建筑方面，近 20 年中国高层建筑技术成熟，迅速取代了多层建筑，而楼层越高，每平方米钢筋和水泥用量越高。另外，中国跨区域输电和输气工程都要消耗钢筋水泥。未来中国新基建还处于起步阶段，5G 基站、城际轨道交通和高铁的建设工程都意味着中国对钢铁和水泥等重化工产品的需求将持续一个阶段。

（三）居民收入水平提高，生产生活方式发生改变

中国经济的高速增长提高了城乡居民收入和生活水平。2019 年，中国城乡居民可支配收入分别是 42359 元和 16020 元，分别是 2001 年的 6.2 倍和 6.8 倍。中国形成了中等收入群体，约占人口的 40% 左右[2]①，也就是 5 亿—6 亿人口，这个群体规模相当庞大，超过了美国全国的人口，超过了英国、德国、法国和日本的总人口数。

中国中等收入群体的生产生活方式越来越呈现西方的消费主义特征，一方面，物质消费增加，如私家车需求膨胀，私家车已经成为中等收入群体身份象征的标配。2020 年中国私人载客汽车达到 2.2 亿辆（见图 3），是 2001 年的 47 倍，而且私家车数量保持持续增长的势头。另一方面，中等收入群体对生活质量有较高的要求，如生态环境质量、食品安全，从而拉动生态旅游、康养、绿色农产品等新型消费业态的大发展。

（四）脱贫攻坚取得胜利，全面建成小康社会

2021 年，在建党百年之际，中国脱贫攻坚战取得了全面胜利。现行

---

① 如果将居民收入中位数的 75%—200% 定义为中等收入群体，那么，近 10 年来中国中等收入群体占比则一直维持在 40% 左右。

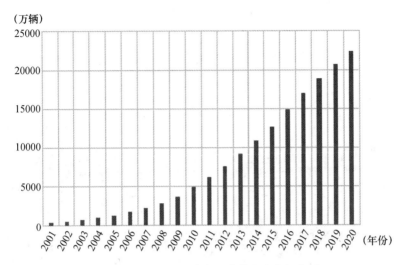

图 3　2001—2020 年中国私人载客汽车拥有量

资料来源：历年《中国统计年鉴》、国家统计局网站。

标准下 9899 万农村贫困人口全部脱贫，832 个贫困县全部摘帽，12.8 万个贫困村全部出列，区域性整体贫困得到解决[3]，完成了消除绝对贫困的艰巨任务。2021 年 7 月 1 日，习近平同志在建党百年庆祝大会上宣布，中国已经全面建成小康社会。

二　中国环境质量变动态势

（一）传统污染物排放量得到有效控制，二氧化碳排放强度下降

1. 工业和城镇生活污染物排放量先增后减

2001 年以来，随着工业生产活动的急剧扩张，污染物排放量也持续增加，但随着国家对工业污染的治理，大部分污染物排放量增长趋势得到控制。"十二五"时期以来，工业部门的污染物排放量呈现下降趋势。以工业部门二氧化硫为例，2006 年，工业部门二氧化硫排放量达到历史最高水平，为 2235 万吨（见图 4）。"十一五"时期，二氧化硫列入了国务院总量减排的约束性目标，2010 年排放量降低到 1864 万吨。"十二五"时期，尤其是党的十八大以后，工业部门二氧化硫排放量持续下降，2015 年降低到 1557 万吨。"十三五"时期，随着生态文明战略的推进，工业部门二氧化硫排放量迅速下降到 395 万吨，为近 20 年最低。

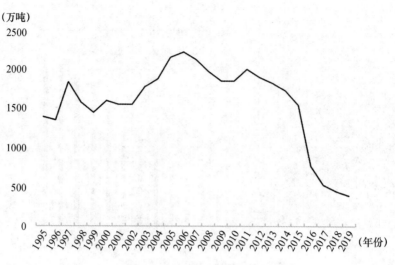

图 4　中国工业部门二氧化硫排放量

资料来源：历年《中国环境年鉴》。

　　总体来看，中国工业部门的除尘、脱硫工作取得较大成效，脱硝工作虽有所滞后，但减排趋势明显。火电、钢铁与水泥行业已经达到或正在接近污染物超低排放标准。

　　大城市居民生活部门的污染物排放量呈现类似的趋势。2005 年，城镇生活部门二氧化硫排放量达 381 万吨，而 2019 年已降低到 61 万吨。

　　2. 二氧化碳排放量增加，排放强度实现减排目标

　　由图 5 可知，中国在"入世"之前，二氧化碳排放量处于较低水平。2000 年，中国二氧化碳排放量为 31 亿吨，是美国的 57.89%。中国"入世"之后，在外需拉动下，能源消耗急剧攀升，2005 年二氧化碳排放量已达 58 亿吨，略超过美国成为世界第一排放国。其后中国二氧化碳排放量增长势头不减，直到 2013 年达到 99 亿吨的历史峰值，约为同时期美国的 2 倍。2013 年之后，中国二氧化碳排放量快速增长势头得到有效控制，2018 年仅比 2013 年增加 4 亿吨。中国二氧化碳排放量进入缓慢增长阶段。

　　作为一个发展中国家，中国在发展经济的同时，积极担负起减缓气候变化的责任。温家宝总理在哥本哈根气候变化大会发言指出，中国是最早制定实施《应对气候变化国家方案》的发展中国家，先后制定和修订了节约能源法、可再生能源法、循环经济促进法、清洁生产促进法、森林法、草原法和民用建筑节能条例等一系列法律法规，把法律法规作

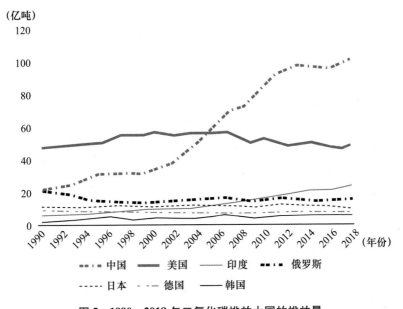

图 5　1990—2018 年二氧化碳排放大国的排放量

资料来源：世界银行网站（https://data.worldbank.org/indicator/EN.ATM.CO2E.KT? end = 2018&name_desc = true&start = 1960&view = chart）。

为应对气候变化的重要手段。在该会议上，中国政府宣布 2020 年中国单位 GDP 碳排放量将在 2005 年的水平上下降 40%—45%[4]。

2018 年，中国名义 GDP 为 91.93 万亿元，二氧化碳排放量为 102 亿吨，每万元 GDP 碳排放强度为 1.12 吨，名义碳排放强度比 2005 年下降了 63.89%；剔除通胀因素，用 2005 年不变价计算的碳排放强度，2018 年比 2005 年下降了 41.94%（见图 6）。这意味着中国已经提前兑现了在哥本哈根大会做出的碳排放强度减排承诺。

2020 年，习近平主席在联合国大会提出中国将在 2030 年实现碳达峰、2060 年实现碳中和。"双碳"目标的提出标志着总量控制成为中国低碳战略目标，这是一个里程碑式的转变。近 20 年，中国低碳战略目标从"十一五"时期的节能减排隐性目标逐步过渡到"十二五"时期的碳强度减排显性目标，继而演进到碳峰值、碳中和等碳总量控制目标[5]。

（二）环境质量呈现先恶化后转好趋势

2001 年以来，中国大气、水和土壤环境容量上限迅速被突破。中国的发展逼近工业文明的生态红线、环境底线和资源上线[5]，环境污染事

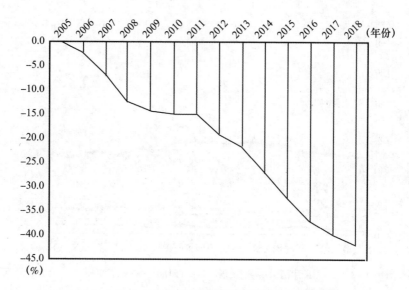

图 6 2005—2018 年中国单位 GDP 碳排放下降幅度

资料来源：《中国统计年鉴（2020）》、世界银行网站（https：//data. worldbank. org/indi-cator/EN. ATM. CO2E. KT？ end = 2018&name_desc = true&start = 1960&view = chart）。

故进入密集高发期。松花江水污染事故、太湖蓝藻事故、镉大米以及一系列血铅超标事故震惊全国，引起全社会的高度关注。

2013 年是中国的"雾霾之年"，敲响了大气污染的警钟。2013 年 1 月，全国出现 4 次较大范围雾霾过程，涉及 30 个省（区、市）。环保部 1 月的调查数据显示，江苏、北京、浙江、安徽、山东月平均雾霾日数分别为 23.9 天、14.5 天、13.8 天、10.4 天、7.8 天，均为 1961 年以来同期最多。中东部地区大部分站点 PM2.5 浓度超标日数达到 25 天以上，有些地区的 PM2.5 达到五年来最高值[6]。京津冀地区尤为严重，石家庄、唐山、邯郸、保定和邢台等地 PM2.5 浓度位居全国前十之列，北京 PM2.5 浓度超过国家空气质量二级标准 1 倍以上。

自 2013 年以来，为了改善日益恶化的环境质量，中国相继出台了《大气污染防治行动计划》《水污染防治行动计划》和《土壤污染防治行动计划》。2017 年党的十九大报告提出打好污染防治攻坚战，包括了 7 个保卫战和 4 个专项行动。从实施效果来看，大气污染和水污染防治的效果较为明显。2020 年，中国细颗粒物平均浓度已经从 2013 年的 72 微克/立方米降低到 33 微克/立方米，降低了 54.2%（见图 7）。"十一五"初期，中国河流劣 V 类水质比例达到 21.8% 的峰值，"十二五"时

期之后劣Ⅴ类水质比例明显下降，2018 年降到 5.5% （见图 8）。根据
《中国生态环境状况报告》，2020 年中国河流劣Ⅴ类水质比例降
至 0.2%。

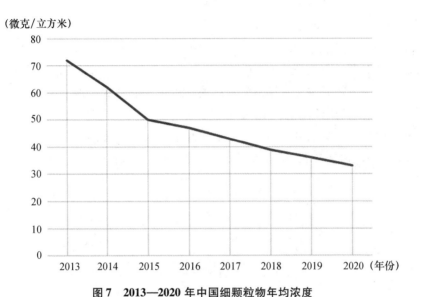

图 7　2013—2020 年中国细颗粒物年均浓度

资料来源：历年《中国生态环境状况公报》。

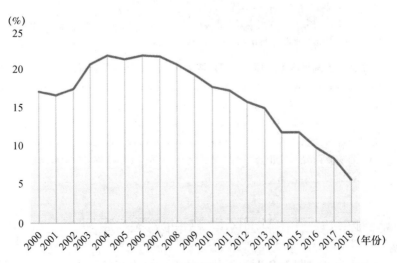

图 8　2000—2018 年中国河流劣Ⅴ类水质比例

资料来源：《中国水资源公报》，1997—2018 年。

（三）与国际发达国家的差距逐渐缩小

IQAir 网站对 98 个国家细颗粒物浓度由高到低排名，2019 年，中国以 39.1 微克/立方米的浓度排在第 11 位，下降幅度较快，已经好于孟加拉、巴基斯坦和印度等国家。2020 年，中国细颗粒物年均浓度进一步下降到 33 微克/立方米，已经达到了中国环境空气质量二级标准，也达到了世界卫生组织设置全球空气质量标准（2005 年）第 I 阶段目标值。当然，中国环境空气质量距离发达国家水平还有较大差距。美国、日本和欧盟的环境空气质量标准要高于中国（见图 9），而且部分地区已经达到了世界卫生组织 10 微克/立方米的健康指导值。美国细颗粒物年均浓度已经从 2000 年的 13.2 微克/立方米下降到 2015 年的 8.0 微克/立方米。

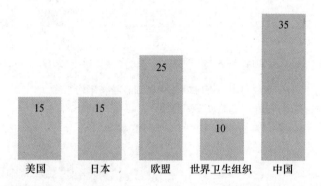

图 9　中国与美国等国家细颗粒物年均浓度标准（二级）的比较（微克/立方米）

资料来源：美国 EPA 网站（https：//www.epa.gov/air-trends/air-quality-national-summary）、日本环境省网站（http：//www.env.go.jp/en/air/index.html）、欧盟网站（https：//www.eea.europa.eu/themes/air/air-quality-concentrations/air-quality-standards）、WHO 网站（https：//www.who.int/zh/news-room/fact-sheets/detail/ambient-（outdoor）-air-quality-and-health）、《中国环境空气质量标准 GB3095—2012》。

三　中国环境治理政策的演变

（一）生态文明上升为"五位一体"总体布局的组成部分

在党的历次代表大会报告中，生态文明最早出现在 2007 年党的十七大报告，在全面建设小康社会的目标中，出现了"建设生态文明"的提法。2012 年党的十八大报告中，生态文明提升为"五位一体"总体布局的组成部分，并且以"大力推进生态文明建设"为题单独成为一节。2017 年党的十九大报告提出，中国"生态文明建设成效显著"，"生态文明制度体系加快形成"，而且以"加快生态文明体制改革，建设美丽中国"为题单独成节。

党的十八大以来，生态文明建设受到空前重视。思想认识程度之深、污染治理力度之大、制度出台频度之密、监管执法尺度之严、环境质量改善速度之快前所未有[7]。2017 年中央经济工作会议将污染防治作为决胜全面建成小康社会的三大攻坚战之一，生态环境治理上升到国家政治高度。

表 2　　　　　　　　党的代表大会关于生态文明的论述

时间	代表大会	面临形势	全面建设小康社会的目标
2002	党的十六大	生态环境、自然资源和经济社会发展的矛盾日益突出	可持续发展能力不断增强，生态环境得到改善，资源利用效率显著提高，促进人与自然的和谐，推动整个社会走上生产发展、生活富裕、生态良好的文明发展道路
2007	党的十七大	经济增长的资源环境代价过大	建设生态文明，基本形成节约能源资源和保护生态环境的产业结构、增长方式、消费模式。循环经济形成较大规模，可再生能源比重显著上升。主要污染物排放得到有效控制，生态环境质量明显改善。生态文明观念在全社会牢固树立
2012	党的十八大	资源环境约束加剧	资源节约型、环境友好型社会建设取得重大进展。主体功能区布局基本形成，资源循环利用体系初步建立。单位国内生产总值能源消耗和二氧化碳排放大幅下降，主要污染物排放总量显著减少。森林覆盖率提高，生态系统稳定性增强，人居环境明显改善
2017	党的十九大	生态环境保护任重道远	按照党的十六大、十七大、十八大所提出的全面建成小康社会各项要求，紧扣中国社会主要矛盾变化，统筹推进经济建设、政治建设、文化建设、社会建设、生态文明建设。坚决打好污染防治攻坚战

资料来源：中国共产党新闻网站（http://cpc.people.com.cn/）。

（二）推进中央垂直环境监管，从督企向督政转变

中国环境监督执法由属地管理。根据中国环境保护法规定，地方政府对属地环境质量负责。然而，在过去的几十年，由于地方政府经常将经济增长目标放在环境保护之前，而且地方政府环境保护能力不足，导致地方环境质量不断恶化，污染事件增多。

自 2003 年起，针对企业违法排污屡禁不止的现象，国家环保总局等多部委组织开展"整治违法排污企业保障群众健康环保专项行动"，每年都针对某类引起社会广泛关注的环境污染问题进行集中治理[8]。但是，由于专项整治未能引起地方政府的真正重视，或者检查时非常重视，但检查后又反弹，多为"运动式""一阵风"，缺乏对于发现问题、解决问题、紧盯问题解决、考核问责等的长效机制，对于实质性解决问题贡献依然有限[9]。

2013 年，中国出台《大气污染防治行动计划》（简称"气十条"），计划到 2017 年，全国地级及以上城市可吸入颗粒物浓度比 2012 年下降 10% 以上；京津冀、长三角、珠三角等区域细颗粒物浓度分别下降 25%、20%、15% 左右，其中北京市细颗粒物年均浓度控制在 60 微克/立方米左右。然而，从京津冀地区雾霾治理政策效果评估结果来看，京津冀地区的污染物排放量高于"气十条"所规定的 PM2.5 浓度目标下的环境承载力[10]，也就是说，现有减排措施难以实现细颗粒物浓度 60 微克/立方米左右的目标。为了实现"气十条"的目标，2017 年，环保部启动了"史上最大规模"环保督察，对京津冀及周边地区"2 + 26"城市开展为期一年共计 25 轮次的大气污染防治强化督查[11]，这对于京津冀地区如期完成"气十条"的目标起到了重要的作用。

在督企的同时，以督政为目标的中央环保督察制度逐步走向前台，发挥越来越重要的作用。生态环境保护督察大致经历了督企为主、督政督企并举、党政同责三个阶段[12]。2019 年 6 月，中共中央办公厅、国务院办公厅印发了《中央生态环境保护督察工作规定》，规定中央实行生态环境保护督察制度，设立专职督察机构，对省、自治区、直辖市党委和政府、国务院有关部门以及有关中央企业等组织开展生态环境保护督察。据研究，中央环保督察显著降低了地级市细颗粒物等大气污染物浓度[13]。

针对地方保护主义和地方环境信息失真等问题，"十三五"时期，

中国推行省以下环保机构监测监察执法垂直管理制度。2016 年发布了改革试点工作的指导意见，着力于解决现行以块为主的地方环保管理体制存在的问题，如难以落实对地方政府及其相关部门的监督责任、难以解决地方保护主义对环境监测监察执法的干预、难以适应统筹解决跨区域跨流域环境问题的新要求、难以规范和加强地方环保机构队伍建设四个突出问题[14]。

　　总体来看，党的十八大以来中央层面加强了生态环境监督执法力度，垂直监管能力增强，以此弥补地方环境治理的不足，真正落实中央生态环保政策，切实改善生态环境质量。

（三）环境监测能力提高，监测重点由污染物排放转向生态环境质量

　　改革开放初期的 20 年，中国环境监测重点是工业污染源，对占污染物排放 85% 的重点调查企业进行调查，从而形成各地区、各行业的污染物排放统计。然而，企业对污染物的处理程度取决于政府环境监管强度。在环境监管缺失的情况下，企业为节约成本不处理污染物而直接排放。农村地区企业缺乏政府和社会力量的环境监督，污染物排放超标现象比较普遍，而这部分超标排放的污染物并不计入账面，工业污染排放量被低估。由于家底不清，导致中国环境管理始终不能抓住工业污染的重要来源，环境管理效率大打折扣[15]。由于污染物排放量数据失真，其统计价值降低，从 2018 开始，《中国统计年鉴》已不再公布 2018 年以后的污染物排放数据。

　　借助于环境大数据、5G 和物联网技术的发展，中国生态环境质量监测能力逐步加强。2013 年以来，中国基本建成覆盖环境质量、自然生态、重点污染源等全部环境要素领域，范围上覆盖全部城市和区县的生态环境监测网络[16]。由于地方不当干预环境监测行为时有发生、相关部门环境监测数据不一致、排污单位监测数据弄虚作假屡禁不止、环境监测机构服务水平良莠不齐，导致环境监测数据质量问题突出，制约了环境管理水平提高。为切实提高环境监测数据质量，2017 年中办、国办印发了《关于深化环境监测改革提高环境监测数据质量的意见》，目标是到 2020 年，全面建立环境监测数据质量保障责任体系等，确保环境监测机构和人员独立公正开展工作，确保环境监测数据全面、准确、客观、真实[17]。

　　截至 2020 年，国家层面统一布设了空气质量监测站点 1734 个、地表水监测断面 3646 个、地下水监测站点 1912 个、海洋监测点位 1359 个、土壤监测点位 22427 个，基本覆盖了全部地级及以上城市和区县、重点流域干支流和饮用水水源地、重要水文地质单元，以及中国管辖海域。中东部地区特别是人口密集或污染严重的地区，监测点位已经延伸到乡镇、街道、农村[18]。

四 展望

在过去的 20 年中，中国在生态环境保护方面做出了巨大的努力，取得了显著的进步，与发达国家的差距逐步缩小。回顾这段历史，生态环境领域的工作可以分为减污和降碳两条主线。"十四五"时期，中国进入了以降碳为重点战略方向、减污降碳协同推进时期。可以预见，这两条主线在未来的几十年将不断地交融，呈现出协同治理趋势。

可以看到，在快速工业化和城镇化过程中，中国生态环境保护也累积了大量的历史欠账，局部地区生态环境问题依然突出，新型污染不断出现，基层政府环境治理能力相对薄弱，距实现"美丽中国"与碳中和目标还有相当长的距离。

站在两个一百年的历史交汇处，尽管未来的生态环境保护任务依然沉重，但中国生态环境治理能力不断提高，生态环境保护在国家治理体系中的地位越来越高，中国已逐步建立起生态文明制度体系，明确了生态环境保护的正确方向。在大方向不变的前提下，中国生态环境治理还应在精细化管理方面不断加强；增强基层政府环境治理能力；通过深化改革，处理好地方经济增长与生态环境保护的矛盾。生态环境保护任重而道远。

参考文献

[1] 易妮：《高铁地铁建设需要多少水泥》，https：//www.ccement.com/news/content/7568218844758.html。

[2] 李培林、崔岩：《我国 2008—2019 年间社会阶层结构的变化及其经济社会影响》，《江苏社会科学》2020 年第 4 期。

[3] 习近平：《在全国脱贫攻坚总结表彰大会上的讲话》，http：//www.gov.cn/

xinwen/2021 – 02/25/content_5588869. htm。

[4] 温家宝：《凝聚共识、加强合作，推进应对气候变化历史进程——在哥本哈根气候变化会议领导人会议上的讲话》，http：//www. gov. cn/ldhd/2009 – 12/19/content_1491149. htm。

[5] 张友国：《碳达峰、碳中和工作面临的形势与开局思路》，《行政管理改革》2021 年第 3 期。

[6] 《全国今年平均雾霾天数达 29.9 天 创 52 年来之最》，https：//www. china-daily. com. cn/dfpd/shehui/2013 – 12/30/content_17204063. htm。

[7] 李干杰：《十八大以来我国生态环境保护实现五个"前所未有"》，ht-tp：//env. people. com. cn/n1/2017/1023/c1010 – 29604306. html。

[8] 潘家华：《从生态失衡迈向生态文明：改革开放 40 年中国绿色转型发展的进程与展望》，《城市与环境研究》2018 年第 4 期。

[9] 李玉红：《铅酸电池行业环保专项行动的环境与经济影响研究》，《中国环境管理》2016 年第 5 期。

[10] 葛察忠、冀云卿、李晓亮：《生态环境统筹强化监督：国家环保执法的新机制》，《环境保护》2019 年第 18 期。

[11] 高敬：《64% 被查企业存在环境问题，17.6 万家"散乱污"企业待整治——环保部详解京津冀大气污染防治强化督查》，http：//www. xinhuanet. com//politics/2017 – 07/14/c_1121322353. htm。

[12] 石敏俊、李元杰、张晓玲、相楠：《基于环境承载力的京津冀雾霾治理政策效果评估》，《中国人口·资源与环境》2017 年第 9 期。

[13] 罗三保、杜斌、孙鹏程：《中央生态环境保护督察制度回顾与展望》，《中国环境管理》2019 年第 5 期。

[14] 董峻、高敬：《着力破除地方保护主义　强化基层环境监管职能——省以下环保机构监测监察执法垂直管理制度改革成效综述》，http：//www. gov. cn/xinwen/2018 – 05/29/content_5294596. htm。

[15] 王岭、刘相锋、熊艳：《中央环保督察与空气污染治理——基于地级城市微观面板数据的实证分析》，《中国工业经济》2019 年第 10 期。

[16] 李玉红：《中国工业污染的空间分布与治理研究》，《经济学家》2018 年第 9 期。

[17] 《中共中央办公厅　国务院办公厅印发〈关于深化环境监测改革提高环境监测数据质量的意见〉》，http：//www. gov. cn/zhengce/2017 – 09/21/content_5226683. htm。

[18] 章少民：《中国生态环境信息化：30 年历程回顾与展望》，《环境保护》2021 年第 2 期。

第一篇　中国环境污染治理及政策进展[*]

---

　* 本篇作者为王世汶（中国社会科学院数量经济与技术经济研究所、中国社会科学院环境与发展研究中心，副研究员）、杨亮（清华大学环境学院环境管理与政策教研所）。本篇部分内容发表于《环保产业发展理论与实践》，中国社会科学出版社 2020 年版。

中国大气污染治理及政策演变

一　大气污染治理概况

随着 40 余年的工业化和城镇化进程的高速发展，当前中国主要空气污染物排放总量居高，超过了环境容量。主要的大气污染物包括：细颗粒物、可吸入颗粒物、二氧化硫（SO_2）、氮氧化物（NOx）、挥发性有机化合物（VOCs）、臭氧（O_3）、氨等。在经历了从"十一五"到"十二五"时期的快速发展，中国大气污染治理工作已取得了阶段性成就，部分污染物排放量得到控制。尽管可吸入颗粒物、SO_2、NOx 等常规污染物的排放量开始处于下降趋势，但 VOCs、氨等污染物排放仍处于上升态势，臭氧污染突出。

从 2013 年《大气污染防治行动计划》（简称"气十条"）的推出，到 2016 年出台的《"十三五"生态环境保护规划》，大气污染治理上升为这一阶段中国环保工作的重中之重。当前，中国火电厂烟气排放标准已接近全球最严格水平，进一步推进了超低排放改造等各项工作，2016年政府工作报告对空气质量优良的天数提出了明确的目标要求，对能源绿色化、结构调整和移动源污染治理等工作做出了详细部署。但现阶段中国区域复合污染问题依然严峻，大气污染治理工作任重道远。

在"十二五"期间，大气污染防治工作围绕优化产业结构、加强清洁能源利用和深化大气污染治理三个角度开展，出台了一系列政策、规划和标准。在大气污染治理方面，着重开展了二氧化硫和氮氧化物治理和控制、建立工业烟粉尘治理、挥发性有机污染物防治体系、控制移动源排放和建立区域大气联防联控机制等几个方面的工作。脱硫脱硝工作取得了可喜的阶段性成果，污染物排放量呈现下降趋势，同时 VOCs 治理工作也在 2013 年开始逐渐展开摸底调查等前期准备工作，陆续出台政策体系，开启治理市场。

"十三五"时期是中国大气污染防治的关键阶段，随着烟气治理工作的顺利展开，更加严格的大气污染物排放标准和非电行业超低排放均在这一阶段实现。同时，VOCs治理成为大气污染治理新的重点领域。移动源控制方面，不断提升的燃油国标逐渐将移动源大气污染降低到最低，清洁能源的大力推进也将从能源结构上根本性地解决中国的大气污染问题。

二 烟气脱硫脱硝进展

（一）污染物排放情况

二氧化硫和氮氧化物是主要的大气污染物之一，其中工业领域是其主要排放源。以2015年统计数据为例，2015年中国二氧化硫排放总量为1859.1万吨（见图1）。其中工业源共计1556.7万吨，占比83.73%；同年中国氮氧化物排放总量为1851.9万吨，其中工业源共计1180.9万吨，占比为63.77%[1]。

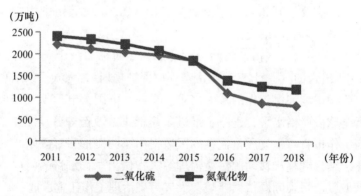

（万吨）

图1 近年来主要大气污染物排放状况

资料来源：《中国统计年鉴2019》[2]。

中国二氧化硫减排工作起步相对较早，"十一五"时期二氧化硫被国务院首批列入排放总量控制计划管理，成为列入《国民经济和社会发展第十一个五年规划纲要》的约束性指标。氮氧化物的减排工作从"十二五"时期开始全面启动，在国家《国民经济和社会发展第十二个五年规划纲要》中正式列入减排约束性指标。

中国二氧化硫和氮氧化物排放源中工业源排放所占比例长期居高，脱硫脱硝重点行业涉及火电、钢铁、水泥、玻璃、化工等多个行业领域。其中电力行业占比突出，至"十二五"时期电力行业二氧化硫、氮氧化物的排放量分别占到了工业领域全部排放量的约40%和50%。在发展前期，电力行业尤其是煤电领域是脱硫、脱硝工作的主战场。

随着"十一五"和"十二五"期间对火电行业脱硫脱硝改造和超低排放的推动，近5年火电脱硫机组规模基本维持每年6%—7%的增速，2010—2015年，煤电机组脱硫设施安装容量由5.8亿千瓦增长到8.9亿千瓦；煤电机组脱硝设施安装容量由0.8亿千瓦增长到8.3亿千瓦[3]。进入"十三五"时期相关工作继续提速，至2018年，以投运的煤电烟气脱硫机组容量超过9.6亿千瓦，占全国煤电机组容量的95.9%，全国燃煤电厂100%实现脱硫后排放；同年全国已投运火电厂烟气脱硝机组容量达到10.6亿千瓦，占全国火电机组容量的92.6%[4]。

2015年开始全面推进的火电行业超低排放工作的开展，有效降低了电厂大气污染物排放总量，截至2018年末，全国共有80%的燃煤机组完成超低排放改造，累计装机容量达8.1亿千瓦[5]，相较于2015年的1.6亿千瓦有了高速发展。

非电领域的脱硫脱硝工作也取得了较大的进展，"十二五"期间，安装脱硫设施的钢铁烧结机面积由2.9万平方米增加到13.8万平方米，安装率由19%提升至88%。但非电领域脱硫市场相对混乱，低质低价和恶性竞争状况普遍，且由于非电行业在建设初期执行的排放标准相对较低，现有设施往往达不到最新的排放标准。"十三五"期间，非电行业的提标改造将成为脱硫脱硝行业的重点工作方向之一。

综上所述，中国大气治理行业整体工作正沿着从电力到非电再到散煤燃烧的治理路径逐步推进。在烟气脱硫脱硝领域，"十三五"期间包括钢铁、水泥、工业窑炉等非电行业领域的脱硫脱硝改造是治理重点。

（二）脱硫脱硝政策演变

进入"十三五"时期后，脱硫脱硝减排领域依然是大气污染治理的重要领域。在《中华人民共和国国民经济和社会发展第十三个五年规划纲要》中明确提出了较2015年，2020年的二氧化硫和氮氧化物排放总量分别下降15%的约束性指标。

1. 持续加速电力领域烟气脱硫脱硝工作，推进超低排放

结合"十一五""十二五"时期烟气脱硫脱硝工作的阶段性成果，在《煤电节能减排升级与改造行动计划（2014—2020 年）》（环保部、国家发改委、国家能源局 3 部委，2014 年 9 月）等相关政策的基础上，2015 年 12 月由环保部、国家发改委、国家能源局 3 部委联合颁布了《全面实施燃煤电厂超低排放和节能改造工作方案》，该方案明确了到 2020 年全国所有具备改造条件的燃煤电厂力争实现在基准氧含量 6% 条件下，烟尘、二氧化硫、氮氧化物排放浓度分别不高于 10 毫克/立方米、35 毫克/立方米、50 毫克/立方米的超低排放的目标。同时《关于实行燃煤电厂超低排放电价支持政策有关问题的通知》（环保部、国家发改委、国家能源局 3 部委，2016 年 3 月）等相关配套政策陆续出台。在地方层面各省市陆续出台相关区域性政策包括《福建省全面实施燃煤电厂超低排放和节能改造工作方案》（福建省环保厅等，2016 年 3 月）、《湖南省全面实施燃煤电厂超低排放和节能改造工作方案》（湖南省环保厅等，2016 年 4 月）等。在政策推动下，燃煤电厂超低排放工作得到全面推进。2018 年《关于全面加强生态环境保护 坚决打好污染防治攻坚战的意见》（中共中央、国务院，2018）中进一步明确"到 2020 年，具备改造条件的燃煤电厂全部完成超低排放改造，重点区域不具备改造条件的高污染燃煤电厂逐步关停。"的硬性要求。

2. 非电领域烟气脱硫脱硝工作全面展开，钢铁行业开启超低排放改造

在《"十三五"生态环境保护规划》《打赢蓝天保卫战三年行动计划》等相关政策的推动下，包括钢铁、水泥、玻璃、焦化、陶瓷等行业在内的非电力大气污染物排放领域的烟气脱硫脱硝工作得到持续推进。其中钢铁行业的超低排放相关工作首先得到了全面推进。2019 年 4 月生态环境部、国家发改委等 5 部委联合颁布了《关于推进实施钢铁行业超低排放的意见》，提出到 2020 年和 2025 年钢铁行业超低排放侧产能改造目标及相关控制标准，同时《关于做好钢铁企业超低排放评估监测工作的通知》（环办大气函〔2019〕922），《钢铁企业超低排放改造技术指南》（中国环境保护产业协会，2019 年 12 月）等配套政策陆续出台。

钢材产量位居全国首位的河北、江苏、山东等省市相继发布了本区域的相关治理方案，包括《江苏省钢铁企业超低排放改造实施方案》《山东省钢铁行业超低排放改造实施方案》等，相关工作全面推进。

3. 燃煤锅炉整治工作与超低排放改造加速

针对燃煤锅炉污染排放问题，国家发改委、环保部等 7 部委于 2014 年 11 月联合发布了《燃煤锅炉节能环保综合提升工程实施方案》，针对二氧化硫和氮氧化物分别占到全国排放总量达 33% 和 9% 的全国在用的 46.7 万台燃煤锅炉（2012 年）开展整治工作。根据该实施方案要求，各地方政府加速出台相关政策推进超低排放改造，如山东省于 2015 年 8 月颁布的《关于加快推进燃煤机组（锅炉）超低排放的指导意见》等。2019 年 12 月国家市场监督管理总局等 3 部委颁布的《关于加强锅炉节能环保工作的通知》明确提出"重点区域新建燃煤锅炉大气污染物排放浓度满足超低排放要求。重点区域保留的锅炉执行大气污染特别排放限制或更严格的地方排放标准"的要求。

4. 工业窑炉减排工作加速，标准制定加速

此外，在工业窑炉减排领域，对相关工艺装备、污染治理技术和管理水平提出了更高的要求。2019 年生态环保部、国家发改委等 4 部委发布了《工业炉窑大气污染综合治理方案》，提出了"到 2020 年，完善工业炉窑大气污染综合治理管理体系，推进工业炉窑全面达标排放，大气污染防治重点区域工业炉窑装备和污染治理水平明显提高"的要求。明确重点区域钢铁、水泥、焦化、石化、化工、有色等行业的二氧化硫、氮氧化物等污染物全面执行大气污染物特别排放限值。同时加速铸造、日用玻璃、玻璃纤维、矿物棉、电石等行业大气污染物排放标准的制订。

三 挥发性有机物（VOCs）治理

（一）概况

环保部 2014 年发布的《大气挥发性有机物源排放清单编制技术指南（试行）》对挥发性有机物的定义是："在标准状态下饱和蒸气压较高（标准状态下大于 13.33Pa）、沸点较低、分子量小、常温状态下易挥发的有机化合物。"由于 VOCs 具有光化学活性，排放到大气中是形成细颗粒物（PM2.5）和臭氧的重要前体物质，对环境空气质量造成较大影响，同时对气候变化也有影响。

根据工信部 2016 年发布的统计数据显示，现阶段全国 VOCs 每年排

放量高达 3000 多万吨。工业是 VOCs 排放的重点领域,排放量占总排放量的 50% 以上[6]。涉及石油炼制与石油化工、涂料、油墨、胶黏剂、农药、汽车、包装印刷、橡胶制品、合成革、家具、制鞋等相关行业。山东、浙江、江苏、广东、上海等沿海区域的 VOCs 排放量排在全国前列。

中国的 VOCs 治理工作较其他大气污染物的治理起步晚,减排与控制的实施相对滞后。在"十二五"规划中大气污染治理的重点主要围绕在除尘、脱硫和脱硝方面。基于应对雾霾的影响,2013 年国务院出台"气十条"正式提出开展 VOCs 污染治理,随着《工业和信息化部关于石化和化学工业节能减排的指导意见》《石化行业挥发性有机物综合整治方案》《挥发性有机物排污收费试点办法》等具体治理对策陆续出台,相关工作逐步启动。进入"十三五"时期,VOCs 治理工作全面铺开,围绕重点地区、重点行业领域的治理需求迅速增长,相关市场全面开启。

(二) 治理政策

1. 总体目标

在"十三五"时期,VOCs 治理阶段目标、重点区域重点行业治理措施、排放标准体系等政策陆续出台,为 VOCs 治理工作的开展提供了指导和保障。

2016 年颁布的《"十三五"生态环境保护规划》中,首次将挥发性有机物的治理列入五年发展规划中,明确了全面启动挥发性有机物污染防治,将重点地区重点行业挥发性有机物的减排作为"预期性"指标列入"十三五"期间的污染物排放总量控制指标体系。在此基础上,2017 年 9 月由环保部、发改委等 6 部委联合出台的《"十三五"挥发性有机物污染防治工作方案》中进一步明确了到 2020 年要建立健全 VOCs 的污染防治管理体系,重点地区、重点行业 VOCs 排放总量下降 10% 以上等阶段目标。重点地区明确为京津冀及周边、长三角、珠三角等区域覆盖的 16 个省(市);重点行业明确为石化、化工、包装印刷、工业涂装等行业以及机动车、油品储运销等交通源 VOCs 污染防治。从推进产业结构调整、工业源 VOCs 污染防治、交通源 VOCs 污染防治、生活源农业源 VOCs 污染防治、建立健全管理体系等方面全面推进 VOCs 污染防治。

2. 重点区域重点行业治理措施

基于国家政策,各地方政府积极制定本区域的地方政策,包括《江苏省挥发性有机物污染治理专项行动实施方案》（2017 年 4 月）、《河北省挥发性有机物污染整治专项实施方案》（2017 年 8 月）、《山东省重点行业挥发性有机物综合整治方案》（2017 年 12 月）等。其中广东、浙江等省在"十二五"时期已着手 VOCs 的治理工作，先行出台了《广东省重点行业挥发性有机物综合整治的实施方案（2014—2017 年)》（2014 年 12 月）、《浙江省挥发性有机物污染整治方案》（2013 年 10 月）等相关政策。此外部分省市明确了重点监管企业名单，强化对企业 VOCs 治理工作的监管。如 2016 年广东省环保厅的《挥发性有机物重点监管企业名录（2016 年版）》，列出共 1434 家 VOCs 排放量较高的企业，并将广东省 27 家化工类企业列入泄漏检测与修复（LDAR）技术改造项目中。

在行业治理领域，环保部在 2014 年 12 月出台了《石化行业挥发性有机物综合整治方案》，要求至 2017 年 7 月前，建成全国石化行业 VOCs 监测监控体系；各级环境保护主管部门完成石化行业 VOCs 排放量核定。并在 2015 年 11 月发布了《石化行业 VOCs 污染源排查工作指南》《石化企业泄漏检测与修复工作指南》等配套政策。

此外，在工业园区和产业聚集区的 VOCs 治理领域，2019 年 6 月生态环境部颁布的《重点行业挥发性有机物综合治理方案》等相关政策中，对于不同产业类别的聚集区提出了具体要求，如对涂装类产业聚集区提出了鼓励建设集中涂装中心，配备高效废气治理设施，代替分散的涂装工序；对于对石化、化工类产业聚集区推行泄漏检测统一监管，鼓励建立园区 LDAR 信息管理平台等具体要求。

3. 制定排放标准

目前中国已经建立了以《大气污染物综合排放标准》（GB1297—1996）、《恶臭污染物排放标准》（GB14554—1993）等为代表的综合排放标准和涵盖钢铁、有色金属、建材、煤炭、石化、塑料橡胶等重点领域的约 40 项重点行业排放标准所构成的固定源大气污染排放指标体系。"十二五"时期以来，针对苯类有机物、醛类有机物等 VOCs 相关特征污染的排放标准逐步明确，其中石化、精细化工领域进展较快。在石化领域陆续出台了石油炼制、石油化学、合成树脂、烧碱聚氯乙烯等子领域的专项排放标准。精细化工领域颁布了制药、涂料油墨及胶黏剂相关排放标准[7]。此外在综合排放标准方面，2019 年出台了针对 VOCs 无组织排放的专项标准《挥发性有机物无组织排放控制标准》（GB37822—

2019)，明确了 VOCs 物料储存、VOCs 物料转移和输送、工艺过程的 VOCs 无组织排放、设备与管线组件 VOCs 泄漏、敞开液面 VOCs 无组织排放等五类典型无组织排放源的控制要求以及 VOCs 无组织排放废气收集处理系统要求、企业厂区内及周边污染监控要求。

表1 近年来颁布的 VOCs 相关固定源大气污染排放标准

标准名	代码	执行时间
挥发性有机物无组织排放控制标准	GB37822—2019	2019 - 07 - 01
涂料、油墨及胶黏剂工业大气污染物排放标准	GB37824—2019	2019 - 07 - 01
制药工业大气污染物排放标准	GB37823—2019	2019 - 07 - 01
烧碱、聚氯乙烯工业污染物排放标准	GB15581—2016	2016 - 09 - 01
无机化学工业污染物排放标准	GB31573—2015	2015 - 07 - 01
石油化学工业污染物排放标准	GB31571—2015	2015 - 07 - 01
石油炼制工业污染物排放标准	GB31570—2015	2015 - 07 - 01

此外，在尚未形成明确行业排放标准的农药、汽车涂装、集装箱制造、包装印刷、家具制造、电子工业等行业大气污染物排放标准的编制工作已经启动。

在国家标准体系加速构建的同时，各省级地方政府也在构建本区域的 VOCs 排放地方标准体系。在广东省、浙江省、江苏省、山东省等 VOCs 排放量较大的地区以及北京、上海、重庆、天津等省市相关进展较快。截至 2018 年，北京市发布的 VOCs 相关标准达 14 项、上海市达 11 项。部分区域已形成了所在区域较完善的 VOCs 排放标准体系。以山东省为例，山东省从 2016 年 11 月发布地方排放标准《挥发性有机物排放标准第 1 部分：汽车制造业》起至 2019 年 3 月发布的《挥发性有机物排放标准第 7 部分：其他行业》，针对汽车制造业、铝型材工业、家具制造业、印刷业、表面涂装行业、有机化工行业以及其他行业等重点领域系统性制定了地方性挥发有机物排放标准，形成了符合山东省产业及污染特点的"7 +1"挥发性有机物排放标准体系。

4. 强化监测与监督执法

从政策层面在逐步加大对 VOCs 排放行业、企业排放状况的监测监控与治理工作的监督力度。在生态环境部发布的《重点行业挥发性有机物综合治理方案》中明确提出了在排污许可管理已经规定的企业自行监测的基础上，石化、化工、包装印刷、工业涂装等 VOCs 排放重点源，纳入重点排污单位名录，主要排污口安装自动监控设施。同时制定了《工业企业 VOCs 治理检查要点》《油品储运销 VOCs 治理检查要点》等工具性文件，推进相关专项检查执法工作的开展。此外各省级政府也通过相关法规制度的制定督促对相关企业治理工作的开展。如江苏省于 2019 年 3 月基于《江苏省挥发性有机物污染防治管理办法》发布了《省级挥发性有机物排放重点监管企业名录》，确定了江苏省省级 VOCs 排放重点监管企业名单共 1422 家。

参考文献

［1］环境保护部：《2016 中国环境状况公报》，http：//www. cnemc. cn/jcbg/zghjzkgb/201706/t20170615_646748. shtml。

［2］国家统计局：《中国统计年鉴 2019》，中国统计出版社 2019 年版。

［3］住房建设部：《2016 年城乡建设统计年鉴》，中国统计出版社 2016 年版。

［4］中国电力企业联合会：《中国电力行业年度发展报告 2019》，https：//sohu. com/a/320818692_408441。

［5］中国电力企业联合会：《中国电力行业年度发展报告 2019》，https：//sohu. com/a/320818692_408441。

［6］工业和信息化部、财政部：《工业和信息化部　财政部关于印发重点行业挥发性有机物削减行动计划的通知》，工信部联节，〔2016〕217 号。

［7］苏庆梅、邢伯蕾、梁桂廷：《我国大气中挥发性有机物监测与控制现状分析》2019 年第 8 期。

中国水污染治理及政策演变[*]

中国水污染治理包括了传统的工业和市政污水末端治理，也包括"十三五"时期出现的农村污水处理、水环境综合治理和黑臭水体治理等。中国水环境治理从"点"到"线"再到"面"的外延式发展模式，呈现出了从单一治理到多元治理，再到综合治理的阶段性发展态势。

本文选择"十三五"规划中水污染治理领域的4个重点——城镇生活污水处理、农村生活污水处理、工业废水处理、水环境综合治理进行研究和分析。

一 城镇生活污水处理

城镇生活污水是中国污水的主要来源，近5年生活污水排放量平均占总废水排放量的65%以上[1]，在最近几年工业废水排放量逐渐减少的趋势下，生活污水排放量仍保持上升趋势，在废水排放总量中的占比也在逐年提高。

（一）城镇生活污水排放概况

2015年中国生活污水排放量为535.2亿吨，近5年同比增长达到5.75%，已经占全国污水排放量的72.78%。随着城市化进程的推进和人民生活水平的不断提高，生活污水排放量还将继续增长，成为中国废水排放量逐年提高的主要原因。

由于城镇生活污水处理起步较早，污水处理水平相对较高，截至2015年，中国城镇生活污水处理能力为2.17亿立方米/日，城市污水处

* 本文作者为王世汶（中国社会科学院数量经济与技术经济研究所、中国社会科学院环境与发展研究中心，副研究员）；杨亮（清华大学环境学院环境管理与政策教研所）。

理率达到92%，县城污水处理率达到85%，至2017年末设市城市污水处理率已接近95%，县城污水处理率已达到90%[2]。

（二）政策分析

城镇生活污水处理设施及配套管网是城市环境基础设施建设与运维的重要领域，近年来进一步加快处理设施与管网建设、提高相关排放标准等政策相继出台，相关工作得到持续的推进。

1. 持续提升污水处理能力，强化管网建设

国家发改委和住建部于2016年12月出台的《"十三五"全国城镇污水处理及再生利用设施建设规划》中明确了在"十三五"时期城镇生活污水处理领域至2020年包括城市生活污水处理率、城市污泥无害化处置率、再生水利用率、污水管网规模等在内的建设目标（见表1）。生活污水处理设施规模达到2.68亿立方米/日。该规划明确了完善污水收集系统、提升污水处理设施能力、重视污泥无害化处理处置、推动再生水利用、启动初期雨水污染治理等任务要求。

表1 "十三五"城镇生活污水处理领域建设目标[3]

项目	地区	目标
污水处理率（%）	城市	95
	县城	≥85
	建制镇	70
污水管网规模（万公里）		42.24
污水处理设施规模（万立方米/日）		26766

根据《"十三五"全国城镇污水处理及再生利用设施建设规划》中明确的"十三五"时期建设资金需求显示，在"十三五"期间城镇生活污水处理总投资约4566亿元，其中包括新建污水管网设施投资2134亿元、老旧管网改造投资494亿元、新增污水处理设施投资1506亿元和污水处理设施提标改造投资432亿元。从投资分布来看，新建投资共3640亿元，其中管网建设占比较大，改造投资共926亿元，老旧管网改造与污水处理设施提标改造投资规模相当。

2019年住建部、生态环境部、国家发改委联合出台的《城镇污水处理提质增效三年行动方案》中继续明确持续推进城市生活污水集中处理设施、管网的改造和建设，强调健全排水管理的长效机制。

2. 加速提标改造

在城镇生活污水处理领域，中国现行的标准为 2002 年国家环保总局制定颁布、2006 年修订的《城镇污水处理厂污染物排放标准》（GB18918—2002）。此后在特定条件、特定区域下相关排放标准逐步提升。2011 年由环保部、发改委等 4 部门联合发布的《重点流域水污染防治规划（2011—2015 年）》中明确"到 2015 年，重点流域内城镇污水处理厂确保达到一级 B 排放标准（GB18918—2002）"。2015 年 4 月由国务院颁发的《国务院关于印发水污染防治行动计划的通知》（简称"水十条"）中提出"敏感区域城镇污水处理设施应于 2017 年底前全面达到一级 A 排放标准。建成区水体水质达不到地表水 IV 类标准的城市，新建城镇污水处理设施要执行一级 A 排放标准"的要求。与中央政府政策相呼应，各地方相继出台了区域性、地方性提标要求。如湖南省颁布的《关于加快推进敏感区域污水处理厂提标改造的通知》（湖南省住建厅，2017 年）、浙江省颁布的《关于推进城镇污水处理厂清洁排放标准技术改造的指导意见》（浙江省住建厅、环保厅，2018 年）、广东省颁布的《关于进一步加快敏感区域污水处理设施提标改造工作的通知》（广东省住建厅、环保厅，2018 年）等。

此外，针对现行排放标准《城镇污水处理厂污染物排放标准》（GB18918—2002），2015 年 11 月环保部发布了《城镇污水处理厂污染物排放标准（征求意见稿）》相对于现行版本，征求意见稿的排放标准更加严格，增加了水污染物特别排放限值和近 40 余项控制项目，同时规定了提标改造的时间点和目标。截至 2019 年，新修订版尚未落地实施。

二　农村生活污水处理

（一）农村生活污水处理概况

中国农村生活污水处理相关工作起步晚、基础差、难度大。从 2008 年开始，在中央政府专项资金及地方政府配套资金的支持下，开始在重点地区开展示范工作。"农村环境连片整治示范"工作于 2010 年全面展开，在 2010—2014 年分三批先后选取江苏省、浙江省、湖南省、湖北省、福建省、安徽省、青海省、山东省、山西省、黑龙江省、吉林省、辽宁省、甘肃省、陕西省、河北省、重庆市、广西壮族自治区、新疆维吾尔自治区、宁夏回族自治区等省（区）开展示范。针对示范区域，中央财政通过农村环保专项资金补助方式予以支持，地方原则上要按照不低于中央投入的资金给予配套。

截至 2015 年，中央累计投入农村环保专项资金 315 亿元，开展了全国 7.8 万个建制村的环境综合整治工作，占建制村总数的 13%，农村生活污水的年处理量达到 7 亿吨。但中国农村污水治理的道路仍然很长，在 54.2 万个建制村中，只有 6.2 万个村对生活污水进行了处理，处理率仅为 11.4%[4]。在"十三五"期间政策的大力推动下，中国农村污水处理的进程得以提速，到 2016 年底，已有 20% 的行政村对生活污水进行了处理[5]，一年内处理水平提升近一倍，但这一比例相较于城镇生活污水 92% 的处理率仍有非常大的差距。农村生活污水处理率低是中国农村环境治理面临的重大问题，也是"十三五"时期污水处理领域的重要发展方向。

（二）政策分析

在"十三五"时期，中国农村污水治理工作得到了全面发展，政策体系从建设规划、建设模式到排放标准等方面逐步得以完善。

1. 加速设施建设

近年来，对农村污水处理起到最直接推动作用的是 2014 年国务院出台的《关于改善农村人居环境的指导意见》、2015 年的"水十条"和 2016 年的"十三五"规划等政策。国务院于 2014 年提出了重点治理农村垃圾和污水，推进城镇垃圾污水处理设施和服务向农村延伸；2015 年出台的"水十条"明确提出了各级政府要统筹支持农村污水和垃圾处理设施的建设工作，推进集中处理，保障污水和垃圾处理项目的正常运行；"十三五"规划将农村环境综合整治列为环境治理保护 11 个重点工程之一，并下拨专项资金，进一步推动了农村污水处理的发展。

为了落实"十三五"规划的发展目标，各部委又相继颁发了详细方案。《全国农村环境综合整治"十三五"规划》提出了到 2020 年，新增完成环境综合整治目标的建制村 13 万个，经整治的村庄污水处理率不低于 60%；《"十三五"全国改善农村人居环境规划》又进一步提出了到 2020 年，农村厕所污水（黑水）的治理率不低于 70%，从指标层面细化了农村污水处理的目标，完善了"十三五"目标的考核标准。

此外中央农办、农业农村部等 8 部委于 2018 年颁布的《推进农村"厕所革命"专项行动的指导意见》，加速了农村厕所的无害化改造，同时强调了统筹考虑农村生活污水治理和厕所革命的要求。

2. 建设原则与建设模式

针对农村污水治理过程中出现的缺乏统筹规划、配套资金不足、重建设轻运营等问题，结合住建部开展的"全国农村污水治理百县示范工作"等经验，"统一规划、统一建设、统一管理"的建设模式逐步普及并推广。在《水污染防治行动计划》（简称"水十条"）中明确提出"在以县级行政区域为单元，实行农村污水处理的统一规划、统一建设、统一管理，有条件的地区积极推进城镇污水处理设施和服务向农村延伸"。在此后颁布的《农村人居环境整治三年行动方案》（国务院，2018年 2 月）、《农业农村污染治理攻坚战行动计划》（生态环保部，2018 年11 月）等相关文件中均进一步强调了"县级行政区为单位""3 个统一"的要求。

2019 年 7 月由中央农办、农业农村部、生态环境部等 9 部委联合颁布的《关于推进农村生活污水治理的指导意见》中，明确了新时期下农村污水治理"因地制宜、注重实效；先易后难、梯次推进；政府主导、社会参与；生态为本、绿色发展"的基本原则。分别针对东部地区、中西部城市近郊区，中西部有较好基础且基本具备条件的地区；地处偏远、经济欠发达等地区的不同发展现状，分别提出了阶段性发展目标。

3. 明确排放标准

由于农村生活污水处理发展的相对滞后，长久以来，中国农村生活污水处理设施排放在国家层面并未出台专门的排放标准。实践中多参照执行《城镇污水处理厂污染物排放标准》（GB18918—2002）。

2018 年 9 月，住建部和生态环境保护部联合发布《关于加快制定地方农村生活污水处理排放标准的通知》，首次从国家层面明确了农村生活污水处理排放要求，明确了不同排放情景下标准的适用范围，并明确了根据直接排入水体、间接排入水体、出水回用等不同排放去向确定控制指标和排放限制的要求。

表 2 不同情景下标准的适用范围

排放情景	执行标准
就近纳入城镇污水管网	执行《污水排入城镇下水道水质标准》（GB/T 31962—2015）
500 立方米/日以上规模（含 500 立方米/日）	参照执行《城镇污水处理厂污染物排放标准》（GB18918—2002）
500 立方米/日以下	各地根据实际情况确定相关处理规模划分标准

结合上述通知要求，各地方政府加速制定本区域的相关标准，包括北京市《农村生活污水处理设施水污染物排放标准》（DB11/1612—2019）、陕西省《农村生活污水处理设施水污染物排放标准》（DB61/1127—2018）、四川省《四川省农村生活污水处理设施水污染物排放标准》（DB51/2626—2019）等。此外甘肃省、河南省、天津市、山东省、福建省湖南省等省市已制定并公开了相关征求意见稿。

此外在农村污水处理设施建设标准领域，2019 年 4 月，住建部出台了《农村生活污水处理工程技术标准》，对农村污水处理的设计水量、水质、配套设施和运营维护等提出了标准化要求，将有效解决因排放标准缺失而导致的过度建设、运营维护超标以及工艺选择错误等问题，保障了农村污水处理设施建设的安全性，也为企业的建设投资指明了方向。

（三）瓶颈和问题

现阶段中国的农村污水处理面临以下四个方面的瓶颈：

1. 重建设轻运营，管网建设不足。由于大部分污水治理项目是由政策性补贴方式投入建设，往往会导致设施建好，但后续运营和配套管网建设不足，使很多污水处理设施"建而不用"。

2. 水量的波动性。受外出打工等因素影响，农村人口波动性较大。部分区域户籍人口和常住人口之间存在明显差距，节假日人口较多，平时常住人口相对较少。对于设施建设前期的设计处理能力与实际处理量的测算、处理设备不同水量下的抗波动性有较高要求。

3. 技术人员缺失，管理不到位。农村污水处理项目实施地区较为分散，后续运营需要大量的技术和管理人员，但农村地区专业人员明显缺乏，导致大部分工程建好后无人看管处于瘫痪状态。

4. 付费机制不健全。现阶段绝大部分农村地区尚未建立有效的污水处理付费机制，缺乏像污水处理厂那样有效的收费机制保障，使项目营利性不足。除个别国际机构外援项目外，项目资金仍然依靠政府财政。目前较为普及的 PPP 项目模式的本质来源同样是政府财政和税收的支持，项目公司开展工程建设主要利用的是银行贷款，而付费机制的缺失会导致在财政支持减缓后，项目本身营利性不足，将无法支撑其后续的稳定运营。

三　工业废水处理

（一）工业废水处理概况

工业废水约占全国废水总量的 1/3。与生活污水相比，工业污水具有结构复杂，水质水量变化大，污染物浓度高、污染物种类多且具有毒性及难降解等特性。造纸及纸制品业、化学原料和化学制品制造业、纺织业、农副产品加工业、煤炭开采与洗选业等是中国工业废水主要排放行业。

近年来，随着国家减排工作的推动、产业结构调整加速等因素的影响，中国工业废水排放量开始出现逐年下降的趋势，2015 年的年排放总量为 199.5 亿吨，已降至 200 亿吨以下，4 年累计下降 13.59%，且未来有望继续呈现下降趋势[6]。中国工业废水处理率一直保持较高水平，2015 年工业废水处理能力达到 2.47 亿吨/日，工业废水治理初见成效。

基于工业废水的特性，随着经济发展水平和生活水平的提高，国家对于工业废水治理的要求也在不断趋严，工业企业的污染物排放标准进一步提高。

（二）政策分析

1. 新环保法高要求、严要求

"水十条"将造纸、焦化、氮肥、有色金属、印染、农副食品加工、原料药制造、制革、农药、电镀等废水排放量大、污染问题严重的行业领域指定为专项整治的十大行业领域。进入"十三五"时期后工业废水治理要求和推进力度全面提升。同时 2015 年 1 月新环保法及 2018 年 1 月水污染防治法的实施增强了针对环境违法的处罚力度、大幅提高了违法成本，屡禁不止的未经处理工业废水的偷排、直排、乱排现象得到了一定程度上的有效遏制。

2. 工业聚集区园区集中污水处理设施建设

中国工业聚集区数量众多，目前中国仅国家级开发区超过 500 家、省级开发区近 2000 家，随着中国工业聚集区的发展，涉水工业聚集区带来的水污染问题日益突出。2015 年颁布的《水污染防治行动计划》中对于工业聚集区的水污染在强化"三同时"的基础上，明确要求工业聚集区须按规定要求建成污水集中处理设施，并安装在线监控装置。2017 年 7 月环保部颁布了《工业集聚区水污染治理任务推进方案》，要求在 2017 年年底前完成相关工作。

3. 排放标准体系的完善

在通用标准《污水综合排放标准（GB8978—1996）》的基础上"十二五"时期集中出台、更新了二十余项相关标准，逐步完善并细化针对各特定行业领域的排放标准。目前中国现行国家水污染物排放标准达到 64 项，控制项目达到 158 项[7]，行业水污染物排放标准控制的化学需氧量、氨氮排放量占中国工业废水中相应排放量的 80% 以上，已经建立相对完善的工业废水排放标准体系。

表3　　"十二五"时期以来新制定的主要工业污水排放标准

标准名	标准代码	实施时间
船舶水污染物排放控制标准	GB3552—2018	2018 – 07 – 01
石油炼制工业污染物排放标准	GB31570—2015	2015 – 07 – 01
再生铜、铝、铅、锌工业污染物排放标准	GB31574—2015	2015 – 07 – 01
合成树脂工业污染物排放标准	GB31572—2015	2015 – 07 – 01
无机化学工业污染物排放标准	GB31573—2015	2015 – 07 – 01
电池工业污染物排放标准	GB30484—2013	2014 – 03 – 01
制革及毛皮加工工业水污染物排放标准	GB30486—2013	2014 – 03 – 01
合成氨工业水污染物排放标准	GB13458—2013	2013 – 07 – 01
柠檬酸工业水污染物排放标准	GB19430—2013	2013 – 07 – 01
麻纺工业水污染物排放标准	GB28938—2012	2013 – 01 – 01
毛纺工业水污染物排放标准	GB28937—2012	2013 – 01 – 01
缫丝工业水污染物排放标准	GB28936—2012	2013 – 01 – 01
纺织染整工业水污染物排放标准	GB4287—2012	2013 – 01 – 01

续表

标准名	标准代码	实施时间
炼焦化学工业污染物排放标准	GB16171—2012	2012 - 10 - 01
铁合金工业污染物排放标准	GB28666—2012	2012 - 10 - 01
钢铁工业水污染物排放标准	GB13456—2012	2012 - 10 - 01
铁矿采选工业污染物排放标准	GB28661—2012	2012 - 10 - 01
橡胶制品工业污染物排放标准	GB27632—2011	2012 - 01 - 01
发酵酒精和白酒工业水污染物排放标准	GB27631—2011	2012 - 01 - 01
汽车维修业水污染物排放标准	GB26877	2012 - 01 - 01
弹药装药行业水污染物排放标准	GB14470.3—2011	2012 - 01 - 01
钒工业污染物排放标准	GB26452—2011	2011 - 10 - 01
磷肥工业水污染物排放标准	GB15580—2011	2011 - 10 - 01

在"十三五"时期，除已颁布实施的《船舶水污染物排放控制标准》（GB3552—2018）之外，《纺织工业水污染物排放标准》《屠宰及肉类加工工业水污染物排放标准》《炼焦化学工业污染物排放标准（修订)》《铸造工业大气污染物排放标准》《制糖工业水污染物排放标准（修订)》等新标准已进入意见征集阶段。

4. 废水深度处理与回用

中国工业废水深度处理的开展主要来自两个方面的政策引导。一方面是工业节水，另一方面是包括"零排放"或近"零排放"要求下的污染物减排。

在节水方面，工信部于2016年7月颁布的《工业绿色发展规划（2016—2020年)》对于企业工业废水处理回用、产业聚集区的废水集中处理回用提出了要求。2017年1月由国家发改委、水利部、住建部三部委联合发布的《节水型社会建设"十三五"规划》中对于工业节水领域提出加大高耗水行业节水改造力度、优化生产工艺、加强废水再生利用的要求，并针对钢铁、煤炭、火力发电、石油化工、纺织、制浆造纸、食品等高耗水行业明确了节水重点改造项目。此外，针对主要工业领域的行业规范条件中多对"水重复利用率"有相关要求，如2017年3月工信部发布的《印染行业规范条件（2017版)》中明确要求印染行业水重复利用率需达到40%。

在污染物排放控制领域，在总量控制政策下，基于2016年国务院颁布的《控制污染物排放许可制实施方案》，环保部分别于 2016 年 12 月发布的《排污许可证管理暂行规定》、2018 年 1 月发布的《排污许可管理办法（试行）》等政策。排污许可制度逐步落地，全面规范废水企业排放企业的排污行为，促进污染物减排。同时在部分环境敏感区域针对特定行业的污水"零排放""近零排放"政策要求逐步深化。如 2015 年 12 月，环保部发布的《现代煤化工建设项目环境准入条件（试行）》中明确要求"在缺乏纳污水体的区域建设现代煤化工项目，应对高含盐废水采取有效处置措施，不得污染地下水、大气、土壤等"。

四 水环境综合治理

水环境综合治理是近年来新提出的理念，是中国环境治理由"点"到"线"再到"面"发展的一个标志，污水治理不再局限于传统的针对点源的污染治理，而是扩展到全流域及流域周边生态系统等多方面的面源治理，以及针对污染水体的水体修复综合治理模式，是中国水污染治理迈向新阶段的里程碑。这里重点分析水环境综合治理领域近年来进展较快的黑臭水体治理。

（一）黑臭水体治理概况

黑臭水体包括城市黑臭水体和农村黑臭水体。在城市层面是指城市建成区内，呈现令人不悦的颜色和（或）散发令人不适气味的水体的统称[8]。根据透明度、溶解氧、氧化还原电位和氨氮等要素构成的评价指标可分为"轻度黑臭"和"重度黑臭"。

在城市层面，多由雨污合流、污染源不截流、管网陈旧破损、河道淤泥沉积等问题导致黑臭水体的形成。黑臭水体的治理需要建设雨污分流的管道以及所需的污水处理厂，或者对现存的陈旧管道进行改造，此外还包括河道清淤、生态修复乃至周边景观设计等内容。随着社会经济的快速推进，近年来中国黑臭水体问题较为严重，治理难度较高。

进入"十三五"时期后，黑臭水体治理尤其是城市黑臭水体治理工作成为中国环保治理的重要治理领域之一，相关政策相继出台，在中央财政的支持下，黑臭水体示范城市等治理工作全面铺开。截至目前，中国黑臭水体治理工作在政府的推动下，取得了较大的进展。

（二）政策分析

1. 规划性文件与指导实施性文件的完善

进入"十二五"时期以来，以城市为中心的黑臭水体治理工作得到政府部门的高度重视。相关政策法律体系于"十二五"末期开始逐渐出台；进入"十三五"时期后，中国不断完善法律政策体系，全面推动黑臭水体污染治理工作的开展。

2015年4月，由国务院印发的"水十条"提出，"到2020年，地级及以上城市建成区黑臭水体均控制在10%以内""到2030年，城市建成区黑臭水体总体得到消除"为黑臭水体治理工作制定了初步的目标，指引了方向。

为落实"水十条"目标要求，2015年8月，住建部与环保部联合发布了《城市黑臭水体整治工作指南》，在该文件中明确表示"鼓励采取政府购买服务、政府与社会资本合作（PPP）等方式实施城市黑臭水体整治和后期养护，建立以整治和养护绩效为主要依据的服务费用拨付机制"。

将"水十条"中提到的"到2020年，地级及以上城市建成区黑臭水体均控制在10%以内"列入了国务院于2016年12月印发的《"十三五"生态环境保护规划》中，同时提出"其他城市力争大幅度消除重度黑臭水体"。

2016年12月，国务院颁布了《关于全面推行河长制的意见》，明确表示由"各级河长负责组织领导相应河湖的管理和保护工作"，并将"加大黑臭水体治理力度，实现河湖环境整洁优美、水清岸绿"列为"加强水环境治理"的一项任务，为水环境治理的责任主体进行了明确的划分，制定了涵盖黑臭水体治理在内的水环境治理的责任制度，为黑臭水体治理工作的切实开展提供了制度保障。

为进一步指导黑臭水体整治工作的开展，2018年9月住建部联合生态环境部印发了《城市黑臭水体治理攻坚战实施方案》，进一步提出了"十三五"期间的详细目标，即"到2018年底，直辖市、省会城市、计划单列市建成区黑臭水体消除比例高于90%，基本实现长制久清"；"2019年底，其他地级城市建成区黑臭水体消除比例显著提高"；"到2020年底达到90%以上。鼓励京津冀、长三角、珠三角区域城市建成区尽早全面消除黑臭水体"。

2. 黑臭水体治理示范城市与中央财政补贴

城市黑臭水体治理示范城市的选拔便是黑臭水体整治的一项重要举措。2018年9月，财政部发布《关于组织申报2018年城市黑臭水体治理示范城市的通知》，从2018年起，中央财政拟分批支持部分城市开展城市黑臭水体治理。

具体指对申请的城市进行竞争性评审，对最终入围城市给予定额补助，2018年中央财政支持金额为每个城市6亿元，首批支持20座城市。截至2019年10月开展的第三批城市黑臭水体治理示范城市竞争性选拔结束，2018—2019年共有3批60座城市被选为城市黑臭水体治理示范城市。

表4 城市黑臭水体治理示范城市

第一批示范城市 (2018年10月)		第二批示范城市 (2019年6月)		第三批示范城市 (2019年10月)	
九江	信阳	辽源	宿迁	衡水	周口
沈阳	临沂	南宁	湘潭	晋城	襄阳
长春	淮安	德阳	包头	呼和浩特	汕头
马鞍山	福州	岳阳	桂林	营口	深圳
开封	广州	海口	榆林	四平	贺州
宿州	重庆	清远	荆州	盐城	三亚
青岛	内江	乌鲁木齐	鹤岗	芜湖	南充
长治	昭通	昆明	张掖	莆田	铜川
漳州	菏泽	六盘水	安顺	宜春	银川
邯郸	咸宁	吴忠	葫芦岛	济南	平凉

3. 黑臭水体治理范围向农村延伸

随着城市黑臭水体整治工作取得成效，黑臭水体整治开始向农村地区延伸。2019年7月，生态环境部会同水利部、农业农村部印发了《关于推进农村黑臭水体治理工作的指导意见》，提出要推进农村黑臭水体治理，并制定了阶段性目标，"到2020年，以打基础为重点，建立规章制度，完成排查，启动试点示范。到2025年，形成一批可复制、可推广的农村黑臭水体治理模式，加快推进农村黑臭水体治理工作。到2035年，基本消除中国农村黑臭水体"。在此基础上，生态环境部于2019年

11月颁布了《农村黑臭水体治理工作指南（试行）》，从农村地区黑臭水体的排查、治理方案编制、治理措施、试点示范到效果评估等治理相关各环节提出了明确的要求。

生态环境部在部署2020年水污染防治攻坚战时表示，2020年将统筹推进农村生活污水和黑臭水体整治，并加强工业园区的污水处理设施建设与管理。

（三）进展与问题

根据生态环境部公布的数据显示，截至2019年全国295个地级及以上城市（不含州、盟）建成区共有黑臭水体2899个，消除86.7%。其中，36个重点城市（直辖市、省会城市、计划单列市）有黑臭水体1063个，消除96.2%；259个其他地级城市有黑臭水体1836个，消除81.2%[9]，2016年以来在黑臭水治理领域的累计投资已达11000多亿元。

城市黑臭水体治理已经取得了阶段性的成果，但现阶段的治理工作多围绕重点城市、示范城市开展，对于包括县城等在内的中小城市的治理工作尚未全面展开，与达到"水十条"提出的"至2030年，城市建成区黑臭水体总体得到消除"目标，尚存在较大差距。

此外，在农村黑臭水体治理领域，现阶段对于农村地区的黑臭水体状况尚缺乏有效把握，且农村黑臭水体存在分布分散、治理机制不完善等问题。

参考文献

[1] 中国环境年鉴编委会：《中国环境统计年鉴2015》，中国环境科学出版社2015年版。

[2] 中华人民共和国住房和城乡建设部：《2017年城乡建设统计年鉴》，中国统计出版社2017年版。

[3] 国家发改委、住建部：《"十三五"全国城镇污水处理及再生利用设施建设规划》，发改环资〔2016〕2849号。

[4] 环境保护部、财政部：《全国农村环境综合整治"十三五"规划》，2017年。

[5] 住房建设部：《2016年城乡建设统计年鉴》，中国统计出版社2016年版。

[6] 中国环境年鉴编委会：《中国环境统计年鉴 2015》，中国环境科学出版社 2005 年版。

[7] 环境保护部：《国家环境保护标准"十三五"发展规划》，环水体〔2017〕18 号。

[8] 住房和城乡建设部、环境保护部：《城市黑臭水体整治工作指南》，建城〔2015〕130 号。

[9] 生态环境部：《生态环境部 2020 年 1 月例行新闻发布会实录》，https：//www. mee. gov. cn/xxgk2018/xxgk15/20200t/t20200117_760049. html。

固废处理与土壤修复

近年来国家一直倡导固体废物的"无害化、减量化、资源化",就是希望在资源紧缺的背景下,使自然资源能够得到更有效的利用,也是固废治理需要遵照的首要原则。根据固体废物的产生和对环境的危害程度,一般可将固体废弃物分为工业固废(包括一般工业固废和危险废物)、生活垃圾和农业固废,其中农业固废的污染性相对较小,且大部分在农业生产生活中均能得到有效的重复利用。本部分重点对生活垃圾、工业固废进行分析,并将工业固废进一步细分为一般工业固废和危险废物。另外,固废是土壤污染的重要来源,因此,本部分对土壤污染及修复进行分析。

一 生活垃圾处理

(一)生活垃圾处理概况

近年来,随着城镇化进程的不断推进,中国生活垃圾处理快速发展。在生活垃圾收集转运领域,2009—2018 年,中国道路清扫保洁面积由 447265 万平方米增加至 869329 万平方米,生活垃圾清运量由 15734 万吨上升至 22802 万吨,市容环卫专用车辆设备由 83756 台提高至 252484 台[1]。

在生活垃圾末端处理领域,2009—2018 年城市生活垃圾无害化处理率由 71.4% 提高到 99%。同时,垃圾焚烧发电设施数量也从 2009 年的 93 座提升至 2018 年的 331 座,垃圾焚烧处理量不断上升,由 2009 年的 2022 万吨提高至 2018 年的 10184.9 万吨。

生活垃圾卫生填埋无害化处理设施数量虽然也在不断提升,但填埋处理量涨幅较小,从 2016 年开始呈现下降趋势,填埋处理量与焚烧处理量间的差距不断缩小，焚烧处理占生活垃圾无害化处理的比例在不断提升，填埋处理占比则呈现下降趋势。在"十三五"时期，相关政策积极鼓励推动城市新建生活垃圾处理设施采用焚烧处理，用"焚烧"取代"填埋"的趋势已经形成。

（二）政策分析

进入"十三五"时期后，国务院发布了《国民经济和社会发展第十三个五年规划纲要》及《"十三五"生态环境保护规划》，强调"加强生活垃圾分类回收与再生资源回收的衔接"及"城镇生活垃圾资源化利用"。2016年12月，国家发改委及住建部共同公布了《"十三五"全国城镇生活垃圾无害化处理设施建设规划》，列出了"十三五"时期生活垃圾处理的具体目标及重要方向。

1. 规划范围不断扩大与加深

由《"十三五"全国城镇生活垃圾无害化处理设施建设规划》与《"十二五"全国城镇生活垃圾无害化处理设施建设规划》分别对"十二五"及"十三五"时期的各级行政单位生活垃圾处理能力及处理率等指标设置了目标。

表1 城市生活垃圾处理领域"十二五"和"十三五"部分指标目标对比

《"十二五"全国城镇生活垃圾无害化处理设施建设规划》目标（部分）	《"十三五"全国城镇生活垃圾无害化处理设施建设规划》目标（部分）
到2015年，直辖市、省会城市和计划单列市生活垃圾全部实现无害化处理，设市城市生活垃圾无害化处理率达到90%以上，县城具备垃圾无害化处理能力，县城生活垃圾无害化处理率达到70%以上，全国城镇新增生活垃圾无害化处理设施能力58万吨/日	到2020年底，直辖市、计划单列市和省会城市（建成区）生活垃圾无害化处理率达到100%；其他设市城市生活垃圾无害化处理率达到95%以上，县城（建成区）生活垃圾无害化处理率达到80%以上，建制镇生活垃圾无害化处理率达到70%以上，特殊困难地区可适当放宽

如表1所示，生活垃圾处理能力及处理率等指标的目标设置范围不断由大城市扩大至中小城市，并继续扩大至县城及建制镇。从全国地理位置推移趋势来看，范围将由东部扩大至中西部。

2. 推进城市生活垃圾源头分类

"十二五"规划中提出"建立健全垃圾分类回收制度，完善分类回收、密闭运输、集中处理体系""加强生活垃圾分类回收与再生资源回收的衔接"。《"十三五"全国城镇生活垃圾无害化处理设施建设规划》又将"推行生活垃圾分类"单独列为主要任务并详细制定了建设任务和建设要求,可见中国近年非常重视城市生活垃圾的分类工作。

2017 年 3 月,国家发改委与住建部联合发布了《生活垃圾分类制度实施方案》,提出"到 2020 年底,基本建立垃圾分类相关法律法规和标准体系,形成可复制、可推广的生活垃圾分类模式,在实施生活垃圾强制分类的城市,生活垃圾回收利用率达到 35% 以上"。同时表示将在直辖市、省会城市、计划单列市实施强制分类;住房城乡建设部等部门确定的第一批生活垃圾分类示范城市共有 46 个。

2019 年 4 月,《住房和城乡建设部等部门关于在全国地级及以上城市全面开展生活垃圾分类工作的通知》发布,住建部指出,"到 2020 年,46 个重点城市基本建成生活垃圾分类处理系统。其他地级城市实现公共机构生活垃圾分类全覆盖,至少有 1 个街道基本建成生活垃圾分类示范片区。到 2022 年,各地级城市至少有 1 个区实现生活垃圾分类全覆盖,其他各区至少有 1 个街道基本建成生活垃圾分类示范片区。到 2025 年,全国地级及以上城市基本建成生活垃圾分类处理系统"。

2019 年 12 月,第十三届全国人大常委会第十五次会议对《中华人民共和国固体废物污染环境防治法(修订草案二次审议稿)》进行了审议,并面向社会征求意见。二次审议稿草案与《中华人民共和国固体废物污染环境防治法》2016 年修正版相比,不仅在第三条中明确表示"国家推行生活垃圾分类制度",还在第四章"生活垃圾"中加入了较大篇幅的垃圾分类相关内容。

从城市生活垃圾分类 2025 年目标的制定以及生活垃圾分类内容编入《中华人民共和国固体废物污染环境防治法》的趋势中可以看出,在未来的"十四五"时期,生活垃圾强制分类在全国范围内的推广以及加强生活垃圾分类回收与再生资源回收的衔接将成为中国固废处理处置领域今后建设的重要方向。

3. 农村生活垃圾注重集中转运及县市处理

在中国城镇化不断发展的大背景下,城市人口不断增多,而农村人口呈减少趋势,生活垃圾基础设施及垃圾分类、回收、处理体系的建设主要集中在城市,农村生活垃圾的收集和处理的发展方针与城市较为不同。

国家发改委于 2012 年 6 月公布的《全国农村经济发展"十二五"规划》提出，要"实行源头分类、就地减量、资源化利用的垃圾处理模式"，"逐步建立户分类、村收集、乡（镇）中转、县（市）处理的垃圾收集清运与处理体系"，2016 年 11 月发布的《全国农村经济发展"十三五"规划》同样表示要坚持"户分类、村收集、镇转运、县处理"的方针，同时明确提出了农村生活垃圾处理目标——"生活垃圾得到处理的行政村比例：2015 年基期值 62%，2020 年目标值 90%，年均增速 28%"；"经过整治的村庄，生活垃圾定点存放清运率达到 100%，生活垃圾无害化处理率≥70%"。

2019 年 10 月，住建部发布了《住房和城乡建设部关于建立健全农村生活垃圾收集、转运和处置体系的指导意见》，提出了"到 2020 年底，东部地区以及中西部城市近郊区等有基础、有条件的地区，基本实现收运处置体系覆盖所有行政村、90% 以上自然村组；中西部有较好基础、基本具备条件的地区，力争实现收运处置体系覆盖 90% 以上行政村及规模较大的自然村组；地处偏远、经济欠发达地区可根据实际情况确定工作目标。到 2022 年，收运处置体系覆盖范围进一步扩大，并实现稳定运行"的目标。

整体来说，从政策方针来看，村级生活垃圾注重源头分类减量和收运转运至县级设施内进行处理处置。

4. 推动环卫一体化与市场化进程

2016 年 7 月，住建部发布了《住房城乡建设事业"十三五"规划纲要》，针对中国"十三五"时期环卫事业的发展，提出了"到 2020 年，城市生活垃圾无害化处理率达到 95%，力争将城市生活垃圾回收利用率提高到 35% 以上，城市道路机械化清扫率达到 60%"的目标，并在"努力营造城市宜居环境"这一部分内容中表示，"推进'清洁城市环境活动'，提升环卫保洁作业标准，以融资租赁等方式提高城市环卫保洁机械化作业水平。培育环卫龙头骨干企业，鼓励从源头收集到处理处置一体化的环卫企业加快发展"。

2017 年 7 月，财政部发布了《关于政府参与的污水、垃圾处理项目全面实施 PPP 模式的通知》，表示"拟对政府参与的污水、垃圾处理项目全面实施政府和社会资本合作（PPP）模式"，实施原则为"以全面实施为核心，在污水、垃圾处理领域全方位引入市场机制，推进 PPP 模式应用，对污水和垃圾收集、转运、处理、处置各环节进行系统整合，实现污水处理厂网一体和垃圾处理清洁邻利，有效实施绩效考核和按效付费，通过 PPP 模式提升相关公共服务质量和效率"。

上述政策表现出了鼓励生活垃圾收集、转运、处理处置一体化，以及鼓励民间资本进入城市环卫领域的倾向性，环卫的一体化和市场化正在政策的引导和支持下不断发展。

5. 提升焚烧处理比例，提出"零填埋"理念

进入"十三五"时期后，国家发改委及住建部于 2016 年 12 月共同公布了《"十三五"全国城镇生活垃圾无害化处理设施建设规划》，列出了"十三五"时期生活垃圾处理的具体目标及重要方向。

目标包括"到 2020 年底，具备条件的直辖市、计划单列市和省会城市（建成区）实现原生垃圾'零填埋'，建制镇实现生活垃圾无害化处理能力全覆盖""到 2020 年底，设市城市生活垃圾焚烧处理能力占无害化处理总能力的 50% 以上，其中东部地区达到 60% 以上"等内容。

其中，对于设市城市生活垃圾焚烧处理能力占无害化处理总能力的目标较"十二五"时期提高了 15%，东部地区提高了 12%；而"零填埋"同时也是"十二五"时期并未正式提出的概念。

此外，在该规划文件的附件《"十三五"全国城镇生活垃圾处理设施采用技术情况》中明确罗列了全国各省、直辖市及重要城市的城市生活垃圾处理规模及所占比例的 2015 年现状以及相对应的 2020 年目标，均呈现要求焚烧比例提升、填埋比例下降的趋势。

6. 注重餐厨垃圾的处理

《"十三五"全国城镇生活垃圾无害化处理设施建设规划》中提出，"到 2020 年底，生活垃圾回收利用率达到 35% 以上，城市基本建立餐厨垃圾回收和再生利用体系"，与《"十二五"全国城镇生活垃圾无害化处理设施建设规划》中的"到 2015 年，全面推进生活垃圾分类试点，在 50% 的设区城市初步实现餐厨垃圾分类收运处理"目标相比，进一步提出了城市餐厨垃圾再生利用的体系建设。餐厨垃圾回收和再生利用体系的建设、相关设施的建设与完善成为"十三五"时期生活垃圾处理的一项重要组成部分，对餐厨垃圾处理的重视也成为"十三五"时期的一大发展方向。

二 工业固体废弃物

（一）工业固废处理概况

现行的《中华人民共和国固体废物污染环境防治法》将工业固体废物定义为"在工业生产活动中产生的固体废物"。中国国家统计局数据显示，2017 年，中国一般工业固体废物产生量约为 33.16 亿吨，综合利用量为 18.12 亿吨，贮存量为 7.8 亿吨（见图 1）。工业固体废物主要呈现产生量大、综合利用不足、贮存量较大的特点。中国大宗工业固废主要包括尾矿、粉煤灰、煤矸石、冶炼废渣、炉渣、脱硫石膏、磷石膏等。

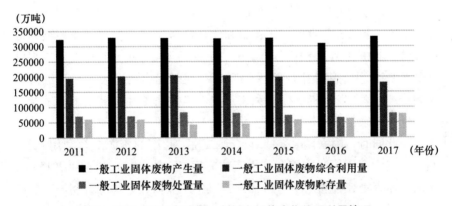

图 1　2011—2017 年中国一般工业固体废物处理利用情况

资料来源：国家统计局《中国统计年鉴》。

从中国一般工业固废产生量来看，虽然于 2016 年随着"十三五"时期政策的出台出现了小幅度的下降，但 2017 年又回到了"十二五"时期的平均水平；与此相对，综合利用量仍不足 60%，远不及产生量，且贮存量在 2013—2017 年间不断上涨，历史堆存量巨大。

同时，由于中国工业发展水平存在区域间差距，工业固体废物产生量情况也存在分布不均匀、区域差距大的特点。且中国大宗工业固废成分复杂、波动大，利用难度大、利用成本高，各种因素都为中国工业固体废物的处理及利用领域的发展带来了一定程度上的制约。可以看出，中国工业固废的处理及利用还存在较大的发展空间。

　　资源化综合利用是工业固废的重要处理方式，目前中国将工业固废再生为水泥、混凝土、建材等建筑产品的方式较为常见，应用于道路基层建设的做法也开始推广开来；而尾矿、赤泥、煤矸石和粉煤灰等工业固废的综合利用率则有待提高。虽然工业固废综合利用制成建材的方式较为常见，可以消耗大量的工业固废，但产品附加值并不高，还需继续提升综合利用的技术水平。

（二）政策分析

1. 发展大宗固废综合利用产业成为趋势

　　随着产业的不断发展，中国大宗工业固废产生量不断增加，大宗固废回收利用的需求也在不断增强，在"十二五"和"十三五"期间出台的政策中得到了体现。

　　国务院于 2011 年 12 月发布的《工业转型升级规划（2011—2015年）》是"十二五"期间中国调整和优化经济结构、促进工业转型升级的文件，其中提到，中国"十一五"期间工业固体废弃物综合利用率已达到 69%，2015 年该指标要达到 72%；同时提出要"发展循环经济和再制造产业""发展资源循环利用产业""加强共性关键技术研发及推广，推进大宗工业固体废物规模化增值利用"。

　　与此同时，国家发改委针对"十二五"时期的资源综合利用工作，制定了《大宗固体废物综合利用实施方案》，进一步指出"到 2015 年，大宗固体废物综合利用率达到 50%，其中工业固体废物综合利用率达到 72%，通过实施本方案中的重点工程，新增 3 亿吨的年利废能力。基本形成技术先进、集约高效、链条衔接、布局合理的大宗固体废物综合利用体系"（目标数值参见表 2）。

　　而工信部为了落实、细化、完成《工业转型升级规划（2011—2015年）》中"工业固体废物综合利用率 72%"的指标，于 2012 年 1 月发布了《大宗工业固体废物综合利用"十二五"规划》，指出"到 2015年，大宗工业固体废物综合利用量达到 16 亿吨，综合利用率达到 50%，年产值 5000 亿元，提供就业岗位 250 万个。'十二五'期间，大宗工业固体废物综合利用量达到 70 亿吨；减少土地占用 35 万亩，有效缓解生态环境的恶化趋势"。

　　进入"十三五"时期后，工业固废综合利用需求进一步提升，国务院在 2015 年 5 月印发了《中国制造 2050》，提出"力争到 2020 年工业固废综合利用率达到 73%，到 2025 年工业固废综合利用率达到 79%"；后又在 2016 年 12 月发布《"十三五"节能减排综合工作方案》，再次重申了"到 2020 年，工业固体废物综合利用率达到 73% 以上"的基础上又进一步提出"农作物秸秆综合利用率达到 85%"。同时，"统筹推进大宗固体废弃物综合利用"已成为"大力发展循环经济"章节中一项独立的重要任务。

2016 年 6 月，工信部为在"十三五"期间促进工业绿色发展，发布了《工业绿色发展规划（2016—2020 年）》，不仅细化了工业固体废物综合利用率（见表 2），还针对工业固体废物综合利用量提出了目标："到 2020 年，大宗工业固体废物综合利用量达到 21 亿吨，磷石膏利用率 40%，粉煤灰利用率 75%。"

表 2   "十三五"期间工业固体废物综合利用率细化目标

目标	2015 年	2020 年
工业固体废物综合利用率（%）	65	73
其中：尾矿（%）	22	25
煤矸石（%）	68	71
工业副产石膏（%）	47	60
钢铁冶炼渣（%）	79	95
赤泥（%）	4	10

资料来源：《工业绿色发展规划（2016—2020 年）》。

《工业绿色发展规划（2016—2020 年）》同时也将"大力推进工业固体废物综合利用"列为重要任务，划出了重点推进工业固废循环利用的城市和地区，具体提出要"深入推进承德、朔州、贵阳等资源综合利用基地建设，选择有基础、有潜力、产业集聚和示范效应明显的地区，合理布局，突出特色，加强体制机制和运行管理模式创新，打造完整的工业固体废物综合利用产业链。探索资源综合利用产业区域协同发展新模式，发挥各地优势，推动区域资源综合利用协同发展，实施京津冀地区资源综合利用产业协同发展行动计划，建立若干工业固体废物综合利用跨省界协同发展示范区"。

为了给大宗工业固废综合利用工作的实施提供保障，中国出台了一系列相关税收、财政优惠政策。财政部、国家税务总局于 2015 年 6 月印发《资源综合利用产品和劳务增值税优惠目录》，提出"纳税人销售自产的资源综合利用产品和提供资源综合利用劳务，满足相关条件的可享受增值税即征即退政策"，大宗工业固废的资源综合利用自然包括在内。

于 2016 年 12 月，全国人大常委会通过了《中华人民共和国环境保护税法》《中华人民共和国环境保护税法实施条例》，法律于 2018 年开始实施，明确了企业在固体废物排放与处置上的纳税标准，对尾矿征收 15 元/吨，冶炼渣、粉煤灰炉渣等收 25/吨，危废 1000 元/吨的环境保护税，同时规定，"对相应的固体废物开展综合利用的，暂予免征环境保护税"。

2019 年 3 月，工信部与国家开发银行办公厅共同发布了《关于加快推进工业节能与绿色发展的通知》，表示两部门将发挥合作优势，使用绿色金融手段为重点领域的工业节能与绿色发展提供支持政策。

其中一项重点支援领域为"支持实施大宗工业固废综合利用项目。重点推动长江经济带磷石膏、冶炼渣、尾矿等工业固体废物综合利用。在有条件的城镇推动水泥窑协同处置生活垃圾，推动废钢铁、废塑料等再生资源综合利用。重点支持开展退役新能源汽车动力蓄电池梯级利用和再利用。重点支持再制造关键工艺技术装备研发应用与产业化推广，推进高端智能再制造"。

而对应的补助政策为"拓展中国人民银行抵押补充贷款资金①（以下简称 PSL 资金）运用范围至生态环保领域，对已取得国家开发银行贷款承诺，且符合生态环保领域 PSL 资金运用标准的工业污染防治重点工程，给予低成本资金支持"；"筹用好各项支持引导政策和绿色金融手段，对已获得绿色信贷支持的企业、园区、项目，优先列入技术改造、绿色制造等财政专项支持范围，实现综合应用财税、金融等多种手段，共同推进工业节能与绿色发展。同时，鼓励地方出台加强绿色信贷项目支持的配套优惠政策，包括但不限于在项目审批、专项奖励、税收优惠等方面给予支持"。

2. 推进多种工业固废协同利用和区域协同发展

中国典型的工业固废主要包括尾矿、粉煤灰、煤矸石、冶炼废渣、

---

① 抵押补充贷款（Pledged Supplementary Lending，PSL），PSL 作为一种新的储备政策工具，有两层含义，首先量的层面，是基础货币投放的新渠道；其次价的层面，通过商业银行抵押资产从央行获得融资的利率，引导中期利率。

炉渣、脱硫石膏、磷石膏等，各类典型工业固废都一定程度上形成了较为普遍的综合利用模式，但传统的工业固废综合利用更多地偏向于单种固废的独立处理，多种固废全产业链协同利用较少。

同时，中国各区域间存在的工业发展水平差距带来了工业固废产生量的区域间差距，且受制于技术壁垒及运输困难等问题，大宗固废的跨区域综合利用水平较低。

工信部曾在解读该部门于2016年7月发布的《工业绿色发展规划（2016—2020年）》时指出，"十二五"时期工业资源综合利用存在的问题包括"一是发展不平衡，受区域经济实力和资源禀赋差异等因素的制约，不同地区工业固废产生、堆存及综合利用情况差别较大。二是以往对工业固废的综合利用，单种固废的利用考虑较多，多种固废全产业链协同利用较少"等。

因此，在《工业绿色发展规划（2016—2020年）》中"大力推进工业固体废物综合利用"的部分，出现了"探索资源综合利用产业区域协同发展新模式，发挥各地优势，推动区域资源综合利用协同发展，实施京津冀地区资源综合利用产业协同发展行动计划，建立若干工业固体废物综合利用跨省界协同发展示范区"等表述。且在"资源高效循环利用工程"专栏中提到，"区域资源综合利用行动。在京津冀及周边、长江经济带、珠三角地区、东北等老工业基地，建立10个冶炼渣与矿业废弃物、煤电废弃物、报废机电设备等协同利用示范基地，建设5个共伴生钒钛、稀土、盐湖等资源深度利用示范项目"。

此外，2017年4月发改委、科技部等多部门联合印发的《循环发展引领行动》针对工业固废的综合利用，指出要"建设工业固体废物综合利用产业基地。大力推进多种工业固体废物协同利用"。

由此可看出，进入"十三五"时期后，中国政策开始引导工业固废区域协同发展、产业集聚发展及多种固废协同利用。

2019年1月，发改委与工信部联合发布了《关于推进大宗固体废弃物综合利用产业聚集发展的通知》，正式开始开展大宗固体废弃物综合利用基地的建设，提出了"探索建设一批具有示范和引领作用的综合利用产业基地，到2020年，建设50个大宗固体废弃物综合利用基地、50个工业资源综合利用基地，基地废弃物综合利用率达到75%以上，形成多途径、高附加值的综合利用发展新格局"的总体目标。2019年9月，发改委公布了24个大宗固体废弃物综合利用基地备案名单。

三 危险废物

中国对于危险废物的定义是："列入国家危险废物名录或者根据国家规定的危险废物鉴别标准和鉴别方法认定的具有危险特性的固体废物[2]。"在现行《国家危险废物名录》（2016 年版）中明确，具体包括具有腐蚀性、毒性、易燃性、反应性或者感染性等一种或者几种危险特性的；不排除具有危险特性，可能对环境或者人体健康造成有害影响，需要按照危险废物进行管理的固体废物（包括液态废物）。

（一）危废处置概况

根据国家统计局发布的《中国统计年鉴 2019》显示，2017 年中国全国危险废物产生量为 6936.89 万吨，危险废物综合利用量为 4043.42 万吨，危险废物最终处置量为 2551.56 万吨，危险废物储存量 870.87 万吨（见图 2）。

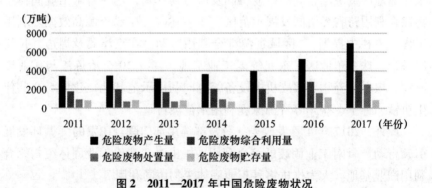

图 2 2011—2017 年中国危险废物状况

资料来源：《中国统计年鉴》（2012—2018 年）。

近年中国危险废物产生量在不断增长，尤其是 2016 年和 2017 年增长幅度较大，虽然综合利用量和处置量整体呈现上升趋势，但处理能力仍不能满足需求，存在较大缺口。

（二）政策分析

目前中国已经初步形成了由危险废物经营许可证制度、转移联单制度和申报登记制度等构成的针对危险废物的从产生到运输，以及处理处置全过程的经营监管机制，陆续出台了《危险废物经营许可证管理办法》《危险废物转移联单管理办法》等管理政策。随着危险废物产生量的逐年增加，"十二五"时期以来相关治理工作全面加速[3]。2018年，生态环境部启动污染防治攻坚战，打击固体废物及危险废物非法转移和倾倒成为四个专项整治行动之一。

1. 全面发展与规范化管理

危险废物治理领域，在"十二五"时期，得到了全面的推进和发展。国务院于2012年12月发布的《国家环境保护"十二五"规划》中将"危险化学品、危险废物等污染防治成效明显"列为"十二五"时期国家环境保护事业的重要目标之一，"加强危险废物污染防治"是重点领域环境风险防控的一部分，主要提到了以下内容：加强针对危险废物的全过程监管："落实危险废物全过程管理制度，确定重点监管的危险废物产生单位清单，加强危险废物产生单位和经营单位规范化管理，杜绝危险废物非法转移"；加强对危废产生、处理和利用设施的监管："对企业自建的利用处置设施进行排查、评估，促进危险废物利用和处置产业化、专业化和规模化发展"；"取缔废弃铅酸蓄电池非法加工利用设施"；"规范实验室等非工业源危险废物管理"；加强对末端处理的监管："控制危险废物填埋量"；"加快推进历史堆存铬渣的安全处置，确保新增铬渣得到无害化利用处置"。

对此，环境保护部、国家发改委、工信部及卫生部（当时）于2012年10月联合发布了《"十二五"危险废物污染防治规划》，明确"十二五"期间中国危险废物污染防治工作的目标和任务，用于指导各地开展危险废物污染防治工作。

同时，该规划列出了"十二五"期间计划推进的重点工程，包括危险废物产生与堆存情况调查工程、利用和处置工程、监管能力和人才建设工程等三项工程。重点工程资金需求为261亿元。并预测"十二五"期间，危险废物利用产业总产值预计超2000亿元，焚烧、填埋等集中处置费用预计超过500亿元。

进入"十三五"时期后，危险废弃物处理处置工作得到持续推进，国务院于2016年11月制定的《"十三五"生态环境保护规划》中表示要"开展重点行业危险废物污染特性与环境效应、危险废物溯源及快速识别、全过程风险防控、信息化管理技术等领域研究，加快建立危险废物技术规范体系。建立危险废物利用处置无害化管理标准和技术体系"。

此外，在危险废物规范化管理方面，环保部于 2017 年 5 月发布了《"十三五"全国危险废物规范化管理督查考核工作方案》，进一步落实了企业主体责任，要求将考核中发现的问题与环境执法工作相衔接，有条件的地方可将考核结果纳入市场主体的社会信用记录；同时进一步强化政府和部门监管责任，鼓励结合双随机抽查制度，将危险废物规范化管理督查考核工作融入日常环境监管工作中，进一步强化考核力度。

生态环境部又于 2019 年 10 月发布了《关于提升危险废物环境监管能力、利用处置能力和环境风险防范能力的指导意见》，针对危险废物的监管，指出"到 2025 年年底，建立健全'源头严防、过程严管、后果严惩'的危险废物环境监管体系；各省（区、市）危险废物利用处置能力与实际需求基本匹配，全国危险废物利用处置能力与实际需要总体平衡，布局趋于合理；危险废物环境风险防范能力显著提升，危险废物非法转移倾倒案件高发态势得到有效遏制"。进一步为危险废物的规范化管理提出了目标和要求。

2. 推动精细化管理

进入"十三五"时期后，环保部、发改委、公安部以实现危险废物精细化管理为目标，对 2008 年出台的《国家危险废物名录》进行了联合修订，修订后的《国家危险废物名录》（2016 年版）于 2016 年 8 月 1 日起开始实施。

据环保部解读，2016 年版《国家危险废物名录》与 2008 年版相比，将危险废物调整为 46 大类别 479 种，新增了 117 种危险废物。

同时，新增了《危险废物豁免管理清单》，将 16 种/类废物列入清单，对满足豁免条件的废物实行豁免管理。环保部表示，《危险废物豁免管理清单》将作为后续《国家危险废物名录》修订的重点内容，逐步推动危险废物的精细化管理。

2019 年 10 月与 12 月，环保部又两次公开《国家危险废物名录（修订稿）》的征求意见稿，向社会征求意见。12 月底公开的二次征求意见稿与 2016 年版相比，不仅正文内容有所删减和调整，名录中的危废种类也有删减和增加。具体包括以下几大变化：《国家危险废物名录》（2016 年版）正文第四条"列入《危险化学品目录》的化学品废弃后属于危险废物"删除；第九条改为第八条；列入名录的危险废物种类增加 6 种，减少 15 种；69 种危险废物的文字表述或危险特性表述得到修改；列入《危险废物豁免管理清单》中的危险废物新增 14 种，总数达到

30 种。

《国家危险废物名录》以实现危险废物精细化管理为目标，且紧跟现状连续修订，实用性不断增强，精细化程度不断提升。可以看出，在危险废物管理方面，中国法律法规及政策在推动规范化管理的基础上，又体现了推动精细化管理的倾向。

专栏 1　危险废物中的医疗废物处理处置概况

医疗废弃物包括感染性废弃物、病理性废弃物、损伤性废弃物、药物性废弃物、化学性废弃物等种类。《国家危险废物名录》（2016 年版）第三条规定"医疗废物属于危险废物。医疗废物分类按照《医疗废物分类目录》执行"。

1. 发展概况

随着中国医疗事业的发展、专业机构的增多，医疗废弃物的处理处置逐步得到重视，尤其是 2003 年"非典"疫情后，中国医疗废弃物的处理处置进入发展快车道。2020 年新冠肺炎疫情后，这一领域的发展还会进一步加速。

当前中国医疗废物产生量较多，生态环境部发布的《2019 年全国大、中城市固体废物污染环境防治年报》数据显示，"2018 年纳入统计的中国 200 个大、中城市的医疗废物产生量达 81.7 万吨，处置量达 81.6 万吨，大部分城市的医疗废物都得到了及时妥善处置"。

但在大中城市之外，中国医疗废物的处理存在源头分类不足、分类不够细化、政策体系不够完善、监管力度不足、群众认知不足、非法流失现象等问题。医疗废弃物的转卖、混入生活垃圾、不当丢弃等问题依旧存在。

2. 政策趋势：鼓励采取非焚烧方式、加强设施建设和监管

进入"十二五"时期后，中国在《国家环境保护"十二五"规划》中提到，"加强医疗废物全过程管理和无害化处置设施建设，因地制宜推进农村、乡镇和偏远地区医疗废物无害化管理，到 2015 年，基本实现地级以上城市医疗废物得到无害化处置"。

环境保护部、发改委、工信部及卫生部于 2012 年 10 月联合发布的《"十二五"危险废物污染防治规划》中也明确指出要"推进医疗废物无害化处置"，"建设县级医疗废物处置设施"；在监管方面提出"卫生部门应当加强对医疗卫生机构医疗废物管理工作的监督检查"等。

此外，对于医疗废物的处理方式，以焚烧、填埋为主，还包括灭菌、消毒等非焚烧技术。而《"十二五"危险废物污染防治规划》则明确提出，"鼓励采取高温蒸汽处理、化学消毒和微波消毒等非焚烧方式"。

在医疗废弃物处理处置领域，参与主体逐渐增多，相关专业企业包括东江环保、启迪环境、高能环境、润邦股份等。

四 污染土壤修复

污染土壤修复是环境修复领域的重要组成部分，一般包括工业场地修复、农用耕地修复、矿区与填埋修复以及相关污染地下水修复等。中国的土壤修复工作起步较晚，但近年来得到广泛重视，发展较快。

（一）中国土壤修复概况

2014 年，中国开展了第一次全国土壤污染状况调查[4]，调查结果显示，中国土壤污染超标率达到 16.1%，约有 101 万平方公里的土壤受到不同程度的污染，其中耕地污染超标率 19.4%，林地污染超标率 10%，草地超标率 10.4%，未利用地超标率 11.4%。在所有种类的土壤中，耕地污染问题最为突出，而耕地污染将通过农作物直接传导到人体内，带来各种潜在疾病，因此，无论从环境质量角度还是人类健康角度来说，土壤环境质量问题都是亟待解决的当务之急，土壤修复行业在这样的背景下开始逐渐起步。

进入"十二五"时期之后，中国集中出台了多项土壤污染防治相关政策、规划、标准，在全国范围内开展了土壤污染调查及重点区域的土壤修复试点等相关工作。至 2019 年，中国土壤污染防治工作已取得了一定成效。根据生态环境部的公开数据显示，31 个省（区、市）人民政府根据《土壤污染防治行动计划》（简称"土十条"）要求，制定印发了省级土壤污染防治工作方案；中央财政设立土壤污染防治专项资金，累计下达 280 亿元，支持土壤污染防治工作；建设用地人居环境风险联合监管机制逐步形成，土壤污染加重趋势得到初步遏制，土壤生态环境质量保持总体稳定。

（二）政策分析

中国土壤污染防治工作起步相对较晚，2011 年 12 月国务院公布的《国家环境保护"十二五"规划》中明确提出，要"加强土壤环境保护制度建设""强化土壤环境监管""推进重点地区污染场地和土壤修复"等相关要求。

进入"十三五"时期，中国土壤污染治理的首个纲领性文件——《土壤污染防治行动计划》（简称"土十条"）由国务院正式颁布，自 2016 年 5 月起开始实施。"土十条"对中国的土壤污染防治工作制定了长期目标和十项任务，目标为"到 2020 年，全国土壤污染加重趋势得到初步遏制，土壤环境质量总体保持稳定，农用地和建设用地土壤环境安全得到基本保障，土壤环境风险得到基本管控。到 2030 年，全国土壤环境质量稳中向好，农用地和建设用地土壤环境安全得到有效保障，土壤环境风险得到全面管控。到本世纪中叶，土壤环境质量全面改善，生态系统实现良性循环"。

主要指标为"到 2020 年，受污染耕地安全利用率达到 90% 左右，污染地块安全利用率达到 90% 以上。到 2030 年，受污染耕地安全利用率达到 95% 以上，污染地块安全利用率达到 95% 以上"。

2016 年 12 月国务院公布的环保领域"十三五"规划——《"十三五"生态环境保护规划》重申了"土十条"提出的"到 2020 年，受污染耕地安全利用率达到 90% 左右，污染地块安全利用率达到 90% 以上"的目标，并提出了"推进基础调查和监测网络建设""实施农用地土壤环境分类管理""加强建设用地环境风险管控""开展土壤污染治理与修复""强化重点区域土壤污染防治"五大任务。

2018 年 8 月，全国人大常委会通过了《中华人民共和国土壤污染防治法》，该法律是中国首个土壤污染防治专门法律，填补了环保立法的重要空白，让土壤污染治理有了明确的法律保障，对薄弱的土壤污染防治工作进行了系统规范，具有重要意义。该法主要就土壤污染防治的基本原则、土壤污染防治基本制度、预防保护、管控和修复、经济措施、监督检查和法律责任等重要内容做出了明确规定，已于 2019 年 1 月 1 日起实施。该法律的原则为"预防为主、保护优先、分类管理、风险管控、污染担责、公众参与"；在责任划分方面，建立和完善了土壤污染责任机制，落实了土壤污染防治的政府责任，也确立了土壤污染责任主体；在基本制度方面，建立了土壤污染防治目标责任制和考核评价制度、土壤环境监测制度、土壤污染隐患排查制度、农用地分类管理制度、建设用地土壤污染风险管控和修复名录制度、土壤污染防治基金制度等制度。

从近年出台的土壤污染防治相关政策及法律法规经归纳分析后可发现，中国土壤污染防治政策及法律法规呈现以下几大倾向和趋势。

1. 责任主体划分走向细致、明确

2016年5月起开始实施的"土十条"提到，要"明确治理与修复主体。按照'谁污染，谁治理'原则，造成土壤污染的单位或个人要承担治理与修复的主体责任。责任主体发生变更的，由变更后继承其债权、债务的单位或个人承担相关责任；土地使用权依法转让的，由土地使用权受让人或双方约定的责任人承担相关责任。责任主体灭失或责任主体不明确的，由所在地县级人民政府依法承担相关责任"。明确了造成土壤污染的单位或个人要承担治理与修复主体责任的原则。

2019年1月开始实施的《中华人民共和国土壤污染防治法》在第四条中规定"任何组织和个人都有保护土壤、防止土壤污染的义务。土地使用权人从事土地开发利用活动，企业事业单位和其他生产经营者从事生产经营活动，应当采取有效措施，防止、减少土壤污染，对所造成的土壤污染依法承担责任"；在第四十五条中规定"土壤污染责任人负有实施土壤污染风险管控和修复的义务。土壤污染责任人无法认定的，土地使用权人应当实施土壤污染风险管控和修复。地方人民政府及其有关部门可以根据实际情况组织实施土壤污染风险管控和修复。国家鼓励和支持有关当事人自愿实施土壤污染风险管控和修复"。

与"土十条"相比，《中华人民共和国土壤污染防治法》更加强化了土地使用权人在从事土地开发利用活动时的土壤保护义务，且明确提出了"土壤污染责任人"的概念及详细的责任义务。土壤污染防治的责任人进一步得到划分，更加明确细致，再加上法律的约束性，为中国土壤污染防治工作的实际开展奠定了基础。

进入2019年后，生态环境部开始起草《建设用地土壤污染责任人认定暂行办法》及《农用地土壤污染责任人认定暂行办法》，旨在进一步指导地方认定土壤污染责任人，落实污染担责的原则，加强土壤生态环境监督管理。

2. 注重源头管控

土壤污染防治工作与中国其他环保领域呈现较为相似的发展规律——逐渐由末端治理走向源头管控。

在中国开展土壤污染防治工作的初期出台的《国家环境保护"十二五"规划》中，针对土壤污染仅提到"加强土壤环境保护制度建设""强化土壤环境监管""推进重点地区污染场地和土壤修复"，可以看出当时土壤污染防治工作还是以土壤修复为主，并未提及源头预防。

"土十条"出台后，在"总体要求"部分提出要"坚持预防为主、保护优先、风险管控"，在第六节提到"加强污染源监管，做好土壤污染预防工作"，并详细提出"严控工矿污染""控制农业污染""减少生活污染"，以此来预防土壤污染。

在《中华人民共和国土壤污染防治法》（2019 年 1 月）中，"预防为主"被纳入了法律原则，即第三条"土壤污染防治应当坚持预防为主、保护优先、分类管理、风险管控、污染担责、公众参与的原则"。并将"预防和保护"单独列为第三章，详细规定了各主体开展土壤污染预防工作的责任。

整体来说，中国土壤污染防治工作的主要呈现责任划分体系越来越明确、细致的趋势。

3. 按照土地类型采取不同的管理方式

根据土地的不同用途，主要可分为农用地和建设用地，中国按照土地类型建立起了不同的管理方式，且在不断地进行完善。

"土十条"分别提出了农用地和建设用地的管理方式，即"实施农用地分类管理，保障农业生产环境安全"，包括"按污染程度将农用地划为三个类别，未污染和轻微污染的划为优先保护类，轻度和中度污染的划为安全利用类，重度污染的划为严格管控类，以耕地为重点，分别采取相应管理措施，保障农产品质量安全"等内容。

在建设用地方面，"土十条"规定"实施建设用地准入管理，防范人居环境风险"，具体包括"自 2017 年起，各地要结合土壤污染状况详查情况，根据建设用地土壤环境调查评估结果，逐步建立污染地块名录及其开发利用的负面清单，合理确定土地用途"等内容。

《中华人民共和国土壤污染防治法》进一步表示，要在制度层面实现农用地和建设用地的不同管理方式。即第四十九条"国家建立农用地分类管理制度。按照土壤污染程度和相关标准，将农用地划分为优先保护类、安全利用类和严格管控类"。

第五十八条"国家实行建设用地土壤污染风险管控和修复名录制度。建设用地土壤污染风险管控和修复名录由省级人民政府生态环境主管部门会同自然资源等主管部门制定，按照规定向社会公开，并根据风险管控、修复情况适时更新"。

2018年8月1日起，生态环境部印发的《土壤环境质量　农用地土壤污染风险管控标准（试行）》及《土壤环境质量　建设用地土壤污染风险管控标准（试行）》开始实施，两项标准分别以保护食用农产品质量安全、保护人体健康为目标，为开展农用地分类管理和建设用地准入管理提供了技术支撑。

整体来说，中国注重以保护农产品安全为出发点，对农用地划分类别后按照具体情况进行管理；以保护人体健康为出发点对建设用地直接开展风险管控，并注重污染土地的修复。

（三）发展趋势

中国土壤修复领域的潜在需求巨大，但治理工作仍处于初级阶段，较污水处理、固废处理、大气污染治理等领域产业规模相对较小。现阶段在工业污染场地、农田污染、矿山场地三个主要领域中工业污染场地修复进展相对较快，农田土壤污染治理领域仍以示范、试点工程为主。随着"土十条"、《土壤污染防治法》及配套政策标准的出台，中国土壤污染防治工作的不断规范化，将为土壤修复的发展提供法律保障及政策保障；近年来，中国科研机构在不断研发新的科研成果，支撑着污染土地从异位修复走向原位修复、从技术单一修复走向多种技术联合修复，技术壁垒有望在一定程度上得到攻克。

参考文献

[1] 住建部：《中国城市建设统计年鉴（2018年）》，中国计划出版社2018年版。

[2] 生态环境部、国家市场监督管理总局：《危险废物鉴别标准通则》（GB5085.7—2019），2019年11月。

［3］《我国危废治理体系的发展历程》,《资源再生》2018 年第 3 期。

［4］环境保护部、国土资源部:《全国土壤污染状况调查公报》(2014 – 4 – 17),
http://www.zhb.gov.cn/gkml/hbb/qt/201404/t20140417_ 270670.htm。

中国环境监测发展现状及趋势

环境监测涉及水、大气、土壤、噪声、固体废物环境相关各个主要领域，从监测对象上又主要分为环境质量监测、污染源监测、其他监测。环境监测工作通过监测数据的获取与分析，实现反映环境质量状况和变化趋势、跟踪污染源变化情况、预警各类潜在的环境问题、响应突发环境事件等作用，是环境污染治理工作的重要基础和保障。

一 中国环境监测概况

中国环境监测事业起步相对较早，从初期的以工业领域废气、废水、废渣的"三废"为主要监测对象，正在逐步拓展成为覆盖城市、区域、流域的包括生态环境质量和污染源的综合性环境监测体系。

在"十二五"时期，中国加速构建由环境监测相关法律、政策及配套标准组成的法律政策体系，对环境监测的推动力度不断增强；进入"十三五"时期后，在中央政府的推动下，生态环境监测网络在全国范围内加速建设，更加强化重点污染源的监测，并注重提升监测质量，相关标准体系也进一步完善。

在环境质量监测领域，目前中国已基本形成了覆盖多介质领域的监测网络体系。在国家层面，国家大气环境质量监测网络共设立了1436个监测点位，覆盖338个地级及以上城市[1]，基本上实现了全国地级以上城市空气质量的有效监控；地表水国控断面达到2050个，覆盖全国1366条河流和139个重要湖泊[2]；国家级地下水水质监测点为10168个，国家网水质自动站达到1601个；国家土壤环境监测网初步建成，包含79941个点位[3]。同时省市级环境监测体系建设全面加速。

在污染源监测领域，初步形成了以重点监控企业为主要对象的重点固定污染源污染排放监测体系。环保部颁布的《国家重点监控污染企业

名单》（2017 年版）显示，2017 年国家重点监控的污染排放重点企业达
到 14000 家。其中废水排放企业 2504 家、废气排放企业 3365 家、污水
处理厂 3991 家、规模化畜禽养殖场（小区）20 家、重金属企业 2353
家、危险废物企业 785 家。相关企业名单随实际情况滚动更新。此外结
合环保部筛选标准省、市级政府形成了相应的省级重点、市级重点监控
污染企业名，建立相应监测体系。在土壤污染监测领域《土壤污染防治
法》出台后，各省级政府先后发布了本区域土壤环境重点监管企业名
单，对象企业总数超过 10000 家。此外，近年来随着"排污许可证"制
度的落地，为配合相关工作的开展对于企业污染物排放的监测监管工作
进一步加强。

进入"十三五"时期，以物联网、大数据、云计算为代表的 IT 技
术在环境监测领域的应用与融合迅速普及，生态环境大数据相关建设全
面加速，为环境领域的"测得准、说得清"以及在此基础上的科学管
理、科学决策提供了有力保障。

二　政策分析

随着《环境保护法》《大气污染防治法》《水污染防治法》等法律
法规中，对监测制度、监测网络、监测规范等的要求的明确；《全国环
境监测管理办法》《全国环境监测报告制度（暂行）》《环境监测质量保
证管理规定（暂行）》《主要污染物总量减排监测办法》《环境监测管理
办法》等环境监测相关法规制度以及《国家环境监测"十二五"规划》
等发展规划的制定与实施至"十二五"时期，中国已初步建立了环境监
测制度。

进入"十三五"时期后，中国环境监测工作迎来新的发展时期，
《生态环境监测网络建设方案》《关于省以下环保机构监测监察执法垂直
管理制度改革试点工作的指导意见》《关于深化环境监测改革提高环境
监测数据质量的意见》等一系列政策陆续出台、环境监测相关政策体系
逐渐完善，主要呈现以下特点。

1. 加速全国统一的生态环境监测网络建设

在中央政府的直接推动下，全面加速建设涵盖大气、水、土壤、噪
声、辐射等要素的全国环境质量监测网络。国务院于 2015 年 7 月出台
《生态环境监测网络建设方案》[4]明确了到 2020 年的发展目标，基本实

现环境质量、重点污染源、生态状况监测全覆盖。

基于该方案各省自治区市均制定了本区域的相关工作方案，如《河北省生态环境监测网络建设实施方案》（2015 年 12 月）、《河北省生态环境监测网络建设实施方案》（2017 年 3 月）等，明确了本区域的工作目标及任务。

2. 强化环境监测质量监管，监测领域事权上收

近年来中国大气、水、土壤监测网络不断扩大，但各级政府、企业、社会的监测事权划分不够清晰，甚至存在行政干预监测数据的现象。"十三五"时期，提升环境监测的质量，成为政策的重要着力点。

为明确划分监测事权，准确掌握、客观评价全国的生态环境质量状况，《生态环境监测网络建设方案》，提出要"明确生态环境监测事权"，"环境保护部适度上收生态环境质量监测事权"，"地方各级环境保护部门相应上收生态环境质量监测事权，逐级承担重点污染源监督性监测及环境应急监测等职能"。

2016 年 8 月，国务院在《关于推进中央与地方财政事权和支出责任划分改革的指导意见》中明确提出，"在条件成熟时，将全国范围内环境质量监测和对全国生态具有基础性、战略性作用的生态环境保护等基本公共服务，逐步上划为中央的财政事权"。生态环境部的数据显示，2016 年底，中国已完成 1436 个国控城市空气质量监测站点的事权上收，2017 年地表水监测事权上收完成，2018 年考核断面水质自动站建设与上收工作完成。

2016 年 11 月，环保部印发了《"十三五"环境监测质量管理工作方案》，将"加快事权上收"纳入了"十三五"时期环境监测质量管理工作内容，并提出了"2016 年底前，上收国家环境空气质量监测事权"的目标。

2018 年，生态环境部颁布了《生态环境监测质量监督检查三年行动计划（2018—2020 年）》，通过生态环境监测机构数据质量专项检查、排污单位自行监测质量专项检查、环境自动监测运维质量专项检查的开展，打击对不当干预生态环境监测行为，有效遏制生态环境监测机构和排污单位数据弄虚作假。

3. 强化污染源监测的规范化

在污染源监测领域，中国规定主要由排放污染物的企事业单位对固定污染源实行自主监测，由政府环保部门进行监管。《中华人民共和国

环境保护法》2014 年修订版开始实施后，中国企事业单位对污染物排放的主体责任更加明确，重点排污单位对污染源监测负有法律责任，排污许可管理制度同时也正式开始全面建设。

在排污许可管理制度下，企事业单位应对污染源进行自行监测，污染源自行监测是排污许可证的一项重要组成部分，排污许可管理制度的全面实施将会推动企事业单位污染源依法开展自行监测工作，推动污染源监测规范化发展。

2016 年 11 月，国务院正式发布《控制污染物排放许可制实施方案》，在"严格落实企事业单位环境保护责任"的部分规定，"（排污单位）实行自行监测和定期报告"，即规定排放污染物的企事业单位应在安装符合国家规定的监测设备的基础上对污染源开展自行监测，保存数据记录，并定期向环保部门报告相关情况。

《排污许可证管理暂行规定》（2016 年 12 月）、《排污许可管理办法（试行）》（2018 年 1 月）等相关政策陆续出台，针对不同行业的排污许可证申请与核发技术规范、排污单位自行监测指南等国家标准相继公布，中国排污许可管理制度在不断完善，由此带来的排污单位自行监测污染源工作也更加规范，同时也带来了巨大的污染源监测第三方服务市场需求。

4. 加速标准体系建设

目前中国在监测标准领域已形成了包括环境监测分析方法标准、环境监测技术规范、环境监测仪器技术要求、环境标准样品等构成的国家标准、行业标准体系。"十三五"时期以来，结合"气十条""水十条"和"土十条"管理需求和监测技术进展，相关环境监测类标准体系建设全面加速。此外结合排污许可证制度的落地实施，陆续出台了针对无机化学工业、食品制造、饮料制造等十余个重点行业领域的《排污单位自行监测技术指南》等标准文件。

5. 市场化进程与第三方服务

"十二五"后期以来，环境监测的市场化发展得到相关政策的有力推进，2015 年 2 月，环保部发布了《关于推进环境监测服务市场化的指导意见》，明确指出"环境监测服务市场化是环保体制机制改革创新的重要内容"，提出要"全面放开服务性监测市场"。

2015 年 12 月，财政部与环保部又联合印发《关于支持环境监测体制改革的实施意见》，在"大力推进环境监测市场化改革"的部分明确提出"中央上收的环境监测站点、监测断面等,除敏感环境数据外,原则上将采取政府购买服务的方式,选择第三方专业公司托管运营";"地方应加快环境监测市场化,深化环保事业单位分类改革,培育环境监测市场"。

2018 年 1 月,环保部在例行新闻发布会上表示,在事权上收的过程中,2017 年 10 月起全国 2050 个地表水考核断面全面采取采测分离模式,将采样工作委托给第三方机构按照统一的技术规范来开展;2018 年将 2050 个地表水考核断面水质自动站统一委托给第三方机构运维。由此可见,事权上收同时促进了第三方机构进入中国环境监测市场。

6. 推进大数据等新技术的应用

在"十三五"时期,物联网、云计算、5G、区块链和可视化等技术在环境监测领域的应用得到了长足的发展。《生态环境监测网络建设方案》提出了"构建生态环境监测大数据平台,加强生态环境监测数据资源开发与应用,实现生态环境监测数据集成共享与统一发布"的要求。2016 年环保部进一步发布了《生态环境大数据建设总体方案》,提出了通过生态环境大数据的建设,实现生态环境综合决策科学化、生态环境监管精准化、生态环境公共服务便民化的 5 年建设目标。环境监测时空密度的增加、微型物联设备爆发、环境质量监测与污染源监控数据关联分析成为环境物联网技术的发展趋势。但是监测设备原理多样、质量参差不齐、相关标准规范滞后、定制化需求强烈也是这一阶段面临的问题。

三 发展趋势

在环境质量监测领域,环境监测网络建设加速。在空气质量监测方面,监测范围正在从以重点区域城市为主向全国拓展,城市空气质量监测点位将增至 1800 个。全国城市空气质量排名对象城市在 2018 年由 74 个拓展至 196 个,此外空气质量实时监测已逐步延伸至县、乡级,工业园区层面的空气质量监测持续扩大。乡镇空气监测、扬尘监测、微型站等逐步增加。在水环境监测方面,国家环境地表水监测网络持续优化调整,国家监测的地表水断面数将继续大幅增加,同时各地方省控、市控断面监测持续增长。此外地下水、水源地的监测不断完善,如 2019 年颁布的《地下水污染防治实施方案》(环土壤〔2019〕25 号)提出至

2025 年构建全国地下水环境监测网，落实地下水环境监测的要求。此外在土壤监测方面中国已初步建成了国家土壤环境监测网，设置了包括背景点位、基础点位和风险监控点位等在内的近 8 万个国控点位，并不断完善。

在污染源监测领域，随着排污许可制度的落地、排污企业自行监测相关技术指南的出台，对环境监测的需求不断增加。在大气污染源监测领域，包括非电行业大气污染物排放监测，以及"十三五"时期重点推进的 VOCs 治理监测将成为重点。在水污染源监测领域，随着重点行业、重点流域推进总磷、总氮的监测，面向排放企业的含总氮和（或）总磷指标的自动在线监控设备需求扩大。

在传统环境监测需求扩大的同时，以区域生态环境监测大数据管理平台的建设为代表的 IT 技术在环境功能监测领域的应用得到快速发展与普及。来自各级政府环境管理部门、工业园区管理部门等的需求日益扩大。

将物联网、5G、区块链技术相结合，提升环境数据获取广度、速度和真实度。基于 5G 网络，广泛布设环境监测物联网设备，特别是精度高、小型化、便携可移动的传感器的开发需求迫切，提升环境数据来源的广度；将物联网技术与区块链技术相结合，从源头实现监测数据上链，使监测数据透明、公开、可被追溯。通过来源更广、真实性更高的环境数据，提升环境监管精细化、科学化水平。建议探索利用物联网和区块链技术，将污染源全过程监控数据上链，在极大程度上解决污染源数据分散的问题；通过可信的数据对污染源进行全面监管，并对企业环境信用进行科学评级，可以有效地落实社会共治体系中的企业责任。

参考文献

［1］郄建荣：《生态环境部移交数万问题基本整改到位》，http：//www. xinhua-net. com/legal/2019 – 10/11/c_1125089675. htm。

［2］高敬：《更真、更准：我国生态环境监测改革进展顺利》，https：//baijia-hao. baidu. com/s？id = 1601430762830690843&wfr = spider&for = pc。

［3］生态环境部：《对十三届全国人大二次会议第 8174 号建议的答复》，https：//www. mee. gov. cn/xxgk2018/xxgk/xxgk13/201911/t20191108 _741527. html。

［4］国务院办公厅：《国务院办公厅关于印发生态环境监测网络建设方案的通知》，国办发〔2015〕56 号。

第二篇　中国碳排放与
"双碳"目标

中国碳排放现状和气候治理政策综述[*]

一 引言

气候变化已成为21世纪人类共同面临的最重大的环境与发展挑战，考验着人类文明、经济发展模式、社会制度、国际政治等。工业革命以来，大气层中温室气体浓度不断升高，导致地球表面平均气温呈上升趋势，全球变暖是气候变化的一大主要特征。据 IPCC 第五次评估报告，1850年以来全球地表升温速率高达0.86℃/100年。20世纪是过去千年最暖的百年，21世纪最初十年成为过去千年最暖的十年。人类活动被认为是全球变暖的主要驱动因素，特别是人类燃烧化石能源排放的 CO_2 被认为是最主要的原因[1][4]。为减缓全球变暖、适应气候变化以及改善人类赖以生存的生态环境系统，在联合国相关机构的协调下，国际社会进行了长期而艰难的气候变化谈判。2015年12月12日联合国气候变化大会于巴黎达成了气候变化新的里程碑——《巴黎协定》（Paris Agreement）。近些年来，国际社会基于《巴黎协定》的规定，各缔约方编制、通报并维持其预计实现的"国家自主贡献"（Nationally Determined Contributions，NDCs），纷纷推出各国根据本国国情发展需要的低碳发展战略。

2020年9月，习近平主席在第七十五届联合国大会一般性辩论中，向全世界庄严宣布，中国将力争于2030年前实现碳达峰，在2060年前

---

* 本文作者为蒋金荷（中国社会科学院数量经济与技术经济研究所、中国社会科学院环境与发展研究中心，研究员）、马露露（中国社会科学院大学博士研究生）。本文部分内容发表于《全球气候治理与中国绿色经济转型》，中国社会科学出版社2017年版。

实现碳中和。这项承诺是全球应对气候变化历程中的里程碑事件，体现了中国作为世界第二大经济体的责任与担当，将会加速中国的低碳绿色转型。

当前中国经济进入新常态，"中国特色社会主义进入新时代，中国社会主要矛盾已经转化为人民日益增长的美好生活需要和不平衡不充分的发展之间的矛盾。……我们要建设的现代化是人与自然和谐共生的现代化，既要创造更多物质财富和精神财富以满足人民日益增长的美好生活需要，也要提供更多优质生态产品以满足人民日益增长的优美生态环境需要。"（引自《中国共产党第十九次全国代表大会报告》）。因而，应对气候变化、实施气候治理既是新时代中国发展战略的需要，也是中国经济发展模式、动力以及生态文明建设的需要。

二　全球气候治理历史概述

全球变暖给人类赖以生存的自然环境带来了极大的破坏，威胁着人类的生息繁衍，关乎地球上所有国家的命运。因此，共同推进全球气候治理（Global Climate Governance）、保护气候成了各国都必须认真面对的"全球性问题"。但在当今国际社会大环境下，由于各经济体在政治、经济、文化与社会等方面的历史、现实条件与发展策略选择差异，致使不同区域对全球气候治理的利益诉求也不尽相同，进而对全球气候治理的重要性和紧迫性的认知也存在很大差异，相应地实施气候治理的措施也存在差异。因而，本文首先梳理人类社会对环境问题、气候变化问题的认识发展历史，有助于加深了解全球气候治理的重要性。

（一）环境治理的综述

学术界一般都认可，人类社会对蓝色星球可持续性问题的关注是《增长极限》（罗马俱乐部 Meadows，1972 年）发表为标志。1972 年，联合国为了顺应当时趋势，在瑞典首都斯德哥尔摩召开了人类第一次环境会议，通过《人类环境宣言》，达成了"只有一个地球"共识，并通过了每年6月5日作为"世界环境日"。这是全球环境治理历史的一次里程碑事件，可持续发展的概念在本次会议上首次获得了国际上的广泛认可；达成了将发展和环境问题结合起来的理念。

随着环境问题不断加深，挪威前首相布伦特兰夫人（Brundtland）

主持的世界环境与发展委员会（WCED）再次呼吁关注可持续发展，并最终于 1987 年制定了题为《我们共同的未来》的报告。该报告首次提出了可持续发展的定义，定义为在不损害子孙后代满足其自身需求的能力的前提下，满足其当前需求的发展。布伦特兰的报告促成了 1992 年被称为"里约地球峰会"的联合国环境与发展会议（UNCED）。这次会议取得了丰硕的成果，通过《联合国气候变化框架公约》（UNFCCC，以下简称《公约》）、《地球宪章》，达成一个重要原则"共同但有区别的责任和各自的能力（CBDR-RC）"（这是后来《京都议定书》的一项重要原则）。这次会议通过的《21 世纪议程》，促使可持续发展应成为国际社会议程上的优先事项，并建议各成员国设计和制定国家战略，以解决可持续发展的经济、社会和环境三大支柱问题。

2002 年，在南非约翰内斯堡举行了称为"里约 + 10 峰会"的可持续发展问题世界首脑会议，以审查在执行里约地球问题首脑会议成果方面取得的进展，通过了《约翰内斯堡计划》，并为可持续发展发起了多方利益攸关方伙伴关系。

2012 年，即在第一次里约热内卢首脑会议 20 年后，联合国可持续发展大会（UNCSD）又在里约召开，即"里约 + 20 峰会"。会议集中讨论了可持续发展背景下的两个主题：绿色经济和体制框架。发表了《我们想要的未来》（*The Future We Want*）的报告，建议设立一个开放的工作小组，研制一系列可持续发展目标（Sustainable Development Goals，简称 SDGs），提供给 2015 年召开的联合国大会讨论。

2015 年 9 月，联合国可持续发展峰会在纽约总部召开，联合国 193 个会员国一致通过《2030 年可持续发展议程》，议程包括 17 项可持续发展目标和 169 个具体目标。从现在到 2030 年 15 年时间内，全体会员国将会共同致力消除贫穷与饥饿，保护地球资源与应对气候变化，建立和平、公正和包容的社会。这个议程兼顾了各国不同的国情、能力和发展程度，获得所有国家的认可，并于 2016 年 1 月 1 日正式生效。

（二）全球气候变化谈判的主要成果

联合国为预防温室效应带来的气候变化问题日益恶化，于 1988 年成立政府间气候变化专门委员会（Intergovernmental Panel on Climate Change，IPCC），负责搜集和组织各国在气候变化研究领域的工作与成果，并提出科学评价与政策建议。IPCC 成立 30 多年来，每年一次以碳减排为核心议题的气候变化谈判取得不少成果。1992 年里约峰会通过的《公约》对"人为温室气体"排放制定了全球性管制目标协议、对温室效应所形成的全球气候变暖问题加以规范，为全球第一个为全面控制二氧化碳等温室气体排放、应对全球气候变暖给人类带来不利影响的国际公约，亦是国际社会在应对气候变化问题上展开国际合作的一个基本框架。

《公约》于 1994 年 3 月 21 日正式生效，超过 190 个国家批准《公约》，依据"共同但有区别责任"及"公平原则"，将成员国区分为"附件—成员国"及"非附件—成员国"两组，承担不同责任。其中"附件—成员国"共计 37 个国家，包含 24 个经济合作和发展组织（Organization for Economic Co-operation and Development，OECD）国家、欧洲共同体和 12 个经济转型国家，责任包括到 2000 年将 CO_2 及其他温室气体排放回归"本国 1990 年水平"；OECD 国家提供资金与技术，协助发展中国家防治气候变化；概述达成目标所采取的行动方案与预期效果。不在"附件—成员国"名单内的公约成员即为"非附件—成员国"（包括小岛型岛国、新兴工业国家、发展中国家等），责任包括进行本国温室气体排放资料统计，阐述本国国情、温室气体排放预估及拟实行控制措施等。

《公约》生效之后，缔约方大会（Conferences of the Parties，COP）每年举行一次，其中最重要的一次大会是 1997 年第三次缔约方会议通过的《京都议定书》和 2015 年第 21 次缔约方会议通过的《巴黎协定》。历届缔约方大会的举办地点和重要议题总括见表 1[2]。

表 1　　　历届《公约》缔约方大会（COP）及议题

届次	时间（年/月）	地点	重要议题
1	1995/3	德国柏林	首届会议，通过《共同履行公约的决定》
2	1996/7	瑞士日内瓦	—
3	1997/12	日本京都	通过《京都议定书》，制定 2012 年前发达国家减排气体种类、时间表和份额
4	1998/11	阿根廷布宜诺斯艾利斯	—

届次	时间（年/月）	地点	重要议题
5	1999/10	德国波恩	—
6	2000/11	荷兰海牙	美国坚持扣减其减排指标，致会议延期
7	2001/10	摩洛哥马拉喀什	通过《马拉喀什协定》
8	2002/10	印度新德里	通过《德里宣言》，强调应对气候变化必须在可持续发展的框架内进行
9	2003/12	意大利米兰	—
10	2004/12	阿根廷布宜诺斯艾利斯	《公约》十周年
11	2005/11	加拿大蒙特利尔	通过双轨路线"蒙特利尔路线图"
12	2006/11	肯尼亚内罗毕	—
13	2007/12	印度尼西亚巴厘岛	通过里程碑式的"巴厘岛路线图"，致力于讨论"后京都"问题
14	2008/12	波兰波兹南	G8 首脑会议达成与《公约》其他缔约国共同实现 2050 年的减排目标
15	2009/12	丹麦哥本哈根	发表《哥本哈根协议》，针对 2012 年后的应对气候变化新进程磋商
16	2010/11	墨西哥坎昆	谈判向国际社会发出比较积极的信号
17	2011/11	南非德班	绿色气候基金董事会，实施《京都议定书》第二承诺期
18	2012/11	卡塔尔多哈	2013 年实施第二承诺期
19	2013/11	波兰华沙	损失损害补偿机制问题达成初步协议
20	2014/12	秘鲁利马	细化 2015 年巴黎协议的各项要素
21	2015/12	法国巴黎	达成历史性意义的《巴黎协定》
22	2016/11	摩洛哥马拉喀什	通过了《马拉喀什行动宣言》
23	2017/11	德国波恩	会前美国新政府退出《巴黎协定》，会议达成名为"斐济实施动力"系列成果
24	2018/12	波兰卡托维兹	制定《巴黎协定》行动准则
25	2019/12	西班牙马德里	—

注："—"表示这届会议未取得实质性成果。

资料来源：笔者根据网络资料整理。

三 中国碳排放现状分析

（一）中国温室气体排放综述

根据《中华人民共和国气候变化第一次两年更新报告》，表2给出了2005年、2012年中国温室气体分类型排放总量和构成，若不包括土地利用变化和林业（Land Use Change and Forestry，LUCF）的温室气体排放[1]，2012年中国温室气体排放总量为118.96亿吨二氧化碳当量（表2），其中二氧化碳（CO_2）、甲烷（CH_4）、氧化亚氮（N_2O）、含氟气体（F-气体）所占的比重分别为83.2%、9.9%、5.4%、1.6%（见图1）；2012年土地利用变化和林业的温室气体吸收汇为5.76亿吨二氧化碳当量（CO_2-e），考虑温室气体吸收汇后，温室气体净排放总量为113.20亿吨二氧化碳当量，其中CO_2排放量93.17亿吨，所占比例略有下降为82.3%，其余温室气体排放量不变。2005年中国温室气体排放总量（不包括LUCF）约为74.67亿吨CO_2-e，其中CO_2、CH_4、N_2O和含氟气体所占的比重分别为80.0%、12.5%、5.3%和2.2%；2005年土地利用变化和林业领域的温室气体吸收汇约为4.21亿吨CO_2-e，考虑温室气体吸收汇后，2005年中国温室气体净排放总量约为70.46亿吨CO_2-e，其中二氧化碳所占比重降为78.8%[2]。

表2 2005年、2012年中国温室气体排放量和构成（不含LUCF）

温室气体	2012年		2005年	
	CO_2-e（亿吨）	比重（%）	CO_2-e（亿吨）	比重（%）
CO_2	98.93	83.1	59.76	80.0
CH_4	11.74	9.9	9.33	12.5

① 土地利用变化和林业（Land Use Change and Forestry，LUCF）是温室气体清单的重要组成部分之一，也是UNFCCC缔约方国家温室气体清单评估的主要领域之一。IPCC第五次评估报告结果显示，在2002—2011年间，因人为土地利用变化产生的CO_2年净排放量平均为0.9Gt/a，是仅次于化石燃料燃烧和水泥生产（8.3Gt/a）的全球第二大人为温室气体排放源（IPCC，2013）。

续表

温室气体	2012 年		2005 年	
	CO_2-e（亿吨）	比重（%）	CO_2-e（亿吨）	比重（%）
N_2O	6.38	5.4	3.94	5.3
F-气体	1.91	1.6	1.65	2.2
合计	118.96		74.67	

资料来源：《中华人民共和国气候变化第一次两年更新报告》，2016 年。

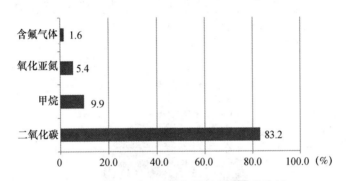

图1 2012 年中国温室气体分类型排放比例

资料来源：《中华人民共和国气候变化第一次两年更新报告》，2016 年。

可见，从 2005 年到 2012 年，中国温室气体排放总量增加了 59.3%，净增 44.29 亿吨 CO_2-e，其中 CO_2 和 N_2O 分别净增 39.17 亿吨 CO_2-e、2.44 亿吨 CO_2-e，增量最大，CO_2 和 N_2O 排放量 2012 年比 2005 年分别增长了 65.5% 和 62%。2012 年中国 CO_2 排放量（不包括 LUCF）为 98.93 亿吨 CO_2-e，其中，能源活动排放 86.88 亿吨 CO_2-e，占 87.8%；工业生产过程排放 11.93 亿吨 CO_2-e，占 12.1%。

从温室气体部门排放源来说，能源产业是中国温室气体的最大排放源（见表3）。2005 年中国能源产业排放量 57.68 亿吨 CO_2-e，占温室气体总排放量（不包括 LUCF）的 77.2%，工业生产、农业和废弃物处理的温室气体排放量所占比重分别为 10.3%、11.0% 和 1.5%（见图2）。2012 年中国能源产业排放量为 93.36 亿吨 CO_2-e，占温室气体总排放量（不包括 LUCF）的 78.5%，工业生产、农业和废弃物处理的温室气体排放量所占比重分别为 12.3%、7.9% 和 1.3%（见图3）。可见，能源活动和工业生产过程排放的温室气体占总量的比例越来越大，2012 年这二者比例之和已超过 90%。

表3 2012年中国温室气体分部门分类型排放总量（亿吨 $CO_2 - e$）

	CO_2		CH_4		N_2O		F-气体		合计	
	2005	2012	2005	2012	2005	2012	2005	2012	2005	2012
能源产业	54.04	86.88	3.24	5.79	0.4	0.69			57.68	93.36
工业生产	5.69	11.93	NE	0	0.34	0.79	1.65	1.90	7.68	14.62
农业			5.29	4.81	2.91	4.57			8.20	9.38
废弃物处理	0.03	0.12	0.8	1.14	0.28	0.33			1.11	1.59
合计	59.76	98.93	9.33	11.74	3.93	6.38	1.65	1.90	74.67	118.95

资料来源：《中华人民共和国气候变化第一次两年更新报告》，2016年。

注：NE（未计算）表示对现有源排放量和汇清除没有计算。

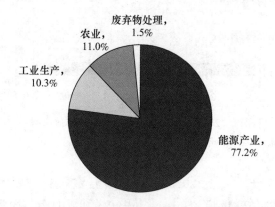

图2 2005年中国温室气体排放分部门构成

资料来源：《中华人民共和国气候变化第一次两年更新报告》，2016年。

从能源产业活动内部分析，2012年中国能源活动温室气体排放93.37亿吨 $CO_2 - e$，其中，化石燃料燃烧排放88.13亿吨 $CO_2 - e$，占94.4%；燃料逃逸排放5.24亿吨 $CO_2 - e$，占5.6%。从温室气体种类构成看，二氧化碳排放量为86.88亿吨，全部来自燃料燃烧；甲烷排放2758.6万吨 $CO_2 - e$，其中燃料燃烧排放占9.5%，逃逸排放占90.5%。

2012年中国废弃物处理业温室气体排放总量为1.58亿吨 $CO_2 - e$，其中，固体废弃物处理过程排放0.54亿吨 $CO_2 - e$，占33.8%；废水处理排放0.91亿吨 $CO_2 - e$，占57.3%；废弃物焚烧处理过程排放0.14亿吨 $CO_2 - e$，占8.9%。

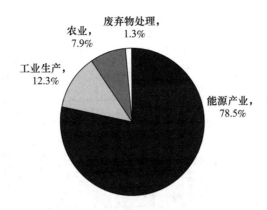

图 3　2012 年中国温室气体排放分部门构成

资料来源：《中华人民共和国气候变化第一次两年更新报告》，2016 年。

（二）2000—2016 年中国气候治理成效评估

"十五"规划以来，中国在各个领域积极应对气候变化，通过法律、行政、技术、市场等多种手段，探索符合中国国情的低碳绿色发展新模式。

1. "十一五"时期以来节能减排效率显著提高

截至 2016 年，中国减缓气候变化行动取得积极进展：单位国内生产总值二氧化碳排放比 2005 年下降 36.5%，比 2010 年下降 24.6%（见表 4），2000—2016 年因化石燃料燃烧产生的碳排放年均增长 6.96%，碳排放弹性系数为 0.74，即 GDP 每增长 1%，相应地碳排放增长 0.74 个百分点[①]。

表 4　　　　　　　　2000—2016 年中国碳排放总量与效率主要指标

年份	碳排放（$MtCO_2$）	碳排放强度（tCO_2/万元 GDP）	能耗强度（tce/万元 GDP）	碳排放系数（tCO_2/tce）	碳排放弹性系数	人均碳排放（tCO_2/人）
2000	3087	2.63	1.25	2.10		2.44
2001	3243	2.55	1.22	2.08	0.61	2.54

---

① 本节内容所引用的 CO_2 排放数据仅包括因化石燃料燃烧引起的碳排放。

续表

年份	碳排放（MtCO$_2$）	碳排放强度（tCO$_2$/万元 GDP）	能耗强度（tce/万元 GDP）	碳排放系数（tCO$_2$/tce）	碳排放弹性系数	人均碳排放（tCO$_2$/人）
2002	3497	2.52	1.22	2.06	0.86	2.72
2003	4052	2.65	1.29	2.06	1.59	3.14
2004	4724	2.81	1.37	2.05	1.64	3.63
2005	5358	2.86	1.40	2.05	1.18	4.10
2006	5912	2.80	1.36	2.06	0.81	4.50
2007	6468	2.68	1.29	2.08	0.66	4.90
2008	6608	2.50	1.21	2.06	0.22	4.98
2009	7026	2.43	1.16	2.09	0.67	5.26
2010	7707	2.41	1.13	2.14	0.91	5.75
2011	8466	2.41	1.10	2.19	1.03	6.28
2012	8621	2.28	1.06	2.14	0.23	6.37
2013	8996	2.21	1.02	2.16	0.56	6.61
2014	9036	2.06	0.97	2.12	0.06	6.61
2015	9041	1.93	0.92	2.10	0.01	6.58
2016	9064	1.82	0.87	2.08	0.04	6.56
各时期增长率（%）（弹性系数除外）						
2000—2005（"十五"时期）	11.66	1.72	2.21	-0.49	1.19	10.97
2006—2010（"十一五"时期）	7.54	-3.38	-4.18	0.84	0.67	7.00
2011—2015（"十二五"时期）	3.24	-4.31	-4.00	-0.32	0.41	2.73
2000—2016	6.96	-2.28	-2.22	-0.06	0.74	6.38

注：（1）CO$_2$排放数据来自 IEA CO$_2$ emissions from fuel combustion，OECD/IEA Paris，2017：https://www.iea.org/。

（2）其余数据作者基于国家统计局发布数据整理（https://www.stats.gov.cn），GDP 数据均按照 2005 年可比价格换算。

分析表 4，不难得出以下三点结论：

（1）从"十五"时期到"十二五"时期中国节能减排效率总体上

是提高的，且差别明显。2000—2016 年，能源效率（能耗强度的倒数）年均提高 2.22%，碳排放效率年均提高 2.28%（见图 4），"十五"时期碳排放效率和能源使用效率都是下降的，分别下降 1.72%、2.21%，但"十一五"时期和"十二五"时期效率提高非常明显；碳排放弹性系数从"十五"时期的 1.19 下降到"十一五"时期的 0.67，再进一步下降到"十二五"时期的 0.42，尤其最近三年，碳排放弹性系数小于 0.1，经济增长与碳排放增长几乎达到了一种"弱脱钩"水平。

在"十二五"规划纲要中列入了三个低碳发展相关的约束性指标：1）提高非化石燃料占一次能源消费的比重到 11.4%；2）单位 GDP 能源消耗降低 16%；3）单位 GDP 二氧化碳排放量降低 17%。实际完成情况：2015 年比 2010 年单位 GDP 能源消耗降低 18.5%，单位 GDP 二氧化碳排放量降低 19.8%，都超额完成这两个约束性考核指标。

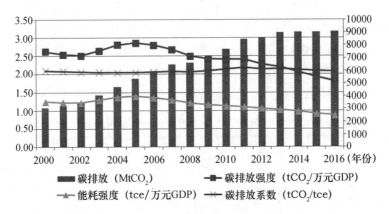

图 4　2000—2016 年中国碳排放量与节能减排主要指标

资料来源：同表 4。

（2）人均碳排放量在 2000—2016 年年均增长 6.38%，但"十二五"期间只增长 2.73%，下降幅度明显，2016 年人均碳排放为 6.56 tCO_2/人，大致相当于欧盟 2013 年的平均水平。随着中国经济进入新常态，人均碳排放水平增长肯定会相对滞缓。

（3）从上述效率指标分析，"十二五"时期是中国低碳绿色转型发展的重要转折期，随着各种促进低碳经济、绿色发展政策相继出台，节能减排政策效果明显。

按照以下年度减排量和年度节能量计算方法：

年度减排量：（上年度碳排放强度 – 本年度碳排放强度）×本年度GDP（不变价）

年度节能量：（上年度能源消费强度 – 本年度能源消费强度）×本年度GDP（不变价）

利用 2000—2016 年 GDP 数据（本文按照 2005 年不变价格），不难估算出 2000—2016 年累计减排量为 3351MtCO$_2$、累计节能量 1556Mtce，相当于中国 2001 年全年的化石燃料燃烧 CO$_2$ 排放量和全年一次能源消费量。其中"十二五"时期的累计减排量和累计节能量分别为 2027MtCO$_2$、871Mtce。

2. 能源低碳转型有一定进展，但还需进一步加强

中国非化石能源占能源消费总量比重从 2000 年的 7.3% 增加到 2016 年的 13.3%，提高了 6 个百分点，碳排放份额最大的煤炭和石油所占比例 2016 年比 2000 年下降了 10 个百分点（见图 5）。2015 年，中国非化石能源比重 12.1%，超过了"十二五"规划的考核目标 11.4%。"十一五"时期以来中国清洁能源发展迅速，截至 2016 年底，中国水电装机容量 3.3 亿千瓦，是 2005 年的 2.8 倍，发电量 11748 亿千瓦时；并网风电发电 2409 亿千瓦时，同比增长 29.8%；并网光伏装机达到 7631 万千瓦，同比增长 81%，发电量 665 亿千瓦时，同比增长 68.5%；核电装机达到 3364 万千瓦，发电量 2132 亿千瓦时，同比增长 24.4%。全国水

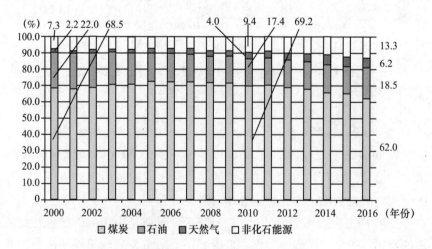

图 5　2000—2016 年中国能源消费结构

资料来源：《中国统计年鉴 2017》。

电、核电、风电、太阳能发电等非化石能源发电装机占全部发电装机的36.6%。从电力消费终端分析，中国火力发电量占全国总电力消费量比例从 2000 年 82.7% 下降到 2016 年 72.4%（见图 6）。电源结构低碳化和清洁化比较明显。

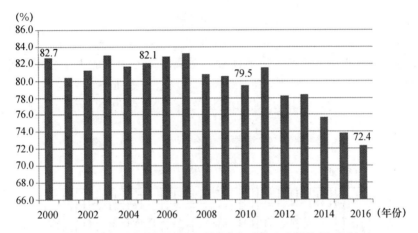

图6 2000—2016 年火力发电占全国消费总电量比例（%）

资料来源：笔者根据《中国能源统计年鉴》估算。

由表 4 显示，反映能源消费低碳化结构的重要指标碳排放系数从2000 年到 2016 年改变式微，中间出现波动（见图 4），碳排放系数从2011 年峰值开始下降，也就是说，能源消费的低碳化从"十二五"时期才比较明显反应。2016 年中国煤炭消费量 37.8 亿吨，较 2015 年减少1.9 亿吨，下降 4.7%；天然气产量 1371 亿立方米，天然气表观消费量2058 亿立方米，天然气在一次能源消费结构比重约 6.2%，比 2010 年提高了 2.2 个百分点。

3. 产业结构不断优化，行业低碳绿色转型基本完成考核指标

中国政府建立和完善了中国特色的节能目标责任制和节能考核评价制度。2011 年《"十二五"节能减排综合性工作方案》将单位国内生产总值能耗下降的节能目标分解落实到了各省（区、市），明确提出实施以节能改造工程、节能技术产业化示范工程、节能产品惠民工程、合同能源管理推广工程和节能能力建设工程为主的节能重点工程，加强节能目标责任评价考核。与此同时，中国政府实施淘汰落后产能计划，建立健全落后产能退出机制，不断优化第二产业内部结构。

　　中国政府还积极鼓励发展战略性新兴产业和服务业,不断降低高能耗行业在国民经济中的比重。2012年7月国务院印发了《"十二五"国家战略性新兴产业发展规划》,提出了节能环保、新一代信息技术、生物、高端装备制造、新能源、新材料以及新能源汽车七大战略性新兴产业的重点发展方向和主要任务。2012年12月国务院又印发了《服务业发展"十二五"规划》,明确提出加快发展以金融服务业、交通运输业、现代物流业、高技术服务业为主的生产性服务业,大力发展商贸服务业、文化产业、旅游业、健康服务业为主的生活性服务业。2012年中国第三产业增加值占国内生产总值的比重首次与第二产业持平(45.3%),2016年达到51.6%,较2005年提高10.3个百分点(见图7)。

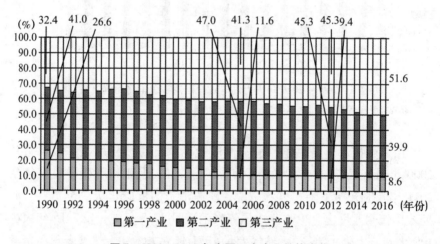

图7　1990—2016年中国三大产业结构变化

资料来源:《中国统计年鉴2017》。

　　这些政策的实施在行业碳排放构成的表现(见图8),2016年交通业和能源活动的碳排放比例比2005年分别提高2个百分点、5个百分点,但制造业和建筑业、居民生活所占比例分别下降4.4个百分点、1个百分点,其他行业改变很小。居民生活所占比例的下降与这些年中国推进家庭能源清洁化、北方大部分地区要求天然气取暖等行动有关。总之,能源活动、建造业和建筑业仍然是中国化石能源消费和碳排放的最大贡献者,两者之和占82%左右。这也是今后关注的重点领域。

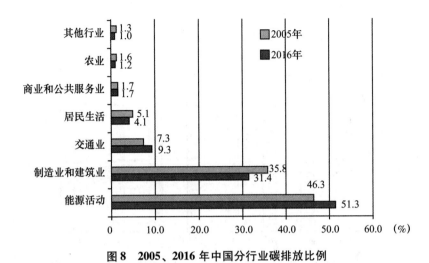

图 8   2005、2016 年中国分行业碳排放比例

资料来源：IEA CO$_2$ emissions from fuel combustion，OECD/IEA Paris，2017：https：//www.iea. org/。

4. 森林碳汇持续增加

植树造林是中国的光荣传统，也是实施低碳发展的一项主要行动。中国政府将森林覆盖率和蓄积量增长作为约束性目标写入"十二五"规划，提出：2015 年森林覆盖率提高到 21.66%，较 2010 年提高 1.3 个百分点；森林蓄积量提高到 143 亿立方米，较 2010 年提高 6 亿立方米。为了实现这一目标，国家发布了《全国造林绿化规划纲要（2011—2020年)》，深入开展全民义务植树，着力推进旱区、京津冀等重点区域造林绿化，加快退耕还林、石漠化综合治理、京津风沙源治理、三北及长江流域等重点防护林体系建设、天然林资源保护等林业重点工程。"十二五"期间，全国共完成造林 4.5 亿亩、森林抚育 6 亿亩，分别比"十一五"期间增长 18%、29%，森林覆盖率提高到 21.66%，森林蓄积量增加到 151.37 亿立方米，成为同期全球森林资源增长最多的国家。从历次森林清查资料来看，第八次森林清查（2010—2014 年）森林覆盖率不是增长最快的时期（增长 1.23 个百分点），但森林蓄积量是增长最快的时期，增长 14.16 亿立方米，远远超过了历次普查（见图9）。

"十二五"期间，国家林业局发布了《关于推进林业碳汇交易工作的指导意见》，各地方政府纷纷把增加碳汇作为林业发展的重要目标，加强了林业碳汇计量监测体系建设，开展土地利用变化与林业碳汇计量监测工作。到 2015 年年底，已覆盖 25 个省区市、新疆生产建设兵团、

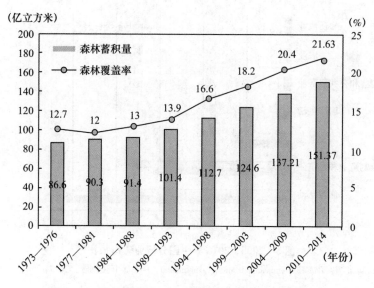

图9 历次森林清查中国森林覆盖率和蓄积量的变化

资料来源：国家林业局，历次森林普查数据。

四大森工集团，建成林业碳汇基础数据库。据统计，全国森林植被总碳储量第八次清查为84.27亿吨。

四 中国气候治理政策综述

应对气候变化是全人类面临的共同事业。中国从基本国情和发展阶段的特征出发，大力推进生态文明建设，推动绿色循环低碳发展，把应对气候变化融入国家经济社会发展中长期规划，坚持减缓和适应气候变化并重，通过法律、行政、技术、市场等多种手段，全力推进各项工作。中国政府也将一如既往地履行自己在《联合国气候变化框架公约》《巴黎协定》等国际协议中承诺的义务，坚持共同但有区别的责任原则、公平原则和各自能力原则，积极承担与中国基本国情、发展阶段和实际能力相符的国际义务，落实国家适当减缓行动及强化应对气候变化行动的国家自主贡献，将充分发挥科技进步在减缓和适应气候变化中的作用，为应对气候变化的可持续发展能力提供强有力的科技支撑；积极参与应对全球气候变化谈判，推动建立公平合理、合作共赢的全球气候治理体系，深化气候变化多双边对话交流与务实合作，充分发挥气候变化南南合作基金作用，支持其他发展中国家加强应对气候变化能力建设[3]。

（一）建立完善气候变化政策体系，积极参与全球气候治理

1990 年中国在环境保护委员会下设立国家气候变化协调小组，并于 1994 年制定及批准通过了《中国 21 世纪议程——中国 21 世纪人口、环境与发展白皮书》，确立中国 21 世纪可持续发展的总体战略框架和各个领域的主要目标，为减缓全球气候变化做出积极的贡献。1998 年在国务院机构改革过程中，成立国家气候变化对策协调小组，2006 年颁布的《"十一五"规划纲要》中确定节能减排的目标任务。

2007 年，成立国家长期应对气候变化领导小组，在致力于发展经济的同时，根据国家可持续发展战略为应对气候变化和改善生态环境采取大量措施，同年国务院发布实施《中国应对气候变化国家方案》，这是中国第一部应对气候变化的政策性文件，全面阐述在 2010 年前应对气候变化的对策，这一举措被认为是中国政府采取积极措施应对气候变化的开端。

2007 年 6 月，制定《应对气候变化科技专项行动》，因为《应对气候变化国家方案》明确指出要依靠科技进步与创新来应对气候变化，把科技工作作为国家应对气候变化的重大措施。同时，也为了有效落实《国家中长期科学和技术发展规划纲要》所确立的任务，统筹气候变化科学研究与技术开发，全面提高国家应对气候变化的科技能力，为应对气候变化提供科技支撑。

2009 年是中国应对气候变化的重要转折时期，因为这一年中国政府提出了实施低碳经济发展战略新途径和一系列应对气候变化的政策措施。

2009 年 8 月，国务院《关于应对气候变化工作情况的报告》，指出全球气候变暖是不争的事实，气候变化是人类社会可持续发展面临的重大挑战，强调中国的能源结构以煤为主，能源资源利用效率较低，需求将继续增长。因此，控制温室气体排放面临巨大压力和困难，必须采取相关政策，如加强法制建设、建立应对措施、制定国家方案等政策，否则将影响中国的可持续发展。

同期，全国人大常委会通过《关于积极应对气候变化的决议》，指出人类活动，特别是发达国家工业化过程中的经济活动是造成气候变化的主要人为因素，气候变化是环境问题，也是发展问题。中国必须达成

"加强应对气候变化能力建设，为保护全球气候作出新贡献"的要求，采取有力的政策措施，积极应对气候变化。

2009年11月，中国发表的《中国应对气候变化的政策与行动——2009年度报告》中指出，气候变化问题成为人类社会可持续发展的重大挑战，越来越受到国际社会的强烈关注，认识到气候变化问题的复杂性及其影响的广泛性，决定在实施可持续发展过程中，积极应对气候变化。在2009年12月的哥本哈根气候变化会议上，中国为了落实巴厘路线图，就减缓、适应、技术转让、资金支持提出明确、具体的如下安排：

1. 确定发达国家在《京都议定书》第二承诺期应当承担的大幅度量化减排指标，确保未批准《京都议定书》的发达国家承担可相与比较的减排承诺；

2. 作出有效的机制安排，确保发达国家切实兑现向发展中国家提供资金、技术转让和能力建设支持的承诺；

3. 在得到发达国家技术、资金和能力建设支持的情况下，中国根据国情且在可持续发展框架内采取适当的适应和减缓行动。中国特别强调其原则为：坚持公约和议定书基本框架，严格遵循巴厘路线图授权、坚持"共同但有区别责任"原则、坚持可持续发展原则以及减缓、适应、技术转让和资金支持应该并重。

2010年10月，中国公布了《"十二五"规划纲要》，气候变化议题开始进入中国政策的顶层设计，单位国内生产总值二氧化碳排放（碳排放强度）下降率首次被列入"十二五"规划，并成为其中的约束性指标之一，还出台了专门的《"十二五"控制温室气体排放工作方案》。这一时期，中国逐步建立了覆盖减缓和适应两个领域的气候变化政策体系，并由能源、制造、交通和其他行业的具体政策作为支撑和实施路径。这些政策措施构建了一系列特定的、可测量的和有时限的能源和气候变化目标。此外，这些政策明确了部门之间的分工与协作，开始建立碳排放数据收集与监测机制，并不断探索利用市场机制达成政策目标。

2010年11月，中国谈判代表在墨西哥坎昆气候变化会议中指出，中国高度重视气候变化与此次会议，希望发达国家和发展中国家本着"共同但有区别责任"原则，承担自己的责任和义务，积极应对气候变化。中国支持坎昆会议在推进巴厘路线图关于《联合国气候变化框架公约》和《京都议定书》的双轨谈判方面取得实质性进展。中国仍是发展中国家，但仍会积极应对气候变化，尽最大努力实现经济增长、能耗降低、环境友好和资源节约的目标。

2013 年 11 月，由国家发改委、财政部、农业部等 9 部门联合编制的中国首部《国家适应气候变化战略》正式发布，标志着中国首次将适应气候变化提到国家战略的高度，对提高国家适应气候变化综合能力意义重大。

2014 年 9 月，国家发改委印发《国家应对气候变化规划（2014—2020 年）》，要坚持共同但有区别的责任原则、公平原则、各自能力原则，深化国际交流与合作，同国际社会一道积极应对全球气候变化。通过该规划的实施，到 2020 年，实现单位国内生产总值二氧化碳排放比 2005 年下降 40%—45%、非化石能源占一次能源消费的比重达到 15% 左右、森林面积和蓄积量分别比 2005 年增加 4000 万公顷和 13 亿立方米的目标，低碳试点示范取得显著进展，适应气候变化能力大幅提升，能力建设取得重要成果，国际交流合作广泛开展。

2014 年 11 月，中美发表《中美气候变化联合声明》，中国宣布到 2030 年左右将达到二氧化碳排放峰值，并使非化石能源的比例达到 20% 左右。2015 年 6 月，中国向联合国气候变化框架公约秘书处提交了应对气候变化国家自主贡献文件《强化应对气候变化行动——中国国家自主贡献》。

2016 年 9 月，在中国的倡议下，二十国集团发表了首份气候变化问题主席声明，既为推动气候变化《巴黎协定》尽早生效奠定了坚实基础，也为共同搭建经济大国绿色低碳伙伴关系传递了积极信号。同期，全国人大常委会以全票通过批准中国加入《巴黎协定》，这是中国作为公约缔约方完成的国际应对气候变化的积极行动，同时也是中国政府向国内外宣示中国走以增长转型、能源转型和消费转型为特征的绿色、低碳、循环发展道路的决心和态度。

进入"十三五"时期以来，低碳发展和适应气候变化工作进一步加强。2016 年，国务院制定实施《"十三五"控制温室气体排放工作方案》，要求到 2020 年，单位 GDP 二氧化碳排放比 2015 年下降 18%，碳排放总量得到有效控制。地方分解控制目标，部门落实政策措施，行业企业创新发展，社会公众积极参与。

2017 年，国家发展改革委印发了《清洁能源消纳行动计划（2018—2020 年）》《关于建立健全可再生能源电力消纳保障机制的通知》《关于积极推进风电、光伏发电无补贴平价上网有关工作的通知》等一系列政策，到 2020 年底，中国非化石能源占一次能源消费比重达到 15.9%，较 2012 年提高 6.2 个百分点，煤炭消费占比降至 56.8%，较 2012 年下降 11.7 个百分点，清洁能源发电装机规模增长到 10.83 亿千瓦，占总装机比重接近 50%，能源消费结构实现向清洁低碳加快转变。

2019 年 5 月，生态环境部印发《关于做好全国碳排放权交易市场发电行业重点排放单位名单和相关材料报送工作的通知》，组织各省级主管部门报送拟纳入全国碳市场的电力行业重点排放单位名单及其开户材料，为注册登记系统和交易系统开户、配额分配、碳市场测试运行和上线交易打下坚实基础。

2020 年末，发布《2019—2020 年全国碳排放权交易配额总量设定与分配实施方案（发电行业）》和《纳入 2019—2020 年全国碳排放权交易配额管理的重点排放单位名单》。

2021 年 2 月，《碳排放权交易管理办法（试行）》正式实施，规定了各级生态环境主管部门和市场参与主体的责任、权利和义务，以及全国碳市场运行的关键环节和工作要求。为进一步规范全国碳排放权登记、交易、结算活动，保护全国碳排放权交易市场各参与方合法权益，生态环境部组织制定了《碳排放权登记管理规则（试行）》《碳排放权交易管理规则（试行）》和《碳排放权结算管理规则（试行）》，2021 年 6 月底前，生态环境部拟启动全国碳市场上线交易，届时，中国碳市场覆盖排放量超过 40 亿吨，将成为全球覆盖温室气体排放量规模最大的碳市场。同时，《碳排放权交易管理暂行条例》立法进程持续推动，2021 年 3 月，征求意见稿发布，以广泛听取和吸收各方意见。

目前中国正处于"十四五"阶段，中国提出的自主贡献目标，很多已经反映到各部门、各地的规划目标中，并开始实现对国民经济和社会低碳、绿色转型发展的引导。这些目标既包括宏观经济结构调整、发展可再生能源、降低能源和碳强度、节能提效、煤炭消费总量控制、森林碳汇、全国碳市场建设的目标等，还包括了全国低碳试点、适应型城市建设等目标。可以预见，中国应对气候变化工作不仅会在更广泛的领域开展实施，更会在实施的深度、质量和效率等方面得到全面提升。

（二）制定法律法规，完善气候变化管理体制

为了健全相关法律法规体系，并完善应对气候变化管理体制和工作机制，采取以下相关行动：

1. 制定相关法规和重大政策文件

为了加强对于气候变化的治理能力，完善应对气候变化之相关法律法规，制定或修订《可再生能源法》《循环经济促进法》《节约能源法》《清洁生产促进法》《水土保持法》《海岛保护法》等相关法律；同时并颁布《民用建筑节能条例》《公共机构节能条例》《抗旱条例》《固定资产投资节能评估和审查暂行办法》《高耗能特种设备节能监督管理办法》以及《中央企业节能减排监督管理暂行办法》等，展开应对气候变化立法的前期研究工作。

另外，为贯彻实施《中国应对气候变化国家方案》，31 个省（自治区、直辖市）已编制完成应对气候变化方案。同时，相关部门也相继颁布关于海洋、气象、环保等领域之行动计划与工作方案：制定符合"十三五"规划目标之政策文件，如《可再生能源中长期发展规划》《核电中长期发展规划》《煤炭清洁高效利用行动计划（2015—2020）》《煤炭工业发展"十三五"规划》《天然气发展"十三五"规划》《绿色小水电评价标准》《全国造林绿化规划纲要（2016—2020）》等。

2017 年工业和信息化部联合财政部、商务部、海关总署、国家市场监督管理总局出台的《乘用车企业平均燃料消耗量与新能源汽车积分并行管理办法》，并在 2020 年 4 月进行了修订，并于 2021 年 1 月 1 日施行。2018 年，交通运输部联合生态环境部等 8 部门发布《贯彻落实国务院办公厅〈推进运输结构调整三年行动计划（2018—2020 年）〉》，增加铁路运量，减少运输生产环节污染物排放，大力发展铁水联运、推进公铁联运、提高铁路集装箱运输能力。

2. 完善管理体制和工作机制

为了加强自身的治理能力，建立统一领导、相关部门分工负责，以及各地方各行业广泛参与的管理体制和工作机制。2007 年，成立"国家应对气候变化领导小组"，国务院总理担任组长，相关 20 个部门的部长为成员，国家发展和改革委员会负责领导小组的具体工作。同时，于2008 年设置应对气候变化司，负责统筹协调与管理应对气候变化工作。2010 年，在"国家应对气候变化领导小组"这一架构内设立"协调联络办公室"，加强部门之间的协调与配合。另外，各省（自治区、直辖市）也建立应对气候变化的工作领导小组和专门工作机构。

2018 年 7 月和 2019 年 10 月，国务院两次调整了国家应对气候变化及节能减排工作领导小组成员。根据"十三五"时期前两年碳强度下降目标考核经验，结合机构改革的实际情况，生态环境部对考核办法及评分细则进行了修订。

3. 加大对碳捕集利用与封存（CCUS）技术的支持力度

在政策法规方面，科技部发布《中国碳捕集利用与封存技术发展路线图（2019版）》，对中国 CCUS 技术发展进行系统有序部署；在技术研发方面，2019年依托国家重点研发计划等支持了十余项 CCUS 研发项目和示范工程；在技术应用推广方面，已建成数十个 CCUS 示范项目，在验证技术可行性的同时加强了工程实践能力。

4. 增加森林、草原、湿地等碳汇

加快实施《全国造林绿化规划纲要（2016—2020年)》，制定印发《2018年林业应对气候变化重点工作安排与分工方案》，积极推进大规模国土绿化行动，创新推动全民义务植树活动，深入推进"互联网＋全民义务植树"试点（目前试点区域已拓展到山西等10个省）。

加强草原保护，继续实施退牧退耕还草、农牧交错带已垦草原治理等草原生态保护建设工程。全面落实禁牧、休牧、草畜平衡制度和草原生态保护补助奖励政策，全国草原禁牧和草畜平衡面积分别稳定在0.8亿公顷和1.73亿公顷。

2018年，安排湿地保护工程中央预算内投资3亿元，安排中央财政湿地补助资金16亿元，全国恢复退化湿地7.13万公顷，退耕还湿2万公顷，2019年，湿地保护法正式列入《十三届全国人大常委会立法规划》，全国各省（区、市）出台省级湿地保护修复制度方案。

五 结语

自从2012年提出加快生态文明体制改革以来，推进绿色低碳发展成为中国各级政府的重要使命，生态文明建设已被纳入国家"五位一体"（经济建设、政治建设、文化建设、社会建设、生态文明建设）的总体战略布局。中国政府在"十三五""十四五"规划中明确提出要积极应对全球气候变化，坚持减缓与适应并重，主动控制碳排放，落实减排承诺，增强适应气候变化能力，深度参与全球气候治理，为应对全球气候变化做出贡献。

气候变化是全球性环境问题，各国为了保护全球生态环境、保护气候资源，不断努力减缓气候变化，推出了一系列政策法规，实施低碳发展。中国政府在全球化遭遇阻力、世界经济发展不均衡的大环境下，提出了"构建人类命运共同体、建设美好世界"的伟大倡议。全球气候治理就是实践"构建人类命运共同体"这一理念的具体举措。全球气候治理不但要求各国在治理过程中保持信任和充分合作，而且参与者的范围应由单纯的政府决策者扩大至企业、社会组织、国际机构、公众等，亦即全球气候治理的"本地化"和"全体化"。全球气候治理各种规制和措施需要结合本地区的经济发展阶段、资源禀赋和生态环境特征，才有可能取得预期目标：降低气候系统的脆弱性，提高应对气候变化的韧性。

随着 2020 年新冠肺炎疫情的暴发及其对世界经济发展和环境治理的影响，中国气候治理将面临巨大的挑战，但是也不乏机遇。在准确把握新发展阶段，深入贯彻新发展理念，加快构建新发展格局的大背景下，大力提倡绿色创新，加强国际合作，积极应对气候变化是全人类的共同使命。

参考文献

［1］Climate Change 2013, *The Physical Science Basis. Contribution of Working Group I to the Fifth Assessment Report of the Intergovernmental Panel on Climate Change*, Computational Geometry, 2013.

［2］蒋金荷：《全球气候治理与中国绿色经济转型》，中国社会科学出版社 2017 年版。

［3］蒋金荷、马露露：《中国环境治理体系 70 年回顾和展望：生态文明的视角》，《重庆理工大学学报》（社会科学版）2019 年第 12 期。

［4］秦大河等：《气候变化科学的最新认知》，《气候变化研究进展》2007 年第 2 期。

碳达峰、碳中和工作面临的形势与开局思路[*]

碳达峰、碳中和即力争2030年前中国二氧化碳排放达到峰值、2060年前实现净零碳排放，是2020年中央经济工作会议确定的2021年八项重大任务之一。在2020年第七十五届联合国大会一般性辩论上，中国首次提出这一任务，向全世界宣示了中国为全球气候保护做出更大贡献和致力于共建人类命运共同体的决心和意志[1]。2021年是"十四五"规划开局之年，也是全面建设社会主义现代化国家新征程的起步之年，那么碳达峰、碳中和工作当如何开好局、起好步呢？本文围绕这一问题，从中国低碳发展战略与政策的演进出发，分析了碳达峰、碳中和工作所面临的形势，并提出了这项工作的开局思路与战略重点。

一 碳达峰、碳中和符合中国低碳
发展战略内在演化逻辑

随着气候变化问题日趋严峻，全球各国对气候变化问题也日益重视，作为一个负责任的发展中大国，中国也根据自身国情国力，在过去的十余年中持续不断地规划设计本国的低碳发展路径和战略目标。由于世界发展格局的不断变化，中国从全球应对气候变化事业的积极参与者逐步转变为引领者和主导者，中国的低碳发展战略目标也随之发生变化。碳达峰、碳中和的提出为中国低碳发展战略确立了新目标、注入了

---

* 本文作者为张友国（中国社会科学院数量经济与技术经济研究所、中国社会科学院环境与发展研究中心，研究员）。本文部分内容发表于《碳达峰、碳中和工作面临的形势与开局思路》，《行政管理改革》2021年第3期。

新动力。

2006 年，中国发布的第十一个五年规划首次明确提出了节能减排约束性指标，即在 2005 年的水平上，2010 年单位 GDP 能源消费量下降 20%，主要污染物排放总量下降 10%，这可被视为中国正式启动低碳发展战略的标志。众所周知，碳排放主要来源于化石能源消耗，而中国的能源消耗又以煤炭为主，因此节能在本质上也意味着减缓碳排放，节能目标的提出实质上就是实施低碳发展战略。从此，节能减排便成为中国从中央到地方各级政府的一项常规性工作，并延续至今。

2009 年在联合国气候变化哥本哈根大会上，中国政府向世界宣布，2020 年中国单位 GDP 碳排放量将在 2005 年的水平上下降 40%—45%，这是中国首次提出自己的碳减排目标，表明了中国应对气候变化和参与全球气候保护的积极态度。[2] 中国提出的这一碳强度减排目标当即引起了世界范围内的广泛关注和争论，但它无疑是符合中国国情的、有诚意的，也是一个审慎的目标。[3] 这一表态意味着碳排放的减缓正式成为中国低碳发展战略的主要目标之一。

2011 年，第十二个五年规划提出，单位 GDP 能源消耗在"十二五"期间降低 16% 的同时，单位 GDP 碳排放降低 17%。随后国家发展和改革委员会根据全国碳强度下降目标，确定了各省区市的碳强度下降任务，而各省区市也依次向下分解任务。从此，碳强度减排目标与节能目标一并作为发展的约束性指标进入公众视野，并成为各级政府工作考核的一个重点。碳强度减排目标的确定，使中国的低碳发展战略更加清晰地展现在世人眼前，也意味着碳强度减排目标与节能目标具有差异性。特别是第十二个五年规划还专门提出，"十二五"期间全国非化石能源占一次能源消费比重要提升 3.1 个百分点，相当于对碳强度减排目标做了进一步强化，因为碳强度下降幅度主要取决于节能幅度和能源结构调整幅度。

2014 年，中国与美国签订《中美气候变化联合声明》，发表中国将在 2030 年左右实现碳达峰并争取尽早实现、非化石能源占一次能源消费比重达到 20% 左右的声明。这是中国首次提及与碳总量控制相关的低碳发展战略目标，标志着中国的低碳发展即将迈入新阶段。在 2015 年召开的联合国气候变化巴黎大会上，中国将上述声明以"国家自主贡献"的形式提出，并进一步提出 2030 年单位 GDP 碳排放比 2005 年下降 60%—65% 的目标，向世界展现了中国将更加积极应对气候变化的决心和意志。[4]

2016 年，第十三个五年规划提出，单位 GDP 能源消耗和单位 GDP 碳排放在"十三五"期间分别下降 15% 和 18%、非化石能源占一次能源消费比重上升 3 个百分点，同时进一步提出全国能源消费总量要控制在 50 亿吨标准煤以内，并支持优化开发区域率先实现碳达峰。由于能源消费总量和能源消费结构决定了碳排放总量，因而第十三个五年规划提出能源消费总量控制目标和能源结构优化目标，基本上就确定了"十三五"期间的碳排放总量控制目标。或者说，在提出 2030 年碳达峰这一较长期碳总量控制目标后，中国又确定了一个隐性的五年碳排放总量控制目标，从而为长期目标的实现打下坚实基础。进一步，支持优化开发区域率先碳达峰，十分有助于为其他地区碳达峰提供可借鉴的经验，并促成全国总体碳达峰目标的顺利实现。

前文提及，在 2020 年 9 月举行的联合国一般性辩论上，习近平主席代表中国提出了碳达峰、碳中和目标。党的十九届五中全会还将制定2030 年前碳达峰行动方案作为"推动绿色发展，促进人与自然和谐共生"的一项重要任务提出来。在 2020 年 12 月的气候雄心峰会上，习近平同志进一步代表中国提出，中国不仅要力争实现上述碳达峰、碳中和目标，还要实现 2030 年单位 GDP 碳排放比 2005 年下降 65% 以上、非化石能源占一次能源消费比重达到 25% 左右的目标。[5] 碳中和目标的提出意味着中国碳排放达到峰值后，不能一直维持在高位水平，而应逐步下降，同时大力开展碳汇、碳捕捉等工作，这样才可能达到净零排放的水平。碳中和当然也就是比碳达峰更积极的低碳发展目标。此次峰会上提出的 2030 年碳强度下降目标和能源结构优化目标，也明显比之前提出的目标更积极。

综上所述，中国低碳战略目标的演进总体上呈现如下三个特征：一是从隐性目标到显性目标，即从节能这一间接、隐性的碳减排目标逐步过渡到直接的碳强度减排目标，继而演进到碳峰值、碳中和等碳总量控制目标。二是目标逐渐多样化、结构化，即低碳目标从隐性目标向显性目标演进的过程中，隐性和显性目标都被保留下来，从而形成了包括节能、能源结构优化、能源消费总量控制、碳强度下降、碳总量控制在内的多样化、结构化目标体系。三是目标被不断强化，即随着中国低碳发展进程的不断深化和世界应对气候变化形势的变化，中国的低碳战略目标越来越积极，如碳达峰时间节点从"2030 年左右"变为"2030 年前"、2030 年单位 GDP 比 2005 年水平下降幅度从 60%—65% 提高到 65% 以上。在应对气候变化这一全球性事务中，中国的大局观和负责任态度也充分展现在低碳战略目标的演进过程中。

二 碳达峰、碳中和工作面临的形势

自党的十八大以来，生态文明建设和绿色发展理念已深入人心，中国积极应对气候变化的重要意义也已为广大人民群众所普遍接受，这从思想层面为碳达峰、碳中和工作的顺利推进提供了保障。同时，多年的发展使中国具备了较为雄厚的经济实力和技术实力，能为碳达峰、碳中和工作的开展提供坚实的经济和技术支撑。特别是过去十余年中国大力推动节能减排和应对气候变化工作，建立起较为完善的低碳发展制度和政策体系，并取得显著成效，为碳达峰、碳中和工作积累了丰富的经验。当然，目前碳达峰、碳中和工作也还存在一些短板和困境亟待补齐和突破。

（一）低碳发展政策法规体系和体制机制已较为完善

随着低碳发展战略的不断强化，中国的低碳发展政策体系也快速完善起来。国家、地区、部门、行业、领域等各个层面的低碳发展体制机制和政策日趋完善和严格，法律法规、行政、经济、自律性等各种类型的低碳发展政策工具被不断丰富和强化，不同政策之间的协同性也在不断增强。低碳发展政策体系不断完善的动力源泉大致来自如下三个方面。

一是围绕节能减排形成一系列政策法规，间接为低碳发展政策体系的建立铺垫了良好的基础。自"十一五"时期以来，中国先后制定实施了《节能减排综合性工作方案》（国发〔2007〕15 号）、《"十二五"节能减排综合性工作方案》（国发〔2011〕26 号）、《节能减排"十二五"规划》（国发〔2012〕40 号）、《"十三五"节能减排综合性工作方案》（国发〔2016〕74 号），有力地推进了节能减排工作。这些工作的开展也促成了一般性、特殊性和间接引导性三大类节能减排政策工具的形成，特别是一些节能政策的力度远胜于从前。[6]以《中华人民共和国节约能源法》（以下简称《节能法》）的两次修订完善为例。2007 年 10 月全国人大常委会第 30 次会议审议通过了修订后的《节能法》，将节能法律适用范围进一步扩大（增加了交通、建筑、公共机构节能等内容），进一步完善了节能管理制度，特别是对财政补贴、税收优惠、信贷支持等节能经济政策做出了法律规定，从而为节能提供了更强大的法律保障。在此基础上，2018年10月全国人大常委会第六次会议再次审议通过了修订后的《节能法》，进一步强化了节能标准体系和监管制度，更加注重市场调节功能的发挥及其与政府管理的有机结合，使节能管理和监督主体的法律责任更加明确。

二是围绕应对气候变化特别是控制温室气体排放工作，国家制定的一系列战略、规划和政策直接强化和完善了低碳发展政策体系。1994年国务院通过的《中国二十一世纪议程》就已经提出了适应气候变化的概念，在大力推进节能减排工作的同时，中国也开始正式启动应对气候变化工作。2007年制定并开始实施的《中国应对气候变化国家方案》（国发〔2007〕17号）是中国第一个应对气候变化的国家方案，也是发展中国家最早的一部应对气候变化国家方案，该方案将节能降耗、能源结构改善、植树造林、大力发展循环经济确定为低碳发展的主要政策措施。此后，中国又陆续制定了《国家适应气候变化战略》（发改气候〔2013〕2252号）、首个国家层面的应对气候变化规划——《国家应对气候变化规划（2014—2020年）》（国函〔2014〕126号）以及《"十二五"控制温室气体排放工作方案》（国发〔2011〕41号）、《"十三五"控制温室气体排放工作方案》（国发〔2016〕61号），将应对气候变化上升为国家重大战略，从体制机制、能力建设、财税和金融支持政策、技术支撑、国际合作和组织实施等多个方面对低碳发展做出了政策和制度安排。此外，从2008年开始每年发布的《中国应对气候变化的政策与行动》，向世界展示中国应对气候变化的总体部署、相关立场和取得的进展。这一系列工作使中国的低碳发展政策体系和体制机制建设在很短时间内便取得巨大进展。

三是地区层面的低碳发展制度体系建设取得长足进展，与国家层面的政策相互衔接、支撑，使整个国家的低碳发展制度体系更加立体、更为完整和贯通。一方面，国家层面的大力支持有效地促进了地区层面低碳发展政策的完善。其中，影响最大的措施当数国家发展改革委员会于2010年、2012年和2017年先后组织开展的三批低碳省区和低碳城市试点工作。这一举措将87个城市或省区纳入试点工作，大大激发了地方低碳发展的积极性，推动了地方低碳发展体制机制和政策体系的完善。

各试点地区大力推进本地区低碳试点工作的途径主要包括如下五个方面：一是率先编制、完善低碳发展规划；二是建立起相应的体制机制（如以党政一把手为组长的工作领导小组）和政策体系；三是大力推进产业结构的优化；四是加快推进统计、监测、考核等基础体系建设；五是积极倡导低碳生活方式等。[7]此外，国家发展和改革委员会在北京市、天津市、上海市、重庆市、广东省、湖北省、深圳市开展的碳排放权交易试点工作，也大大促进了这些地区碳排放权交易市场的发展，并推动了相关低碳发展制度、体制机制和政策的完善。另一方面，试点地区积极开展的各项低碳发展推进工作，也为国家的低碳发展战略、规划和政策体系制定提供了很好的经验和参考，从而为全国低碳工作的推进打下了坚实的基础。特别是"十三五"时期以来，广东、深圳、江苏、海南、北京、浙江、陕西、江苏、湖北、上海、湖南等地区，启动了近零碳排放区示范工程建设，在大力推动低碳技术和管理模式方面取得了明显进展，积累了宝贵经验。[8]

（二）低碳发展取得显著成效

低碳发展政策体系及体制机制的建立和完善，也大大促进了节能减排工作和应对气候变化工作，使中国的低碳发展取得显著成效。尤其是中国在节能技术发展与应用、能源结构优化和产业结构转型升级等方面取得的明显成效，大大促进了低碳发展进程，成为低碳发展的三大驱动因素，也为碳达峰、碳中和工作奠定了良好的物质基础。

一是节能技术的应用大大提升了各部门的能源效率，使能源强度持续下降。近年来中国的节能技术发展较快并呈现出系统化、智能化特征，大多先进适用的重点节能技术已经在重点节能单位得到普及。[9][10]节能技术的推广应用也为节能工作做出了巨大贡献。"十一五"期间，节能减排工作的大力推进使全国单位 GDP 能耗下降 19.1%，基本达到预期目标；"十二五"期间全国单位 GDP 能耗下降 18.2%，超过既定下降 16% 的目标；据国家统计局网站公布的数据测算，"十三五"期间全国 GDP 能耗下降了 13.4%。

二是非化石能源发展成效明显，使中国的能源结构不断低碳化。近年来中国的非化石能源的工艺技术创新不断取得突破，一些关键设备也实现了国产化，使非化石能源的生产成本大幅下降，非化石能源并网消纳问题也得到了有效解决，从而促进了非化石能源的大发展。[11]根据中国国家统计局网站公布的数据估算，中国非化石能源消费总量在 2010 年至 2019 年间增加了 1.2 倍，年均增长 9.1%。与此同时，非化石能源占能源消费总量比重从 9.4% 上升至 15.3%，而煤炭占能源消费总量的比重则从 69.2% 下降至 57.7%。

三是供给侧结构性改革大大推进了产业结构的优化和低碳化。中国一直强调产业结构的转型升级，根据中国国家统计局网站公布的数据，近年来中国三次产业中第三产业的比重持续上升，已经从 2010 年的 44.2% 上升至 2019 年的 53.9%；而第二产业的比重则从 2010 年的 46.5% 降至 39.0%。由此可见，中国已经呈现明显的服务业主导型产业结构。特别是大力推行供给侧结构性改革以来，各行业的落后产能不断被淘汰，运行规范、注重产品质量的企业则得以更好地发展，从而使得行业内部的结构也得到显著优化。例如，中国制造业中高新技术产业占比近年来不断提升，大大促进了中国绿色低碳循环发展经济体系的建设。[12]

低碳发展显性约束目标的完成情况也明显地反映了上述驱动因素的作用。国家第十二个五年规划首次将碳强度降幅作为约束性指标，"十二五"期间碳强度实际降幅就达到 20%，超过了计划下降 17% 的目标。《中国应对气候变化的政策与行动 2019 年度报告》显示，2018 年中国单位 GDP 碳排放比 2005 年累计下降 45.8%，这意味着中国 2009 年在联合国气候变化哥本哈根大会上的碳强度减排承诺已提前两年兑现，而且还是按上限完成的。[13]

（三）低碳发展存在的短板与面临的挑战

1. 低碳技术创新水平亟待提升。中国的绿色技术创新还处在起步阶段，2019 年国家发展和改革委员会才发布关于建设市场导向的绿色创新体系意见。作为绿色技术创新的核心领域之一，低碳技术创新也是如此。一方面节能技术创新虽然进步巨大，但与世界先进水平还有一定差距，一些指标还落后于一些发达国家。[14] 即便在节能技术比较领先的粤苏沪地区，拥有自主知识产权、核心技术和高附加值的节能环保产品也普遍缺乏，一些节能技术的关键技术与核心元器件及材料还受制于发达国家。[15] 而且目前研发出来的节能技术还普遍存在推广难、选择难、融资难、落地实施难等突出问题，由此导致中国的整体节能技术进步还相对缓慢。[16]

另一方面，尽管非化石能源技术创新近年来取得了重大突破，但也面临诸多挑战。一是基础研究和核心技术仍存在明显短板。例如，在风力发电领域，中国在基础理论与应用研究、关键设备（叶片）以及设计软件方面，许多核心技术或工艺都与世界先进水平存在不小的差距，或者还是空白。[17]二是非化石能源的原材料供应风险日益凸显。例如，全球清洁能源技术关键金属供应风险使中国清洁能源技术的突破和发展面临严峻挑战。[18]三是非化石能源消纳与接入技术有待提升。非化石能源并网消纳问题在"十三五"期间得到了有效解决，但仍有待进一步解决，而且随着非化石能源加快发展，"十四五"期间非化石能源的接入问题也将凸显出来。

2. 产业体系的绿色现代化进程需加速。产业结构优化升级和低碳转型是实现碳达峰、碳中和的关键途径之一，但是目前中国许多地方，特别是经济欠发达地区的非省会城市及其周边地区，还存在产业结构优化升级能力不足的问题。[19]很多经济欠发达地区由于工业偏重于资源密集型产业或基础薄弱，服务业也以传统服务业为主，加之交通等基础设施和公共服务体系尚不健全，资金和科技支撑力度有限，因而这些地区很难靠自身力量推动产业结构升级，同时又难以吸引好的项目或投资来带动产业结构升级。即便是经济发达地区，目前也存在着土地等要素制约以及淘汰落后产能等困难，同时还面临着世界发达国家"再工业化"以及核心高新技术封锁等带来的产业结构高端化挑战。

3. 城镇化水平提升及重大基础设施建设将带来的碳排放压力巨大。根据国家统计局公布的数据，按城镇人口占总人口比重计算，中国2019年的城镇化率为60.6%，而美国、加拿大、德国、法国、英国、荷兰、日本、澳大利亚等主要发达国家2017年的城镇化率就分别达到了81.96%、82.18%、75.72%、79.98%、83.07%、91.52%、94.32%、89.98%。由此可见，中国的城镇化水平还有较大的提升空间，还有规模巨大的基础设施体系需要建设。根据党的十九届五中全会精神，中国未来5—15年还有一大批交通、水利、能源、减灾、生态修复等重大工程需要建设。城乡基础设施体系和重大工程建设不可避免要大量使用建材等碳密集型产品，同时建设过程也需要消耗大量的能源，这将是中国低碳发展面临的一个巨大挑战。

4. 低碳生活方式的形成还任重而道远。随着收入的增加，人民的生活水平越来越高，加之不少地区公共交通尚不发达，私人汽车的拥有量和使用频率与日俱增，直接导致生活能源消费和相应的碳排放不断上升。与此同时，各类家电产品在城乡居民中的使用也越来越普及，加之一些不合理的消费乃至浪费现象也日益增多，间接导致了生产系统碳排放的上升。而且，随着扩大国内需求成为国家长期发展的战略基点，国内消费对碳排放的影响将不断增强，因而生活方式的低碳化程度将成为影响国家低碳发展进程的重要因素。

5. 政策体系和体制机制完善的空间还很大。一是有些政策工具尚处于研究阶段，还未开始实施。例如在一些发达国家已经实施的碳税，目前在中国还处于学界探讨研究阶段，尚未被采纳。二是有些政策工具虽已实施，但力度太小或尚处于试点阶段。例如绿色金融目前只在浙江、江西、广东、贵州、新疆5省（区）开展试点工作，且规模较小并以绿色信贷为主，远不能满足低碳发展的要求。类似地还有用能权交易等政策工具。三是有些已列入计划的体制机制建设工作进展落后于计划的进度安排。例如，《"十三五"制温室气体排放工作方案》提出要在2017年启动运行全国碳排放权交易市场并力争2020年使之趋于完善，但直到2021年1月生态环境部才正式发布《全国碳排放权交易管理办法（试行）》。此外，社会力量参与机制，碳排放统计、监测体系，碳约束目标地区分解和考核机制等都有待建立健全。

三 碳达峰、碳中和工作开局起步思路与战略重点

（一）围绕推动高质量发展谋划碳达峰、碳中和工作

2020年中央经济工作会议提出，2021年的经济工作应"立足新发展阶段，贯彻新发展理念，构建新发展格局，以推动高质量发展为主题"。碳达峰、碳中和工作也应立足新发展阶段的目标、任务、要求，围绕推动高质量发展这一主题，始终坚持新发展理念，积极融入新发展格局的构建过程中，才能开好局、起好步。

一是坚持创新发展，着力提升低碳技术创新水平。当前国家层面和很多地区都在积极建立市场导向型绿色技术创新体系，应以此为契机，把低碳技术创新放在更加突出的位置，为节能、非化石能源发展以及碳捕捉与封存提供强大技术支撑。要加强基础理论和应用研究，为低碳技术创新提供源源不竭的原动力。争取在低碳技术关键领域、关键环节不

断取得突破，避免核心技术、关键设备和元器件受制于人，力争能源效率持续稳步提升，非化石能源的技术经济可行性更加明显。及时总结碳捕捉与封存示范项目的经验教训，争取在更多关键技术、关键设备上取得突破，尽快制定碳捕捉与封存规划。

二是坚持协调发展，注重碳达峰行动方案的地区差异性和协同性。2020 年中央经济工作会议提出，要抓紧制定 2030 年前碳排放达峰行动方案，支持有条件的地方率先达峰，这充分体现了协调发展理念和共同但有区别的责任原则。其一，各地区一定要根据自身经济发展水平、产业结构、技术条件等实际情况，在保证经济在合理区间运行的前提下，实事求是地制定碳达峰行动方案。其二，国家给各地区下达碳减排目标任务时，也要充分考虑区域差异，从而保证各地区经济发展与碳达峰行动相协调，地区间发展相协调。其三，各地区制定碳达峰、碳中和行动方案时，应该与国家的区域产业布局优化方案紧密结合起来，注重提升跨区域产业链的整体碳排放效率，使局部与总体的碳达峰、碳中和行动方案相协同，并有利于促进新发展格局的形成。

三是坚持绿色发展，协同推进降碳、减污和国土绿化。2020 年中央经济工作会议提出，要继续打好污染防治攻坚战，实现减污降碳协同效应，并且要开展大规模国土绿化行动，提升生态系统碳汇能力。应强调以碳达峰、碳中和工作带动污染防治攻坚战和国土绿化行动。其一，要通过节能降碳大幅降低与能源消耗密切相关的污染排放（如二氧化硫）；同时促进各类耗能主体提高其整体资源效率，降低其他污染排放。其二，要尽量减少和避免降碳与减污的冲突，如减少太阳能电池生产中的污染排放，降低风电、水电对生态环境的负面影响，妥善处置报废后的蓄能电池等。其三，各地区要因地制宜开展国土绿化行动，不断提升国土绿化率，加强碳汇统计监测体系，提前布局碳中和工作。

四是坚持开放发展，积极开展低碳发展国际合作。一方面，应以碳达峰、碳中和工作为基点，积极融入全球应对气候变化事业，在此过程中向国际社会充分展示中国生态文明建设、绿色发展方面的成就，展现中国致力于构建人类命运共同体的决心。另一方面，由于气候变化是全球共同面对和普遍关切的问题，因而中国可顺势采取灵活多样的形式，与国际社会就低碳技术研发、人才培养、项目投资、贸易、政策制定等展开广泛而深入的合作，以此提升低碳发展能力、改善国际形象，并提高对外开放水平。

五是坚持共享发展，动员全社会力量参与低碳发展。要大力提倡低碳发展成果的共建共享，积极动员全民参与碳达峰、碳中和行动，在全社会广泛形成低碳生产、生活方式，共建生态环境良好的低碳社会。同时，可在加强平台监管的前提下，积极探索共享自行车、网约车等共享经济发展模式，提高全社会要素利用效率，不断发挥共享经济的节能降碳效应。

（二）深度融合碳达峰、碳中和工作与供给侧结构性改革

2020 年中央经济工作会议强调，2021 年的经济工作仍然要以供给侧结构性改革为主线，同时明确碳达峰、碳中和工作要加快调整优化产业结构、能源结构，推动煤炭消费尽早达峰，大力发展新能源。产业结构和能源结构的优化也是供给侧结构性改革的主要内容，由此可见，供给侧结构性改革与碳达峰、碳中和工作具有高度重合性。应当以碳达峰、碳中和工作为抓手深化供给侧结构性改革，以供给侧结构性改革力促碳达峰、碳中和工作，最终实现两者的深度融合。

一方面要加快建设绿色现代化产业体系。大力发展绿色低碳型高新技术产业，优化制造业结构。加快发展现代服务业，特别是生产性服务业，促进服务业结构转型升级。积极发展生态农业，提升农业现代化水平。综合运用法律、行政、经济手段加大淘汰落后产能力度，优化各行业内部结构，提升各行业整体能源效率和碳排放效率。同时，大力发展节能环保产业，加强用绿色低碳技术、工艺、设备对传统工业企业进行改造，提升绿色低碳化运营企业的比重。

另一方面要积极推进能源结构清洁化。关键是要大力发展非化石能源，改变整个能源供给结构。应以相关技术的突破为重点，不断降低非化石能源生产成本和生产难度，持续提升非化石能源生产的普及程度。在大力提升非化石能源产能的同时，要妥善解决好非化石能源的接入和消纳问题，使非化石能源产能利用率得到保证、供给与需求匹配度不断增强。同时要大幅优化化石能源内部结构，主要是尽快降低煤炭供给量在化石能源供应中所占份额，提升煤炭清洁化利用程度。

（三）加强碳达峰、碳中和工作政策体系和体制机制建设

2020 年中央经济工作会议对建立健全碳达峰、碳中和政策体系和体制机制提出了具体要求，即加快建设全国用能权、碳排放权交易市场，

完善能源消费双控制度。这几个具体制度仍是当前中国低碳发展政策体系和体制机制的突出短板，完善这些制度将为顺利推进碳达峰、碳中和工作提供重要保障。

要综合应用法律、经济和行政手段，建立高效、协调的低碳发展政策体系和体制机制。其一，完善能源消费双控制度，关键是在准确判断全国及各地区经济发展趋势、技术进步、产业结构变化的基础上，科学合理地制定国家级各地区的能源消费总量和能源强度控制目标；同时要在干部绩效考核中进一步提升能源消费双控目标考核的权重。其二，全国碳排放权交易市场将随着《全国碳排放权交易管理办法（试行）》的正式生效（2021年2月1日）而正式启动，接下来的工作主要是保证这个市场的平稳有序运行和持续健康发展。其三，全国用能权市场建设需要密切结合能源消费双控制度的完善，在总结试点地区经验教训的基础上加快推进，包括加强相关的法律法规以及统计、监测等基础体系建设，设计公平、合理且可操作性强的用能权定额及分配机制；而且还要特别重视与碳排放权交易市场相协调。除此之外，还有很多其他的碳达峰、碳中和配套政策和体制机制也需要进一步健全。

还应重视通过碳达峰、碳中和政策体系和体制机制建设，推进整个生态环境治理能力和治理体系的现代化。一方面，应在碳达峰、碳中和政策体系和体制机制建设中坚持改革创新，为生态环境治理其他领域的制度建设积累有益经验。另一方面，要加强碳达峰、碳中和相关制度与生态环境治理体系其他部分的协调性，提升生态环境治理体系的整体效率。

参考文献

［1］习近平：《在第七十五届联合国大会一般性辩论上的讲话》，《人民日报》2020年9月。

［2］温家宝：《凝聚共识　加强合作推进应对气候变化历史进程——在哥本哈根气候变化会议领导人会议上的讲话》，《人民日报》2009年12月。

［3］张友国：《碳强度与总量约束的绩效比较——基于CGE模型的分析》，《世界经济》2013年第7期。

［4］习近平：《携手构建合作共赢、公平合理的气候变化治理机制——在气候

变化巴黎大会开幕式上的讲话》，《人民日报》2015 年 12 月。

[5] 习近平：《继往开来，开启全球应对气候变化新征程——在气候雄心峰会上的讲话》，《人民日报》2020 年 12 月。

[6] 曾凡银：《中国节能减排政策：理论框架与实践分析》，《财贸经济》2010 年第 7 期。

[7] 丁丁、杨秀：《我国低碳发展试点工作进展分析及政策建议》，《经济研究参考》2013 年第 43 期。

[8] 曹颖：《加快近零碳排放区示范工程建设》，《经济日报》2020 年 2 月。

[9] 辛升：《节能技术评价指标体系研究与应用》，《中国能源》2020 年第 5 期。

[10] 宋晨希、王侃、董巨威：《加强重点用能单位节能管理能力的分析研究》，《中国能源》2020 年第 10 期。

[11] 高虎：《2019 年我国非化石能源发展形势分析及未来发展展望》，《中国能源》2020 年第 3 期。

[12] 张友国、窦若愚、白羽洁：《中国绿色低碳循环发展经济体系建设水平测度》，《数量经济技术经济研究》2020 年第 8 期。

[13] 中国生态环境部：《中国应对气候变化的政策与行动 2019 年度报告》2019 年 11 月。

[14] 吴滨、朱光：《我国节能技术创新体系现状研究》，《中国能源》2019 年第 3 期。

[15] 公丕芹：《创新驱动迈入节能新时代——粤苏沪节能政策、机制与技术发展调研》，《中国经贸导刊》2018 年第 33 期。

[16] 辛升：《节能技术评价指标体系研究与应用》，《中国能源》2020 年第 5 期。

[17] 王芳：《风电技术，我们要向欧洲学习什么》，《风能》2020 年第 9 期。

[18] 黄健柏、孙芳、宋益：《清洁能源技术关键金属供应风险评估》，《资源科学》2020 年第 8 期。

[19] 张友国：《加快推进产业体系绿色现代化：模式与途径》，《企业经济》2021 年第 1 期。

美国气候变化政策特征分析、展望及对中国的启示[*]

一 概述

20世纪下半叶以来，随着世界经济的快速增长，全球人口规模的不断扩大，以及能源大量开发和使用带来了严重的环境问题，对人类的生存和发展提出了严峻挑战。国际社会开始认识到气候变化问题的严重性，各国要求对气候变化进行研究并制定相应政策的呼声日益高涨。随着全球气候变暖危机的加深，一直被视为"低级政治"的环境问题在国际关系中的紧迫性和重要性日益凸显，变得与"和平与安全"同等重要，上升为"高级政治"问题。作为全球性议题，气候变化政策已经成为大国博弈的重要领域。

毫无疑问，美国也与其他区域一样，受到全球气候变暖的严重影响。科学家曾一度警告说，由于全球气候变化，北美西部山区积雪减少，冬季洪水增加以及夏季径流减少，从而加剧过度分配的水资源竞争；海平面上升可能殃及佛罗里达、路易斯安那和其他地区人口众多的低洼地带；森林的丧失可能遗祸东南地区、落基山脉和其他地区；城市将面临范围更大、程度更严重的热浪袭击；北美沿海的社区和居住环境将日益受到与发展和污染相互作用的气候变化影响的压力[1]。作为世界上综合国力最强大和第二大温室气体排放国，美国在全球气候治理中的地位举足轻重。然而，美国历届政府对待气候变化问题的态度并非总是一致，在不同的历史时期，美国的气候治理政策不尽相同。如小布什政

* 本文作者为蒋金荷（中国社会科学院数量经济与技术经济研究所、中国社会科学院环境与发展研究中心，研究员）、黄珊（中国社会科学院大学博士研究生）。

府在应对气候变化问题上所采取的单边主义政策和推卸责任的行为在国际社会广受批评；奥巴马政府在气候政策上采取了一些积极的措施，但从长远看，这些政策也面临着多种困境；特朗普政府大幅度倒退的气候政策为全球的气候治理带来严峻的冲击；拜登政府将气候政策与外交政策、国家安全战略以及贸易政策深度结合，领导全美国应对气候变化危机。

二 美国气候变化政策演变特征：不同党派执政

（一）奥巴马政府气候变化政策

自从奥巴马执政（2009—2016 年）以来，其应对气候变化政策的核心主张是：在国内减少石油消费，鼓励清洁能源和低碳能源发展，提高能源使用效率，以此来减少温室气体排放量；在国际上积极参与气候变化问题上的多边合作，发挥全球领导作用。具体而言，主要包含如下几个方面[2][3][4]。

1. 加大对清洁能源的投资，鼓励技术创新

奥巴马政府主张通过积极发展替代能源来减缓气候变化。加大用于清洁能源开发的投资力度，提高下一代生物燃料和燃料基础设施，扩大可再生能源的商业规模，创造新就业岗位。力争到 2020 年使生物能、太阳能和风能等可再生能源占美国电力来源的比例达到30%。政府颁布了一系列措施：增加联邦用于清洁能源的科研资金；设置岗位培训和过渡项目，帮助劳动者和企业适应清洁能源技术的发展与生产；促进先进生物燃料的研发和应用；加快发展和开发清洁煤技术，建立多个达到商业规模的碳汇设备；将联邦生产税收抵免（PTC）延期 5 年以鼓励可再生能源的生产；投资数字智能能源网，以满足在诸如可靠性、智能测量以及分布式存储方面的能源需求；设立国家低碳燃料标准（LCFS），加快引进低碳非化石燃料，该标准将要求燃料供应商至 2020 年减少 10%的碳燃料排放；等等。

为了促进节能技术的开发，奥巴马政府还将鼓励厂商投资先进汽车技术，并将重点放在研发先进电池技术方面。同时，支持国内汽车制造厂商为美国的消费者引进充电混合动力车和其他使用清洁燃料的先进汽车，政府将为购买工艺先进的汽车的消费者提供 7000 美元直接的或可

转换的税收抵免。这些投资无疑将促进国内能源、环境以及相关领域的科技创新和发展，不仅有利于近期新能源经济产业的成长并创造数百万个就业岗位，还有利于为美国未来经济的持续发展提供动力。

2. 节能减排，推动能源的独立

在美国，建筑物碳排放量约占碳排放总量的40%，比其他经济部门产生的排放增长速度更快。奥巴马政府承诺到2030年将使所有新建筑物的碳排放保持不变或零排放，在未来10年将新建筑物和现有建筑物效能分别提高50%和25%。奥巴马认为联邦政府应当在减少能源消耗方面起到带头作用，确保所有联邦新建筑物至2025年首先达到零排放，并且在未来5年内，将所有联邦新建筑物的内效能增长40%。

自尼克松时代以来，美国历届总统都承诺采取一定措施增强能源独立，减少使用中东石油燃料，面对国际油价的急剧波动和全球气候变暖的不争事实，美国迫切需要寻找新的能源来源，提高能源的自给率和清洁化。随着美国页岩气开采技术的突破，美国的页岩天然气供应一直非常充足，而且价格便宜。美国的页岩气量由2000年的不足美国天然气供应的1%，已提升到2013年的30%，而且份额仍在上升，2009年美国已经取代俄罗斯成为世界第一大天然气生产国，占全球天然气总产量份额的20%。2012年，美国天然气销售量高达7160亿立方米，比2006年增加30%。页岩油供应的大幅增长，导致美国解除了1975年以来出口原油的禁令，从而也引起了国际石油价格的下跌。这种能源供应结构的改变也会导致未来美国气候政策的变化。

3. 确定温室气体减排目标，建立气候变化应对机制

美国一直拒绝承诺温室气体减排的具体指标，但为了加强气候变化双边合作，携手与其他国家一道努力，在2015年联合国巴黎气候大会上达成在《公约》下适用于所有缔约方的一项议定书或具有法律效力的议定成果。中美两国元首于2014年签发《中美气候变化联合声明》，双方致力于达成富有雄心的2015年协议。考虑到各国不同国情，双方宣布了两国2020年后各自应对气候变化行动，这些行动是向低碳经济转型长期努力的重要组成部分。致力于实现2℃全球温升目标，美国计划到2025年实现在2005年基础上减排26%—28%。中国计划2030年左右二氧化碳排放达到峰值，并计划到2030年非化石能源占一次能源消费比重提高到20%左右。双方均计划继续努力并随时间而提高力度。美国这一目标承诺刷新了美国之前承诺的2020年碳排放比2005年减

少 17%。

对于气候变化应对机制，政府实施以市场为基础的"排放总量控制和交易"（Cap and Trade）机制，期待通过这一机制建立起碳排放总量管制体系，将个体限额与允许排放的总量挂钩，以此来减少温室气体排放，增加联邦税收。为了确保对大众完全公开，防止不公正的公司福利政策，所有配额将以拍卖的方式进行。公司还可以自由买卖配额，这样既可以降低成本、减少污染，又允许传统生产商有能力进行调整。

4. 重视国际气候合作，重建美国在全球气候治理领域中的领导地位

美国在 20 世纪七八十年代曾经是全球多边环境治理的积极领导者，在多个国际环境协议的达成和生效过程中都发挥了领导作用。然而，进入 20 世纪 90 年代以来，美国却逐渐成为全球环境治理的消极参与者，尤其在全球气候治理领域，尽管美国几届政府也试图为气候问题的"善治"做出诸多努力，但是总体上来看，"虚"多于"实"。老布什政府的被动应付，对待气候问题缺乏战略高度；克林顿政府态度上较为积极，但气候政策的执行能力较弱；小布什政府初期奉行单边主义政策，强行退出《京都议定书》。小布什政府的气候政策不难发现，其执政初期奉行单边主义外交，强行退出了《京都议定书》，在其执政后期，逐渐认识到气候变化问题的现实性和严重性，赞同各国合作减排的主张，但并未采取相应的实质性减排行动；如今奥巴马政府力图恢复美国在应对气候变化威胁方面的领导地位，采取了一些政策措施。在《联合国气候变化框架公约》下，重启致力于解决气候问题的主要国际论坛；在能源部管辖范围内创立技术转让方案，致力于向发展中国家输出"气候友好"型技术，包括绿色建筑、清洁煤炭和高档汽车，帮助它们增强应对气候变化的能力；在国际社会倡导能源安全成为全球共同目标的发展理念；加强保护森林在应对气候变化中的作用，实施对森林进行可持续的管理。

奥巴马政府气候政策的这些积极变化无疑突出了美国在削减全球温室气体排放量、达成新协议的全球气候变化谈判中的领导地位，在全球气候治理领域起着主导作用，国际社会完全可以期待美国政府在"后京都国际气候机制"达成方面展示出更有远见的姿态。

（二）特朗普政府气候变化政策

特朗普执政时期（2017—2020 年），基本推翻前任总统奥巴马政府主张的气候变化政策。其气候变化政策主张为：国内以"美国优先"为

基调，打破节能减排规则限制，大力复兴传统化石能源与核能行业，实现能源独立，促进传统能源的出口，削减对新能源开发的支持力度；国际上，退出《巴黎协定》，寻求"公平对待美国的新气候政策协议"。具体而言，主要包括以下几个方面[5][6][7]。

1. 回归传统能源政策，完善传统能源基础设施建设

特朗普在宣誓就职当日就签署了《美国优先能源计划》，旨在复兴美国国内的传统能源行业。特朗普政府不断打破奥巴马政府煤炭开采与使用的约束，解除联邦土地新开煤矿的禁令，主张"审查"和"撤回"的煤炭产业政策，美国2017年前6个月煤炭的产量比2016年同期增长了近15%；大力修建油气管道网络，2017年1月24日，特朗普签署一项总统行政令，恢复数十亿美元石油管道的建设，为基石输油管道（Ketstone XL）和达科他（Dakota Access）输油通道的建设开绿灯；重新审视并取消奥巴马政府确立的石油和天然气开发的法律法规，放宽对石油和天然气开采的约束，开放奥巴马政府禁止开发的近海油田，出台扩大海洋油气开发的新政策，2018年1月4日，美国内政部公布美国自2019—2040年将开放超过90%的外大陆架区域进行石油和天然气的开采。此外，特朗普政府还高调公布扩大对核能开发的新计划，加大对新一代核电站开发的支持力度，增加对石油、天然气以及核能等传统能源行业的补贴，美国传统能源行业呈现一片"欣欣向荣"的景象，使美国重新退回到传统能源时代。

2. 以废止清洁电力计划为核心，放宽节能减排标准

特朗普政府认为，太阳能、风能等清洁能源的投入成本高，回报时间长，短期内不能助推美国经济的繁荣，因此，其大量削减能源技术研究预算，2018年联邦环保署的预算下降达31%。与此同时，却助力了石油等传统能源的发展。2017年3月28日，特朗普签署了《能源独立和经济增长》行政令，目的是废止奥巴马政府颁布的《清洁电力计划》《电力行业碳排放标准》《气候变化与国家安全》，废除《总统气候行动计划》和《减少甲烷排放的气候行动计划战略》，与此同时，解散评估温室气体社会成本的跨机构工作组，打破化石燃料发电厂碳排放以及石油和天然气系统甲烷排放限制。2017年10月11日，美国联邦环保署正式废除了奥巴马政府的《清洁能源计划》。特朗普政府这一系列的打破节能减排"紧箍咒"的政策，与国际大力发展清洁能源的趋势相违背，使美国2025年减排目标的达成变得越来越不现实，重挫国内新兴能源

的发展，不利于美国经济的长久增长。

3. 退出《巴黎协定》，减少国际气候合作

特朗普政府鲜少参与国际气候合作，主张"孤立主义"和"单边主义"，2017 年仅派出 7 名代表参加波恩气候变化大会，不承认奥巴马政府关于"提供 30 亿美元用于支持发展中国家清洁能源建设"的承诺，2017 年 G20 汉堡峰会上特朗普政府极力拒绝全球气候合作。2017 年 6 月 1 日，特朗普宣布正式退出具有国际法律约束力的全球气候协议《巴黎协定》，与此同时，终止向联合国"全球气候变化倡议"项目提供援助，取消 125 亿美元的气候变化研究基金，不再向绿色气候基金提供资金等，美国此举重创了全球气候治理的积极性，侵蚀了全球气候合作架构，增加了全球节能减排的难度。Alon Tal 预测，美国退出《巴黎协定》将导致全球平均气温在 21 世纪末上升 0.3℃[8]。

特朗普政府这些消极的气候政策，无疑会对全球气候治理带来巨大的成本和重创，其只贪图自身经济短期快速发展，视而不见自己作为温室气体排放大国的历史责任，这无疑是饮鸩止渴。

（三）拜登政府气候变化政策

自 2021 年 1 月 20 日拜登执政以来，其将应对气候危机作为仅次于应对新冠肺炎疫情的事项，其气候政策主要包括：确保美国在 2050 年前实现 100% 的清洁能源经济和净零排放，提高基础设施的环境变化适应性，实现环境正义，清理重建废弃的工业设施，建立民间的气候管理队伍，加强全球气候合作，发挥美国在应对全球气候危机中的领导作用。为了实现上述政策目标，具体表现为以下几个方面[9,10]。

1. 明确气候治理长期目标，将清洁能源融入美国经济发展整体进程

2021 年 1 月 27 日，拜登签署《关于应对国内外气候危机》的行政命令，其再次重申竞选时做出的承诺，确保美国到 2035 年实现无碳发电，到 2050 年实现零排放，持续推进清洁能源与环境正义变化，这可能使《巴黎协定》中降低 2℃ 的目标成为可能[11]。一方面，拜登政府通过行政手段在各行各业推进清洁技术的应用，包括：实施美国清洁汽车计划，从购买力、研发、税收、贸易和投资策略各方面鼓励消费者和制造商转向清洁技术；对商业建筑进行升级改造，加速实现 2035 年美国建筑碳足迹减少一半的目标；制定公用事业和电网运营商能效和清洁电力标准；撤销基斯顿输油管道建设计划。另一方面，通过强大的技术创

新优势和资本优势，致力于基础设施的大规模投资。拜登政府提出创建新的气候高级研究规划中心聚焦于实现100%的清洁目标；推动包括智能交通、供水系统、学校、电网、宽带以及铁路在内的基础设施向清洁型、安全型、强大型升级；通过研发投资加快创新，提升美国清洁能源供应链弹性；创建一个基于数据驱动的气候和经济公平筛选工具，实现环境正义，从而将美国建设成为一个更有韧性、更加持续的经济体，使美国快速走上净零排放的道路。

2. 将贸易政策与气候目标相结合，重塑美国气候外交

拜登政府明确强调"将气候危机置于美国外交政策与国家安全的中心"，其将气候政策融入美国外交政策、贸易政策，重塑美国进行全球气候治理的领导权，在其上任首日，重返《巴黎协定》，引领各个国家气候目标的实现；主办领导人气候峰会，召开主要经济体能源和气候论坛，推动达成可行的减少全球航空业排放的国际协议，设立总统气候特使，重塑美国气候外交；推进气候融资计划，扶持发展中国家气候目标实现；接受《蒙特利尔议定书》基加利修正案，加大对氢氟碳化合物的排放限制；重启奥巴马政府的"创新使命"全球计划，加快世界清洁能源创新的突破。此外，拜登政府禁止中国对煤炭出口进行补贴，通过"一带一路"将碳污染转出，遏制中国扩大全球的影响力。

综上所述，尽管拜登政府制定的气候新政策与以往相比没有根本上的创新，但是拜登政府可能是美国有史以来最重视气候问题的政府，其扭转特朗普政府对待气候问题的消极态度，通过"全政府"的方式组建"白宫国内气候政策办公室"，成立"国家气候工作组"，首次将一名专门负责气候变化问题的成员纳入国家安全委员会，积极投入全球气候治理之中，承担起大国应对气候危机的责任，充分发挥其在新兴技术领域的引导力。

三 美国气候变化新政策面临的困境

从宏观决策层面，拜登政府将刺激经济复苏、能源结构调整与气候变化政策相互链接、统筹兼顾，符合当今世界的发展潮流。在应对气候变化问题上的积极态度也使国际社会有理由相信美国在全球气候多边治理中会比以往更有所作为。然而，考虑到美国国内政治生态与结构的多样性和复杂性，这些气候新政能否达到预期目标，还面临着诸多困境和

挑战[2][3][4][9]。

1. 国内政治极化制约新气候变化政策的实施

民主党和共和党作为美国两大主要政党，其在推动美国立法方面具有重要的作用。民主党通过掌握参众两院的控制权在政治上可以大力支持拜登新气候变化政策。但是若需要从法律上强制实施，在确保民主党成员大力支持的同时，还需要部分共和党成员的支持，然而共和党与民主党在应对气候变化问题上具有很大分歧，若仅仅通过签发行政令的方式，气候变化政策又很容易被下一任总统推翻，不利于美国气候政策的持续性。然而在拜登政府做出承诺之后，国会在推动美国到 2030 年实现减排 50% 方法的实施方面收效甚微，事实上，自 2010 年以来，美国并未通过立法制定实质上的减排政策。在当前新冠肺炎疫情严重、美国经济低迷的大背景下，加之国内政治极化和保守型司法系统，是否能够真正推动气候变化立法还需要拭目以待。

2. 与化石燃料相关的二氧化碳排放量会长期维持在高位

美国的能源消费主要包括煤、石油、天然气、水能和核能，以化石燃料为主，可再生能源所占比例较低。充足和廉价的能源供应促进了美国经济社会的巨大进步，但却不利于其能效的提高。事实上，美国的人均能源消耗量比其他发达国家高出约 70%。美国仅占世界人口总量的 5%，却消耗了全世界 25% 的能源。相应地，历史上与化石能源相关的二氧化碳排放占据了美国排放总量的 90% 以上。近几年，随着页岩气、页岩油非常规能源的大规模开采使用，降低了对传统化石能源的需求。但由于国际油价的波动，都会影响页岩企业的投资发展。与其他资源相比，丰富的储备以及开采和运输条件的改善使得煤炭价格更为低廉，这意味着煤炭在美国未来的电力需求中将继续扮演着关键角色。由于煤炭的高含碳量，因此，可以预见美国未来与能源相关的二氧化碳排放量将会维持在一个较高的水平。

另据美国能源信息局的研究，在经济危机背景下，美国化石能源排放的二氧化碳排放量在 2008 年和 2009 年分别下降了 3% 和近 7%。与此同时，2027 年之前美国的二氧化碳排放总量将不会超过 2005 年的水平（5980 百万吨）。然而，从 2027 年至 2035 年，美国的二氧化碳排放量将会再增长 5%，达到 6315 百万吨。这意味着在 2005 年至 2035 年期间，美国化石能源排放的二氧化碳排放将会以年均 0.2% 的幅度增长。同样在这一时期，由于对电力和交通燃油需求的增长会被较高的能源价格、能耗标准、各州政府的可再生能源标准、联邦政府制定的公司平均燃油经济标准等因素所抵消，美国的人均二氧化碳排放量将会以年均0.8%的幅度下降。从总体上来看，美国在未来数十年依旧会是全球主要的二氧化碳排放国，这意味着美国在全球温室气体减排中理应负有相对应的责任。

3. 国际气候谈判博弈的复杂性

从1988年"政府间气候变化专门委员会"（IPCC）的成立到1991年"政府间气候变化谈判委员会"的建立，从1992年《联合国气候变化框架公约》（UNFCCC）的签署到1997年签订《京都议定书》，再到2007年"巴厘岛路线图"的确定，可以说国际气候谈判是一个多层次、多维度、多领域的复合博弈过程。这不仅仅是发达国家与发展中国家之间的矛盾问题，就单个国家而言，其领导人也要面临着国际层次与国内层次的双层博弈。如小布什政府之所以退出《京都议定书》，其理由就是"关键性发展中国家（中国、印度等）没有承诺减排义务""强制性减排会损害美国国内的经济利益"等。而上述"理由"不可能因奥巴马的上台而立刻消失。毕竟，决定美国气候政策走向取决于其国际博弈与国内博弈的交集点，即国家利益，而非总统个人的选择。

在国际气候谈判中，美国的气候变化政策受到了一些贫穷国家和小岛国家联盟（AOSIS）的强烈批评。由于贫穷国家基础设施落后，科技水平有限，在应对气候变化方面的脆弱性更差，如果不尽快遏制气候变化，这些国家将会面临国家治理能力溃败的危险。而小岛国家则会遭受海平面上升的威胁，它们当中的一些甚至会在21世纪失去80%的国土面积。基于此，小岛国家和贫穷国家对美国长期以来逃避温室气体减排责任的行为抱怨不已。

与此同时，美国还受到其他发达国家（集团）减排的压力。例如，作为国际环境治理中的积极领导者，欧盟不仅在区域内实行领先的环保标准，在国际层面还积极开展环境外交，倡导以多边主义方式推动各国参与应对气候变化的行动。在2001年美国退出《京都议定书》，使得国际气候变化谈判几近陷入僵局之际，欧盟则积极运用其外交力量动员其他国家支持和加入《京都议定书》。一方面，针对加拿大和日本等国仍对《京都议定书》的执行机制持有异议的情势，欧盟、77国集团及中国在谈判中经过磋商，采取了灵活的态度，最终促使各方达成《波恩政治协议》和《马拉喀什协定》。这两个协定既帮助了发展中国家进行环境保护，又规定了碳汇的计算方法及允许使用碳汇额度的上限，使得对《京都议定书》附件 I 国家减排义务的规定大大弱化，也为议定书的生效提供了可能。另一方面，欧盟还以支持俄罗斯加入世界贸易组织为条件，积极推动俄罗斯批准《京都议定书》，从而为《京都议定书》的最终生效扫清了障碍。可见，欧盟在京都议定书谈判进程中所扮演的"领导者"角色已经给美国带来了前所未有的压力。

2015 年 12 月，《巴黎协定》在巴黎气候变化大会上由《联合国气候变化框架公约》的近 200 个缔约方达成，这是继《京都议定书》后第二份具有法律约束力的气候协议。在经历奥巴马政府的签署落实、特朗普政府的退出之后，拜登政府又重回《巴黎协定》，而其中的"国家自主贡献机制"同意新兴发展中国家根据自身经济发展设定减排目标，而拜登政府更加强调以安全为核心的全球气候治理观，这可能与发展中国家以发展为核心的全球气候治理观相矛盾。更为重要的是，国际气候政治的博弈不仅表现为领导权之争，还表现为国家发展模式的竞争。如果美国不在全球气候治理中"有所作为"，那么有可能丧失国际社会对美国式资本主义发展模式的信心，从而削弱美国在世界上的影响力和吸引力。因此，如何夺回美国在全球气候治理中的领导权并重塑民众对本国发展模式的信心，就成为未来美国政府不可回避的课题。

4. 国际伦理和道义压力

如何应对气候变化问题，这不仅是科学技术领域的课题，还是一个伦理问题[12]。而美国在全球气候治理中的"不作为"必将使其面临巨大的国际伦理和道义压力。

首先，气候变化问题上的不确定性不能成为任何国家推脱气候伦理责任的理由。在诸如气候变化这样的环境问题中，当气候变化科学不确定性不能就该问题对人类健康的危害和可能产生的环境后果做出明晰的预测时，伦理问题就产生了。这是因为即使科学可以精确地描述出气候变化的危险层次，那么这里还有一个"接受性"的问题。也就是说，从科学的结论来看，气候变化的确引起了一些特定的威胁或者风险，但是在缺乏首先决定某个固定的接受标准的情况下，没有人可以预知这种威胁是否可以被普遍接受。因此，"接受性"的标准应当被看作是一个伦理问题，而非科学问题。忽略上述问题将意味着人类的健康和环境会被置于一种"合法性危险"（Legitimate Risk）情景之下，即决策者在潜在的环境威胁面前选择不采取行动。虽然气候变化的科学性尚存争论，但是它所引起的一些危害的确已经发生。世界各国应当采取预防性措施来预测、阻止或者将气候变化的诱因最小化，以此来减缓其负面影响。只要存在危害或者不可逆转的破坏，人类社会就不能以缺乏百分之百的科学确定性为理由来推迟采取气候治理行动。对于美国而言，上述伦理问题同样需要正视。

其次，国际气候正义原则要求美国理应采取有效行动应对气候变化。气候变化中的正义内容主要包括：人与自然平等相处、国际社会中的权益和义务承担要遵循普遍规范和标准。对前者，几乎没有一个国家能够完全做到人与自然的平等相处；而后者，由于国际社会的规则、规范和标准是由那些早先进入国际社会的主要大国制定的，而那些国际社会的迟来者则很难在"祖父原则"下获得公平的利益和权利。"共同但有区别的责任"是国际气候机制中一个最为重要的原则。根据该原则，发达国家缔约方应该率先采取行动，尽最大努力减少温室气体排放。而发展中国家在得到发达国家的技术和资金支持的前提下，有责任采取一定的措施减缓或适应气候变化。这里的"共同"强调各缔约国均对生态环境链有整体性和关联性责任，"区别"则强调了先发国家的历史责任，兼顾了后发国家的发展需要，体现了一种公平精神。美国每年人均排放25吨的二氧化碳，比欧盟的人均排放高出2倍，大约是世界平均水平的4倍。如果美国不顾国际社会的观感而践踏国际气候伦理规范，必将会给自身的道义形象带来负面影响。

四 美国气候变化政策的新动向

2021年4月22日，拜登政府发布美国历史上首份《国际气候融资计划Ⅰ》，以国际气候融资为核心，通过调动资金资源，帮助发展中国家减少或者避免温室气体排放，建立抵御和适应气候变化的能力。该计划包括五个方面：

1. 扩大国际气候融资规模并增强其影响

拜登政府考虑到气候危机的紧迫性，面对2018—2021财政年度期间美国国际气候融资的急剧下降，并认识到美国在国际气候外交中重新确立美国领导地位的必要性。与奥巴马政府的后半期（2013—2016财政年度）相比，美国计划到2024年向发展中国家提供的年度公共气候融资翻一番，作为这一目标的一部分，美国计划到2024年将适应性资金规模增加两倍。

在公共投资中优先考虑气候问题，有针对性地进行金融干预和投资，最大限度地增加双边和多边接触，以实现《巴黎协定》的目标。与此同时该计划表示，美国国际开发署（USAID）将于 2021 年 11 月初 UNFCCC 第 26 次缔约方大会（COP26）上发布新的气候变化战略。新战略将要求整个机构在其所有规划中考虑气候变化的影响，并鼓励所有部门帮助各国适应和减缓气候变化。该战略将解决许多在 2012—2018 年版本中没有解决的挑战，包括摆脱化石燃料的过渡和可再生能源供应链的完整性。美国国际发展金融公司（DFC）将更新其发展战略，首次将气候问题纳入其中，同时将投资于气候减缓和适应作为首要任务；千年挑战集团（MCC）将于 2021 年 4 月通过一项新的气候战略，重点投资于气候智能型发展和可持续基础设施，并计划在未来 5 年将 50% 以上的项目资金用于气候相关投资。财政部将指导多边开发银行的美国执行董事与其他股东合作，帮助确保多边开发银行制定并实施雄心勃勃的气候融资目标和政策。

美国各部门和机构将加强在提供和动员国际气候资金和技术援助方面的战略协调，以确保各机构的努力、方法和专业知识的互补性。各部门和机构将加强合作，在将气候因素纳入其国际工作和投资方面采取最佳做法，例如筛选所有与气候相关的风险项目，以确保它们具有抗风险能力。

2. 在国际上动员私人资金

公共干预，包括公共财政，也必须调动私人资本。相关部门也将为调动更多的私人资金做出一些努力。例如，千年挑战集团（MCC）将扩大合作伙伴关系，并利用混合资金为气候项目筹集私人资本。美国国际发展金融公司（DFC）将从 2023 财政年度开始增加气候相关投资，因此至少 1/3 的新投资与应对气候危机有关。美国进出口银行（EXIM）将根据其授权，确定显著增加对环境有利、可再生能源、能源效率和美国能源储存出口的支持的方法。包括美国国际发展金融公司、美国贸易发展局、美国进出口银行、国务院、千年挑战集团和美国国际开发署在内的美国机构将共同努力建立一个强大的项目渠道。

3. 采取措施终止对以化石燃料为基础的碳密集型能源的国际官方资助

减少对碳密集型化石燃料能源的公共投资，是增加对气候友好活动投资的必然结果。各部门和机构将寻求终止对碳密集型化石燃料能源项目的国际投资和支持。各部门和机构将通过双边和多边论坛与其他国家合作，促进资本流向与气候相关的投资，避免高碳投资。财政部将与经济合作与发展组织（OECD）的其他成员国和美国其他政府部门和机构合作，带头修改由经合组织出口信贷机构提供的官方出口融资规则，重新调整融资方向，远离碳密集型活动。

4. 使资本流动符合低排放、气候适应强的路径

金融市场越来越需要与低温室气体（GHG）排放和气候适应途径相一致的投资机会。为了支持资本流向与这些途径相一致的活动，需要建立一个数据、信息、实践以及使金融市场参与者能够将气候相关考虑纳入决策的程序。这一概念体现在《巴黎协定》第2.1（c）条中，已被世界各地的金融政策制定者和监管机构广泛接受。美国财政部与美国其他部门将酌情继续促进改善有关气候相关风险和机会的信息的识别；管理与气候相关的金融风险，根据气候目标调整投资组合和战略。

5. 美国公共气候融资的定义、测量和报告

根据十多年来追踪气候资金的经验，美国打算确保我们未来的报告处于透明的前沿，并与美国的气候资金战略方针一起发展。这将包括更详细的报告和跟踪，为弱势群体提供资金，并加强对动员和影响的报告。国家安全委员会（National Security Council）工作人员将在2023财政年对该计划进行审查，以评估进展情况，并评估是否需要做出改变以增加雄心和影响。

五　总结与展望

美国自20世纪90年代初签署UNFCCC至今，美国的气候变化政策随着不同党派执政而变化。共和党的气候变化政策较为消极，其执政期间曾于2001年、2017年两度宣布退出具有国际法律效力的温室气体减排协定。共和党气候变化政策的消极性主要表现为在共和党执政时期美国国会刻意规避有关气候变化的相关议题，大幅削减有关气候变化研究预算，并采取政治手段压制主流气候科学的发展。相对而言，在民主党执政时期，美国的气候变化政策表现得较为积极。如奥巴马政府在2009年6月通过《美国清洁能源法案》，希望透过绿色新政降低温室气体排放、推动低碳技术创新，2013年6月发布《总统气候行动计划》提升气

候变化在政府工作中的重要地位，同时致力于《巴黎协定》的落实；拜登政府不仅重返《巴黎协定》，而且将气候问题与美国外交政策、贸易政策相融合。美国政府期望通过启动积极的气候行动和整合行政资源，修复国家气候战略，重塑其国际气候治理的领导力，同时此举有助于扭转美国在国际气候谈判中的被动地位。然而美国国内政治的两极化，拜登政府能否得到国会的支持，能否做到其宣传的承诺力度，能否真正地贯彻多边主义加强与其他发达国家和发展中国家的合作，新气候政策能够持续多久，目前仍有极大的不确定性。但是拜登政府积极的气候政策无疑会推动全球气候治理更上一层楼。

六　对中国的启示

中国作为世界温室气体排放大国，面对拜登政府的施压，应该审时度势，构建多维度的气候变化治理体系。首先，以《巴黎协定》为出发点，加强与发达经济体在应对气候变化问题多层次、多领域的沟通交流与多边合作，随时掌握各经济体气候变化政策新动向；其次，以绿色创新为突破口，将人工智能、物联网等新兴数字技术广泛应用于低碳技术，调整优化产业结构、提高能源效率；再次，以能源安全、提高居民福祉为愿景促进能源低碳转型，加强新能源技术和碳中和技术研究，达到气候治理与绿色经济的融合发展。

参考文献

［1］IPCC：《*Climate Change* 2007：*Synthesis Report. Contribution of Working Groups I，II and III to the Fourth Assessment Report of the Intergovernmental Panel on Climate Change*》Core Writing Team，Pachauri，R. K and Reisinger，A. (eds.)，2008.

［2］马建英：《奥巴马政府的气候政策分析》，《和平与发展》2009 年第 5 期。

［3］马建英：《美国的气候治理政策及其困境》，《美国研究》2013 年第 4 期。

［4］余建军：《美国奥巴马政府气候变化政策及对我国的启示》，《国际观察》2011 年第 6 期。

［5］冯帅：《特朗普时期美国气候政策转变与中美气候外交出路》，《东北亚论坛》2018 年第 5 期。

［6］ 李巍、宋亦明：《特朗普政府的能源与气候政策及其影响》，《现代国际关系》2017 年第 11 期。

［7］ 于宏源：《特朗普政府气候政策的调整及影响》，《太平洋学报》2018 年第 1 期。

［8］ Alon Tal：《Will We Always Have Paris? Israel's Tepid Climate Change Strategy》，*Israel Journal of Foreign Affairs*，Vol. 10，No. 3，2016.

［9］ 肖兰兰：《拜登气候新政初探》，《现代国际关系》2021 年第 5 期。

［10］ 于宏源、张潇然、汪万发：《拜登政府的全球气候变化领导政策与中国应对》，《国际展望》2021 年第 2 期。

［11］ Martin Kuebler and Tim Schauenberg："Biden's Climate Plans：A'Historic Tipping Point"，Deutsche Welle，2020.9，https：//www.dw.com/en/bidens-climate-plans-a-historic-tipping-point/a-55542191.

［12］ 钱皓：《正义、权利和责任——关于气候变化问题的伦理思考》，《世界经济与政治》2010 年第 10 期。

欧盟绿色新政的主要内容、特征及对中国的启示[*]

全球气候问题严峻，温室气体排放水平仍在继续攀升，气候变化速度远高于预期。2020年，全球新冠肺炎疫情的暴发更加凸显了绿色发展的重要性，一方面是因为气候变化也是影响新发传染病暴发和传播的重要因素，另一方面疫情导致的经济下滑增加了"棕色经济"卷土重来的风险。经济大幅下滑之后，经济的短期快速回升成为首要目标任务，可能导致长期的生态环境治理愈加困难。后疫情时期，欧美日韩各国纷纷推出"绿色刺激政策"，大力倡导发展绿色经济，实施绿色新政。这不仅是各国刺激经济增长、实现经济复苏、转变经济发展模式的战略考量，更有占领全球新一轮绿色工业革命制高点和全球经济的主导权的战略动机。绿色新政作为生态文明思想的实践，既是新发展阶段经济高质量发展的必要举措，也是新时期有为政府提升治理能力、构建现代化治理体系的重要体现。本文梳理欧盟绿色新政的出台背景和主要内容，归纳其政策重点和实施路径，以期对中国提升绿色治理能力、制定绿色政策和推进"碳达峰、碳中和"目标实现提供经验借鉴和政策参考。

一 绿色新政的出台背景和战略意义

2008年国际金融危机爆发，世界各国陷入经济衰退。为了刺激经济复苏以及转变经济发展模式，应对经济危机、环境危机、能源危机、气

＊ 本文作者为朱兰（中国社会科学院数量经济与技术经济研究所、中国社会科学院环境与发展研究中心，助理研究员）。本文部分内容发表于《绿色新政助力欧盟转型》，《中国社会科学报》2021年8月31日第3版。

候变化危机等多重危机，欧、美、日等主要发达经济体纷纷制定和推进短期内刺激经济复苏、中长期以应对气候变化向低碳经济转型为核心的绿色发展规划。联合国秘书长潘基文在 2008 年 12 月 11 日联合国气候变化大会上提出了绿色新政的概念，是对环境友好型政策的统称，主要涉及环境保护、污染防治、节能减排、气候变化等与人和自然的可持续发展相关的重大问题。潘基文呼吁全球领导人在投资方面，转向能够创造更多工作机会的环境项目，在应对气候变化方面进行投资，促进绿色经济增长和就业，以修复支撑全球经济的自然生态系统。

绿色新政是以绿色行政为核心的绿色政府，以绿色管理思想为指导，以实现人类与社会可持续发展为目标，主张爱护生态、保护环境、人与自然和谐共处，制定和实施环境友好型政策的绿色治理。"绿色"指政府投资、公共支出、税收等财政政策工具侧重于推进新能源、环境与资源保护、公共服务等领域的发展；"新政"借 20 世纪 30 年代罗斯福"新政"的寓意，强调政府主导作用以及建立"后危机"时代的可持续发展模式的变革意义，区分了绿色新政、绿色刺激和绿色经济背后体现的不同模式的绿色资本主义[1][2]，但是本文考虑新一轮绿色新政的新特点，在此不做详细的区分。

在世界经济发展格局发生改变，新一轮技术革命和产业变革背景下，世界各国绿色新政的实施具有重要的战略意义。具体来说：

第一，实施绿色新政，是转变经济增长模式、实现经济高质量发展的重要途径。绿色经济是以维护人类生存环境、合理保护资源与能源、有益于人体健康为特征的经济，是围绕人的全面发展，以生态环境容量、资源承载能力为前提，以实现自然资源持续利用、生态环境的持续改善和生活质量持续提高、经济持续发展的一种经济发展形态。"绿色经济"以低能耗、低污染、低排放为主要标志，改变了传统的高能耗、高污染、"先污染后治理"的经济增长方式，推动经济增长和环境保护的协调发展，实现人与自然和谐发展的最佳路径。

第二，实施绿色新政，是带动就业和刺激经济复苏的重要手段。绿色新政的提出是在 2008 年国际金融危机后，其主要目的是平衡短期经济复苏和长期应对气候变化的权衡之策。绿色新政的实施以绿色基础设施的建设、绿色技术的研发、产业的绿色转型等，在新技术、新产业、新基建的建设过程中，不仅将创造大量的就业机会，还会带来更高的短期回报和长期成本节约。根据麦肯锡的估算：在一个欧洲国家部署 750

亿—1500 亿欧元的绿色刺激计划，能够产生 1800 亿—3500 亿欧元的总附加值，创造 300 万个新的就业岗位（其中许多岗位位于如今相当脆弱的行业和群体中），并有助于碳排放量到 2030 年减少 15%—30%，这意味着，投资于低碳并不需要在经济发展上做出妥协[3]。

第三，实施绿色新政，是引领绿色技术创新、掌握全球竞争力的重要抓手。美国总统奥巴马说，谁掌握清洁和可再生能源，谁将主导 21世纪；谁在新领域拔得头筹，谁将成为后石油经济时代的佼佼者。绿色技术的发明和应用是绿色经济发展和绿色新政实施的核心，世界主要经济体纷纷从政策、人才、研发、资金等方面向绿色技术领域倾斜，加快基础研究和应用，参与技术和产品标准制定，占领绿色技术革命高地。另外，在全球气候变暖、生态环境恶化、极端气候天气频发的情况下，生态保护成为新的道德制高点和国际政治话语，以碳税为代表的绿色关税、绿色贸易壁垒初现端倪，气候变化成为各国外交、贸易、经济政策中的重要议题，绿色新政成为增强国际竞争力、掌握国际话语权的重要保障。

二 欧盟绿色新政的主要内容

2008 年国际金融危机的爆发，发达国家通过"绿色新政"，把开发新能源、发展绿色经济作为此次全球金融危机后重新振兴本国经济的主要动力和新的增长极。2008 年，联合国环境规划署（UNEP）启动了"全球绿色新政及绿色经济计划"，倡议各国政府建立低能耗、环境友好、可持续的"绿色经济"增长模式[1]。全球绿色新政的提出和实施主要分为两个阶段：第一个阶段是 2008 年金融危机之后，世界各国为应对金融危机和气候变化而提出的绿色刺激政策，以及出台的系列法律和政策；第二个阶段是 2019 年欧盟发布《欧洲绿色协议》，再加上 2020年新冠肺炎疫情暴发，世界各国为刺激经济和应对气候变化提出新一轮经济复苏政策，其中数字经济和绿色经济成为最重要的两个支柱。

（一）2008 年国际金融危机后欧盟绿色新政的主要内容

2008 年国际金融危机后，欧洲绿党便极力主张实施"绿色新政"，目的在于实现在地球自然限制内带来经济繁荣、社会正义和生活幸福的经济社会的全面转型。受 20 世纪 30 年代大萧条时代改革金融体系、重建美国经济的"罗斯福新政"的启发，"绿色新政"的核心目标是在不威胁到子孙后代的机会和生计的前提下实现繁荣[4]。

2010 年欧盟夏季峰会上，欧盟委员会通过了未来 10 年的经济发展战略，即《欧盟 2020 战略》，提出未来经济增长方式的三个核心概念：聪慧增长、可持续增长和包容性增长。在关于可持续增长方面，《欧盟 2020 战略》提出"到 2020 年欧盟的温室气体排放在 1990 年基础上减少 20%，可再生能源占比提高到 20%，能效提高 20%"的"三个 20%"战略目标。绿色欧洲基金会《资助绿色新政：创建一种绿色金融体制》提出，欧盟需要将每年 GDP 的 2% 投资到实现 2020 年 CO_2 排放减少 30% 目标的工作中。

2011 年欧盟委员会先后发布了《2050 年能源路线图》《2050 年低碳经济转型路线图》《2050 年交通白皮书》等政策文件，对减排目标及能源结构转型提出了明确的计划。2014 年，1 月 22 日，欧盟委员会公布了《2030 年气候与能源政策框架》（以下简称《框架》），旨在促进欧盟低碳经济发展，提高能源系统的竞争力，增强能源供应安全性，减少能源进口依赖以及创造新的就业机会。欧盟在《框架》中提出了 2030 年气候及能源政策的具体目标，即到 2030 年，碳排放量要比 1990 年减少 40%，可再生能源消费要占能源消费总量的 30% 以及能源使用效能整体提升 30%[4]。

为加强应对气候变化带来的威胁，2015 年全世界 178 个缔约方共同签署《巴黎协定》，各方协调力争把全球平均气温较工业化前水平升高控制在 2℃ 以内，并为把升温控制在 1.5℃ 之内而努力。《巴黎协定》不是自上而下强制性给各国分配减排任务，而是采取了一种"自下而上"的模式，各国按照自身情况确定资助贡献程度，每 5 年更新一次，逐步提高自身贡献目标。欧盟在 2015 年 3 月提交了自主贡献文件，计划到 2030 年将温室气体排放量较 1990 年减少 40%，提高可再生能源占比到 32%，能效提高 32.5%，在《框架》的基础上进一步提高了可再生能源占比和能效提高的目标。2018 年，欧盟为了落实 2030 年减排目标，对排放交易体系、土地政策、能源政策提出了具体的修正计划，包括碳排放交易体系的修正、土地利用政策的修正、低排放部门碳减排战略和技术创新战略[5]。

在欧盟整体气候目标的引导下，主要经济体也采取了不同的措施应对经济和气候变化危机。主要经济体利用国家力量，从立法、经济发展战略和产业政策等诸多角度，立足自身比较优势，整体推进经济社会绿色转型。其中，英国于2008年相继通过了《气候变化法》《能源法》与《规划法》，奠定英国能源与气候变化长期政策的基石，《气候变化法》又是整个气候变化政策与法律体系的核心。《气候变化法》规定，国务大臣有义务确保2050年之前英国的碳排放量比1990年的基准水平至少降低80%。2009年7月15日，英国发布了《低碳转换计划》和《可再生战略》国家战略文件，计划到2020年可再生能源占比要达到15%，其中40%的电力来自可再生、核能、清洁煤等低碳绿色领域，不仅要对火电站进行技术改造和升级，更要重点发展风电、光电等绿色能源，旨在把英国建设成为更干净、更绿色、更繁荣的国家。

德国作为一个制造业强国，其绿色经济发展的重点是生态工业。2009年6月，德国公布了一份旨在推动德国经济现代化的战略文件，强调德国经济的指导方针是生态工业政策，包括严格执行环保政策、制定各行业有效利用战略、扩大可再生使用范围、可持续利用生物智能、推出刺激汽车业改革创新措施及实行环保教育、资格认证等方面的措施[6]。法国则是重点发展核能和可再生。法国环境部于2008年12月公布了一揽子旨在发展可再生的计划，涵盖了生物、风能、地热能、太阳能以及水力发电等多个领域的50多项措施。2009年，法国政府计划投资4亿欧元，用于研发清洁汽车和"低碳汽车"。此外，核能一直是法国政策的支柱，也是法国绿色经济的一个重点。

（二）2020年欧盟新一轮绿色新政的主要内容

2020年1月15日，欧盟议会正式批准《欧洲绿色协议》（*European Green Deal*）通过。《欧洲绿色协议》在原有的2020年、2030年控排目标进展迟滞的基础上，上调了欧盟2030年和2050年减排目标，将2030年温室气体减排目标从40%提升到55%，上调了15个百分点，并提出到2050年欧洲要在全球范围内率先实现气候中和，成为全球首个净零碳排放的洲。围绕2050年气候中和战略目标，《欧洲绿色协议》从能源、工业、建筑、交通、粮食、生态和环境7个方面规划了行动路线图，综合使用立法、政策、金融、碳排放交易市场等多种工具，旨在将气候危机和环境挑战转化为动力，推动全欧洲的绿色经济转型和可持续发展，并呼吁各国共同关注气候变化问题。图1列出了欧洲绿色新政的主要内容。

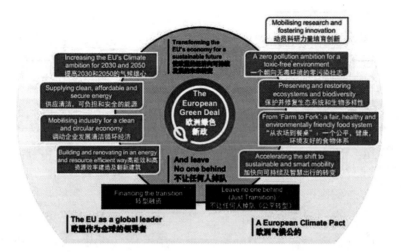

图1 《欧洲绿色协议》主要内容框架

资料来源：转引自徐庭娅和柴麒敏（2020）[8]。

《欧洲绿色协议》明确提出了欧盟绿色经济发展的七项重点任务：构建清洁、经济、安全的能源供应体系；推动工业企业清洁化、循环化改造；形成资源能源高效利用的建筑改造方式；加快建立可持续的智慧出行体系；建立公平、健康、环境友好的食物供应体系；保护并修复生态系统和生物多样性；实施无毒环境的零污染发展战略[7]。并且，《欧洲绿色协议》针对七大领域，提出了明确的目标、路线和行动时间表，明确了七大领域的减排路线图。比如在能源领域，《欧洲绿色协议》提出，在2020年6月完成对《国家能源气候计划》的评估，在2020年内制定《海上风电战略》，并对泛欧能源网的相关规则进行评估；在2021年6月对欧洲能源领域的相关法律进行审定，并提出修订《能源税指令》的建议；各成员国应在2023年内完成其国内能源和气候计划的修订，以契合新的欧洲气候雄心[9]。在工业领域，欧盟委员会2020年3月将制定《欧盟工业战略》，出台《循环经济行动计划》；从2020年开始，欧洲将开展关于废物处置的立法，并在能源密集的工业部门采取有利于气候中性和产品循环的市场激励措施，力求到2030年，欧洲所有的包装都是可重复使用或可回收的；在2020年提出"实现炼钢过程到2030年零排放"的建议，在2020年10月制定《电池法》等[9]。

为支撑《欧洲绿色协议》的实施，欧盟发布了一项《欧洲可持续投资计划》，提出计划通过欧盟预算和相关工具在未来10年动员至少1万亿欧元的私人和公共资本进行可持续投资，其中25%的资金将用于气候友好型领域。2020年全球新冠肺炎疫情暴发后，为刺激经济复苏和保障《欧洲绿色协议》的实施，欧盟委员会于2020年5月27日宣布了总额为7500亿欧元的"欧盟下一代"复苏计划和1.1万亿欧元的强化版中期预算提案（2021—2027年）。更新的预算提案和复苏计划仍然保持了《欧洲可持续投资计划》气候友好型领域25%的比例，并将以欧盟的《可持续金融分类方案》为指导，遵循对气候变化减缓、气候变化适应、海洋与水资源可持续利用和保护、循环经济、废弃物防治和回收、污染防控、保护健康的生态系统七大环境目标"无重大损害"的原则。

另外，按照《欧洲绿色协议》规划，欧盟于2020年7月8日发布了《能源系统整合和氢能源战略》。欧洲电池联盟提出了一项价值2100亿欧元的加速计划，到2022年将在欧洲电池生态系统中提供100万个就业岗位，并继续支持《欧洲电池战略行动计划》，加强对先进电池技术（如锂离子电池）和颠覆性电池技术（如固态池）的研究和创新，原材料、供应链、投资、技术研究、人才培养、回收、监管政策等方面，支持欧洲电池全产业链、全价值链的发展，增强行业领导地位。可再生能源方面，计算在两年内对投资额为250亿欧元的可再生能源项目进行招标，并将设立100亿欧元基金，由欧洲投资银行管理，为清洁电力基础设施提供贷款。

氢能源方面，欧盟复苏计划提出，将提高清洁氢能源研究和创新资金至13亿欧元，并在未来10年内，再增加100亿欧元融资，以降低氢能等大型复杂项目的投资风险。2020年6月10日，德国政府通过国家氢能源战略，提出将在现有基础上再投入70亿欧元用于氢能源市场推广，20亿欧元用于相关国际合作，旨在支持"绿色氢能"扩大市场。法国2020年9月的1000亿欧元经济刺激计划中，提出政府将投资20亿欧元以扩大绿色氢能行业，用于协助公司执行与氢能解决方案相关的项目，推动氢能行业的发展。

绿色交通方面，《欧洲绿色协议》要求到2050年将交通领域的排放减少90%。欧洲复苏计划提出建立一个全欧盟清洁汽车采购机制，具体采购金额分配包括：未来两年设立200亿欧元清洁汽车投资基金；投放400亿欧元至600亿欧元用于电动汽车充电基础设施建设，目标是到2025年建成200万个公共充电桩；铁路投资资金达400亿欧元，专注于将乘客和货运与铁路对接的关键枢纽建设，同时将夜行列车服务带回欧洲。德国在 2020 年 6 月 3 日的一揽子经济复苏计划（2020—2021 年）中，提出把到 2021 年 12 月，每辆电动汽车的补贴增加一倍至 6000 欧元，对插电式和混合动力车的补贴总计达 22 亿欧元；投资 25 亿欧元用于充电设施和电动交通、电动电池的研发；车辆税将更关注乘用车的二氧化碳排放，以扶持低排放和零排放车辆；为汽车行业注入 20 亿欧元，将工厂升级为电动汽车产线。法国政府将为国内绿色基础设施和交通项目提供 12 亿欧元资金，用于开发可减少温室气体排放的交通项目和公共交通服务。

除此以外，在农业领域，为了保持欧洲食品的安全、营养和高质量，欧盟委员会计划在 2020 年发布《从农场到餐桌战略》，将农民作为改革关键，设计覆盖食品链各环节的可持续食品政策，要求食品以对自然影响最小的方式生产，大幅减少和降低化学农药、化肥和抗生素的使用。在生态保护、生物多样性、污染治理、气候应对方面，《欧洲绿色协议》提出将出台《欧盟生物多样性 2030 年战略》《欧盟森林战略》《可持续发展的化学品战略》《零污染行动计划》等系列计划和战略，采取可量化的目标，通过植树造林和森林修复，发展海洋"蓝色经济"，实施针对大气、土壤、水的零污染行动计划等，创造无毒、零碳的环境。

为了保障欧洲绿色新政的实施，避免各国政府的遵从意愿和执行力不足，《欧洲绿色协议》从研发和创新、资金来源、教育和培训、国际合作和公众参与方面提出了保障措施。另外，还运用欧盟的碳交易市场这个政策抓手，通过市场化机制来对高排放行业加以限制，涵盖工业、航空、船运、建筑、交通、土地利用等。同时，通过修改欧盟的气候法案提供法律的保障，政策改革将在整个经济体系中确保碳定价，并以碳价格引导企业的绿色低碳转型[10]。

三 欧盟绿色新政的新特征和存在的争议

相较于《欧洲 2020 战略》，除了强调国家力量、技术和制度支持、全球气候治理和气候外交以外，《欧洲绿色协议》不仅提高了温室气体减排目标，力争 2050 年达到温室气体净零排放且实现经济增长与资源消耗脱钩，所涵盖的经济领域也有了拓展，纳入了新行业，而且为了提高各国执行新政的可能性，提出了落实目标的关键政策和措施路线图，对资金来源、研发、人才和平台搭建等都提出了保障措施。具体来说，欧洲绿色新政除了一些新的特征，主要体现在：

1. 新一代信息技术革命下，绿色经济和数字经济协同推进。2020年全球新冠肺炎疫情暴发后，为刺激经济复苏，各国纷纷出台了经济复苏计划，数字经济和绿色经济成为两大支柱。在《欧洲绿色协议》中明确提出，充分挖掘数字转型的潜力，使人工智能、5G、云计划和边缘计算及物联网等数字技术，在欧盟工业脱碳、绿色金融、技术研发、碳交易系统等应对气候变化和环境保护的政策中发挥重要作用。数字经济将通过获取生态环境信息及时预测环境污染事件和生态系统变化等，直接保护生态环境，也可以通过提高能源使用效率、促进新能源开发和使用等降低原材料的消耗和减少碳排放，从而推动经济发展的绿色化。

2. 制定碳减排路线图，明确资金渠道和保障措施。《欧洲绿色协议》将绿色主线贯穿于交通、建筑、农业、工业、基础设施、能源、环境防治、生物多样性等领域，从时间到空间制定了不同领域减排路线图，综合使用立法、政策、金融、碳市场等多种工具，对欧盟绿色转型进行了全面部署。与此同时，由于绿色转型需要大量投资，《欧洲绿色协议》对资金来源也进行了介绍。据欧委会估算，若想实现当前2030年的气候与能源目标，每年还需2600亿欧元的额外投资，约占2018年GDP的1.5%。绿色新政提出实施"可持续欧洲投资计划"，以绿色投融资确保公正合理的转型。比如实施绿色专项投资、气候变化项目预算、欧洲投资银行转型为气候银行等公共部门的资金来源，同时鼓励私人投资流向绿色产业。同时，为了保障各国经济社会转型，欧洲绿色新政从研发创新、人才培养、国际合作和公众参与四个方面提出了措施，比如把"地平线欧洲"项目的35%以上预算用于研究应对气候变化，积极开展绿色转型教育培训，加强与其他经济体的气候合作等。

3. 绿色技术更加宽泛，市场化机制更为突出。早期的绿色新政也强调绿色技术的重要性，但是绿色技术仅限于可再生能源和能源小的改进，范围相对狭窄。最新的绿色新政和绿色刺激政策，将绿色技术扩大为应对气候变化的技术，包括核能、碳捕获与存储、废弃物管理、无毒化材料等，技术类型更为广泛。另外，早期的绿色新政市场化机制主要是碳定价和交易，如今碳定价和交易的范围不仅扩大至新行业，"自然资源"（生态系统服务）也要定价，气候税金也成为新政的一个焦点。根据新政，欧盟将取消对化石能源的补贴，提高现行能源税最低税率，取消对空运、海运部门税收豁免等，将税收负担从劳动力转移至空运。

但是，由于欧盟内部不同经济体的能源结构、产业结构等存在较大差异，绿色新政在欧盟内部也引起了争议和分歧。以波兰、匈牙利和捷克等化石能源依赖度较高的中东欧经济体抵制该政策，认为能源转型成本过高，呼吁欧盟在制定政策时应考虑到经济体之间的差异。另外，核能是否属于清洁能源也是争议之一。由于核废料的无害化处理问题暂时尚未完全解决，德国等国不支持核能纳入清洁能源。在经济绿色转型公平公正方面的措施比较模糊，严重依赖化石能源的成员国在转型中的就业和社会问题，是国际社会关注的一个焦点。最后，绿色新政雄心勃勃的目标能否实现，也存在较大质疑。

四 对中国的启示

绿色发展与生态文明建设是"十四五"时期乃至未来中长期中国经济高质量发展的重要内容。改革开放以来，中国绿色治理政策的变迁经历了一个较为曲折的历程：从价值取向来看，中国绿色治理政策经历了"效率（经济发展）优先—兼顾效率与公平—公平优先"的价值转换；从时间序列来看，中国绿色治理政策可以划分为 1978—2002 年、2003—2011 年、2012—2016 年 3 个时间阶段；从政策内容来看，中国绿色治理政策经历了"浅绿化"的环境保护、"深绿化"的环境（生态）治理、"泛绿化"的生态文明建设的内容转变。通过政策反思发现，中国绿色治理政策呈现价值理性与技术理性的双重匮乏[11]。

党的十八大以来，绿色发展已经上升为国家战略，党的十八大报告将生态文明建设纳入了中国特色社会主义现代化建设"五位一体"总体布局；党的十九大报告首次将"美丽"写入中国社会主义现代化建设的重要目标，提出要建成"富强、民主、文明、和谐、美丽"的社会主义现代化强国，并强调生态文明建设是中华民族永续发展的"千年大计"；2018 年 5 月召开的全国生态环境保护会议上，习近平总书记将生态文明定位为中华民族永续发展的"根本大计"，进一步强调了生态环境保护的根本性、基础性地位。在第七十五届联合国大会上，习近平主席提出中国碳排放力争在 2030 年前达到峰值、在 2060 年前实现碳中和。实现碳达峰、碳中和是一项复杂、长期和系统性的工程，需要科学部署目标任务、加强顶层设计，避免"运动式减排"。了解欧盟绿色新政的政策演进、主要内容和特征，对中国正确处理好发展和减排、整体和局部、短期和中长期的关系，具有重要的借鉴意义。结合中国新发展阶段和区域间发展不平衡不充分的特征，对中国进一步推进绿色经济发展战略，具有以下几点启示：

第一，发挥国家整体力量，构建现代环境治理体系。环境问题在经济学理论中是典型的外部性问题，存在公地悲剧、搭便车、交易成本高等现象，其中环境污染是典型的负外部性问题，绿色技术创新则是技术和环境的"双外部性"。环境问题的属性决定了不能单纯依靠市场力量来解决，需要国家力量的介入。尤其是在绿色经济成为国家发展战略问题，世界各国抢占绿色技术创新高地的情况下，绿色技术研发和绿色经济的发展就必须进行国家整体力量的动员，发挥新型举国体制的优势，联合社会各界的力量，推动绿色技术自立自强。同时，鼓励社会各界力量参与，构建现代环境治理体系，明确政府、企业、社会组织、社会公众等行为主体的责任和行动依据，从全局观、系统观布局经济社会的绿色转型。

第二，遵循比较优势战略，制定碳减排时间和路径。绿色低碳经济涉及电力、交通、建筑、冶金、化工、石化等部门以及在可再生及新、煤的清洁高效利用、油气资源和煤层气的勘探开发、二氧化碳捕获与埋存等领域开发的有效控制温室气体排放的新技术。英国政府在今年的预算中专门拨出 4.05 亿英镑，扶持关键企业应对气候变化，这些关键企业来自英国有竞争力和比较优势的行业及地区，包括海上风力发电、水力发电、碳捕获及储存，以确保英国在碳捕获、清洁煤等新技术领域处于领先地位。美国力图利用先进技术优势，向全球推广其技术、标准、产品，再次主导全球经济的制高点和掌控世界经济主导权。法国的核能、德国的太阳能、巴西的生物等等都是本国绿色经济的优势所在，也均是各自国家绿色新政的重点发展方向。中国地域广阔，区域之间发展阶段、能源结构和产业结构等存在较大差异，各地区应根据区域发展不平衡特征，立足禀赋和产业结构，准确处理全国碳达峰目标与地区产业结构调整与碳减排路径关系。

第三，技术和制度创新双轮驱动，保障经济社会的全面转型。发达经济体在碳捕获、清洁能源、工业软件、机器人、新能源汽车等绿色技术领域保持领先优势。中国在推动"双碳"目标实现的过程中，也强调了绿色技术创新和基础研究的重要性。但是考虑到创新技术路线可分为技术引进和原始创新，研发包括研究和开发，研究又进一步分为基础研究和应用研究，建议根据比较优势和前沿技术距离，将产业划分为追赶型产业、领先型产业、转阵类产业、弯道超车产业和战略型产业，依据五大类型产业确定绿色技术创新路线和创新资源配置。另外，欧盟绿色新政充分展示了立法引领、政策支持、顶层设计的重要性，充分利用战略规划、立法、行动计划、政策等向市场传递信号，并明确政策制定、修订或者实施时间，形成良好的政策导向和倒逼机制。未来中国推动"双碳"目标的过程中，应积极借鉴欧盟经验，推动和加强应对气候变化、碳交易、绿色金融等领域相关法律法规的出台，促使各方形成一致预期，引导各方投资进入，保障经济转型稳妥推进。

参考文献

［1］苏立宁、李放：《"全球绿色新政"与我国"绿色经济"政策改革》，《科技进步与对策》2011 年第 8 期。

［2］凯拉·廷哈拉、谢来辉：《绿色资本主义的多样性：全球金融危机之后的经济与环境》，《国外理论动态》2014 年第 10 期。

［3］Engel H., Alastair H., Solveigh H., Tomas N., David F., Dickon P., Matt R., Sophie B., Peter C. and Sebastien L. "*Howa Post-pandemic Stimulus Can Both Create Jobs and Help the Climate*", McKinsey, 2020.

［4］索尼·卡普尔、申森：《绿色新政：欧洲走出危机的长期性、可持续计划》，《南京林业大学学报》（人文社会科学版）2014 年第 3 期。

［5］邵忍丽：《欧洲拟在 2050 年前实现碳中和》，《生态经济》2020 年第 2 期。

［6］张来春：《西方国家绿色新政及对中国的启示》，《中国发展观察》2009 年第 1 期。

［7］李佐军：《借鉴欧盟绿色新政经验　加快推进中国绿色振兴》，《城市学刊》2020 年第 6 期。

［8］徐庭娅、柴麒敏：《〈欧洲绿色新政〉解读及对中国的启示借鉴》，《世界环境》2020 年第 2 期。

［9］田丹宇、高诗颖：《〈欧洲绿色新政〉出台背景及其主要内容初步分析》，《世界环境》2020 年第 2 期。

［10］齐绍洲：《欧盟的绿色新政、绿色复苏和中欧绿色合作》，中国欧洲学会，2021 年 1 月 5 日。

［11］冉连：《绿色治理：变迁逻辑、政策反思与展望——基于 1978—2016 年政策文本分析》，《北京理工大学学报》（社会科学版）2017 年第 6 期。

第三篇　环境保护与经济发展

农业绿色转型的政策演变及实践探索[*]

绿色是农业的底色，农业农村现代化必须是绿色的现代化。在全面建成小康社会与"十四五"开局的交汇期，中国在国际疫情和经济形势的多重压力下，以构建国内国际双循环为核心理念，以乡村振兴为发展战略，开始了新一轮的"三农"新征程。面对国内国际环境的深刻变化，绿色发展理念作为中国发展的主基调之一，在新发展格局中承担起理念指引、行动推进和创新突破等多重使命，通过有效巩固和拓展农村资源环境优势、联动城乡区域要素流动、创新重点领域核心技术，为实现第二个百年目标贡献绿色价值。

一 农业绿色转型发展的必要性

改革开放以来，中国农业取得了举世瞩目的成效，但基于长期大量化学投入的传统农业生产方式依赖，对农业生产的生态资源基础造成了极大的压力，使其长期处于被"剥夺"状态的同时，也反过来极大地影响了农产品的品质，进而对消费者的健康构成威胁。因此，农业必须实现绿色转型发展，其必要性表现在如下几方面。

（一）增强生态环境保护的迫切需求

习近平总书记曾指出，"要推动乡村生态振兴，坚持绿色发展"。生

---

 * 本文作者为金书秦（农业农村部农村经济研究中心，研究员）、冯丹萌（农业农村部农村经济研究中心，副研究员）。本文部分内容发表于《可持续发展的中国话语演进及新时期的农业实现》，《环境与可持续发展》2020年第5期；《发达国家农业绿色发展的政策演进及启示》，《农村工作通讯》2019年第4期。

态环境是关系党的使命宗旨的重大政治问题，也是关系民生的重大社会问题。随着中国绿色发展理念的不断深入，农业发展的生态保护趋向也受到越来越高的关注。农业生产的水土资源及其环境面临的污染威胁，不仅仅来自工业生产造成的"三废"，而且来自农业生产行为自身，后者呈现出日益严重的态势。特别是过量化肥、除草剂、杀虫剂等化学品的大量使用，导致了土壤及地下水体的污染。水土污染的直接后果就是农产品品质的下降。因此，要遏制水土资源污染，提升生态环境保护，农业的绿色转型发展迫在眉睫。

（二）促进农产品高质量发展的目标导向需要

随着农业供给侧结构性改革的推进，在国际国内经济形势的变化之下，中国也进入了"十四五"发展阶段，新发展格局下农业发展也面临进一步的转型和调整。在实践中，各地纷纷以可持续发展理念为指引，集聚各类资源要素，集成政策、技术和模式，加快生态资源优势向经济优势转化，推动更高质量农业绿色发展。以特色农业产业、品牌农业、有机农业等高质量农产品发展体系逐步构建，在生产、加工、销售、服务等多环节进行绿色升级[1]。同时，以生态资源为核心的一系列休闲乡村旅游产业迅速兴起，如乡村垂钓、徒步登山、休闲农场、森林氧吧等城市消费者青睐的项目，这为农村市场发展带来了新的机遇。此外，城乡要素流通下农村绿色资源也得到进一步创新发展，很多企业资本不断投入到乡村绿色、休闲、文化等行业中，通过提供资金保障、经营管理、技术创新、市场信息等现代重要资源，为城乡融合提供绿色通道。可以看出，农业生产的目的不仅仅是提供足量的农产品，更重要的是提供优质安全的农产品。这是农业生产的根本所在，也是农业生产的最高目标，更是实现一二三产业融合的基础。

（三）培养人类健康生活方式的内在引导

优质安全的农产品是确保国人体质健康的基础。随着国民经济的快速发展，国民收入水平的提高，国人的消费需求逐渐从物质需求、精神需求，上升到生态需求，更关注自身体质的健康，从而迅速地扩大了优质安全农产品的消费市场。党的十九大以来，中国人民生活水平的不断提升，生活和消费理念也在不断调整，据统计，2020 年农村居民在教育、文化、娱乐的消费已经达到 1309 元，占到农村居民人均消费支出的 9.5%，消费理念和生活方式也逐渐向绿色、高质量的方向转化。由此可见，绿色理念立足于全面脱贫，从更长远的视角对中国农村地区在新时期的发展战略做出实践指引，符合宏观发展的逻辑规律。农业必须实行绿色转型发展，为国人提供优质安全的农产品。

（四）提升农产品国际竞争力的必然要求

随着新冠肺炎疫情和中美经贸摩擦等多方面国际冲击，中国正经历着百年未有之大变局，农产品的国际贸易面临更多的挑战。在此压力下，中国提出了国内国际双循环的发展格局，这也为农业绿色转型提出必然要求。有关研究表明，中国的农产品国际竞争力正在降低，特别是土地密集型农产品已经基本丧失了竞争力，而劳动密集型农产品还相对具有竞争力。更重要的是，加入 WTO 之后，中国农产品面临着更严格的绿色壁垒[2]。实事求是地讲，中国农产品质量在国际市场上的竞争力太弱，农产品出口每年都会出现因质量达不到进口国的绿色标准而被退回的事件。因此，农业必须实现绿色转型发展，切实提高农产品质量，提升中国农产品的国际市场竞争力。

二　不同阶段农业绿色转型的主要政策

改革开放以来，在国家整体发展战略的不断调整推进下，中国农业发展结构也在朝绿色、可持续方向转变，并且通过一系列的政策举措稳步推进农业绿色转型。

（一）生态环境保护为主的理念形成期（1978—1994 年）

20 世纪 80 年代，经济快速发展，城市化进程不断加快，工业产生的"三废"以及城市生活垃圾等以各种形式进入农村地区。同时，一些耗能高、污染重的化工、造纸等行业以联营、分厂等名义进入农村地区，农村地区在一定程度上成为工业及城市污染的庇护所，对农村生态环境造成了严重的损害。80 年代蓬勃发展的乡镇企业，一方面快速提高了农村居民的收入水平；另一方面也加剧了农村生态环境的破坏[3]。大大小小的乡镇企业由于数量多、分布范围广，缺乏有效的监管手段，企业排放的污染物往往不经任何处理就排入环境中，成为这一时期农村环境污染的重要来源，其污染程度和范围甚至超过了城市工业污染转移带来的危害。传统农业向现代农业发展过程中，许多不当的生产行为为后期环境问题的凸显埋下隐患：如化肥农药的过量使用；传统农业灌溉方式导致水资源尤其是地下水的过量开采；过度垦荒、过度放牧、滥砍滥伐等导致水土流失；高毒农药（例如六六六、DDT）的使用在杀死害虫的同时也导致益虫的灭绝，同时也在环境和人畜体内造成累积。20 世纪80 年代，卫生部对全国 16 个省区进行检测，动物性样品几乎 100% 含有六六六。70 年代开始推广的污水灌溉在 80 年代得到迅速发展，到 1998年第二次污水灌区环境状况普查时显示，中国污灌农田面积已达 361.84万公顷，约占全国总灌溉面积的 7% 以上[4]。污水灌溉一方面缓解了水资源压力，另一方面也使大量未加处置的工业污水进入农田，对土壤和地下水造成严重的污染，对农作物也造成了极大的安全隐患。

中国环境政策体系建设在这个阶段开始起步，一系列重要法律法规密集出台，其中最重要的是《环境保护法》，作为农村环境保护工作的法律基础和依据，明确规定要"加强农村环境保护、防治生态破坏，合理使用农药、化肥等农业生产投入"。针对城市污染转嫁的问题，国务院在 1984 年颁布的《关于加强乡镇、街道企业环境管理的决定》以及1986 年颁布的《中华人民共和国国民经济和社会发展第七个五年计划》中均明确指出禁止"大城市向农村、大中型企业向小型企业转嫁污染"。国务院 1984 年颁布的《关于加强环境保护工作的决定》和 1985 年发布的《关于开展生态农业，加强农业生态环境保护工作的意见》，提出了推广生态农业的要求。各种形式的"生态农业"开始兴起，建设生态农业、开展生态农业试点方面的研究，在这一时期成为农村环境保护相关文献的主要内容。中共中央、国务院在 1982—1986 年间连续颁发五个中央一号文件，以支持和强化农业农村经济改革，对保护自然资源和生态环境原则性地提出了一些基本策略。

（二）农业绿色保护的起步探索期（1995—1999 年）

20 世纪 90 年代，农业农村环境问题开始集中显现，呈现出点源污染和面源污染共存、农村生活污染与农业生产污染叠加、乡镇企业污染和城市污染转移威胁共存的局面。1994 年 7 月中国《21 世纪发展议程》中，从农业生产、粮食安全、农村生态环境保护、资源可持续利用等方面对农业可持续发展进行了界定，从而对农业发展提出了全新的目标。1999 年国家环境保护总局印发了《国家环境保护总局关于加强农村生态环境保护工作的若干意见》，这是中国第一个直接针对农村环境保护的政策。随后 16 个省区市和 100 多个市县相继出台了农业环境保护条例。在改善农村生活环境方面，1993 年国务院颁布了《村庄和集镇规划建设管理条例》，要求建立村庄、集镇总体规划"维护村容镇貌和环境卫生""保护和改善生态环境，防治污染和其他公害，加强绿化和村容镇貌、环境卫生建设"。1994 年国务院机构调整中，明确提出"农业环境保护"的概念，并将相应的工作划归给原农林部管辖。

1996 年国务院将农业环境保护中有关农村生态环境保护的职能赋予国家环境保护局行使。1998 年国务院机构改革中，农业部和国家环保总局关于农业环境保护的职能开始分离。农业部只保留了国家法律、行政法规规定以及国务院机构改革方案中赋予的"农业环境保护"职能，相应的环保能源司被撤销，其保留的相关职能被划入新组建的科技教育司，在科技教育司分别设资源环境处和农村能源处。国家环保总局成立农村处作为农村环保专门部门。农业环保机构和职能在这几次的机构调整中呈现出被分散和削弱的特征。总体上，这一阶段的农业环保政策突出表现为专注于农业面源污染防治、畜禽养殖污染防治、美丽乡村建设等单个领域的行动。主要基调是农业环境保护必须与经济发展相协调。加强农业污染防治成为这一阶段的政策总体目标。

（三）生态保护与农业发展的创新发展期（2000—2012 年）

21 世纪以来，中国农业农村经济快速发展，但同时中国也已经成为世界上最大的化肥、农药生产国和消费国。21 世纪初，化肥生产和使用进入快速增长期，从 2000 年的 4146 万吨增加到 2015 年的 7627 万吨，平均不到 5 年迈上一个 1000 万吨台阶。中国农作物亩均化肥用量 21.9 公斤，远高于世界平均水平（8 公斤/亩），是美国的 2.6 倍、欧盟的 2.5 倍。农药使用量由 2000 年的 128 万吨增加到 2014 年的 180.69 万吨。然而中国化肥和农药平均利用率相对较低，分别为 33% 和 35%，比发达国家低 15%—30%。农药化肥的大量使用，加之利用率低、施肥和施药方法不够科学等问题日益严重，导致地力下降、农产品残留超标和农业面源污染，不仅影响农业生产安全、农产品质量安全，更给生态环境安全和人体健康带来严重的威胁[5]。

进入 21 世纪，国家经济实力不断增强、公众环保需求不断提升，国家对环境保护的重视程度也随之不断提高。《国家环境保护"十五"

计划》中明确"将控制农业面源污染、农村生活污染和改善农村环境质量作为农村环境保护的重要任务"。2005 年党的十六届五中全会首次提出建设"社会主义新农村",突出强调了对农村生产和生活环境保护的要求。针对农村环保资金投入不足且投入主体责任不明确的情况,2006 年原国家环保总局发布《国家农村小康环保行动计划》,提出农村环保资金投入以"中央财政投入为主,地方配套,村民自愿,鼓励社会各方参与"为基本原则。2007 年《关于加强农村环境保护工作的意见》进一步对中央、地方政府和乡镇、村庄各级环境保护资金投入责任进行了界定,同时指出应积极引导和鼓励社会资金投入农村环保。2008 年中央财政设立农村环保专项资金,通过"以奖代补""以奖促治"等方式开展农村环境集中整治,提高地方治理农村环境的积极性。国家投入的农村环境保护专项资金逐年以翻倍的速度增加,从 2008 年的 5 亿元增加到 2012 年的 55 亿元。

(四)生态资源与农业发展协同推进的优化转型期(2013—2020 年)

2014 年修订的《环境保护法》在农业污染源监测、农村环境综合整治、农药化肥污染防治、畜禽养殖污染防治以及农村生活污染防治等方面做出了较全面的规定,为适应新时期农业农村环境保护工作的开展奠定了法律基础。2014 年生效的《畜禽规模养殖污染防治条例》是中国农业农村环境保护领域第一部国家层面的行政法规,该条例也因此具有里程碑的性质。《"十二五"国民经济发展规划纲要》明确把治理农药、化肥、农膜、畜禽养殖等农业面源污染作为农村环境综合整治的重点领域,要求 2015 年农业 COD 和氨氮排放相比 2010 年要分别下降 8%和 10%,这是国家规划中首次对农业污染排放做出约束性要求。2014 年全国农业工作会议更明确提出了农业面源污染治理"一控、两减、三基本"(农业用水总量控制;化肥、农药施用量减少;地膜、秸秆、畜禽粪便基本资源化利用)目标。

围绕以上目标,具体的行动体系正在形成。一是农业面源污染监测网络初步建立。二是农药化肥零增长行动计划稳步推进。2015 年,原农业部发布了《关于打好农业面源污染防治攻坚战的实施意见》,细化了农业面源污染防治的"一控两减三基本"目标。2015 年又相继发布了《到 2020 年化肥使用量零增长行动方案》和《到 2020 年农药使用量零增长行动方案》,对化肥、农药的减量化做出了细致安排。三是养殖污染防治纳入法治轨道，结构调整、资源化利用成为主要出路。尤其是 2014 年生效的《畜禽规模养殖污染防治条例》总体上是鼓励畜禽粪便的综合利用，而不是以达标排放为目标，这是对畜禽粪便在内的农业污染治理提出了新的发展方向和解决手段。原农业部 2016 年印发了《全国生猪生产发展规划（2016—2020 年）》，对于生猪养殖布局做出规划，这是中国从全局考虑，推进畜禽养殖粪便资源化利用、落实绿色发展的重要举措。四是农村生活污染治理、地膜和秸秆回收示范推广行动，全国建成农村清洁工程示范村 1600 余个，有效缓解了农业面源污染。

三　农业绿色转型的多层次实践

党的十九大做出了实施乡村振兴战略的重大决策。乡村是生态环境的主体区域，生态是乡村最大的发展优势。推进农业绿色发展，是农业高质量发展的应有之义，也是乡村振兴的客观需要。2017 年，中办、国办印发《关于创新体制机制推进农业绿色发展的意见》，对当前和今后一个时期推进农业绿色发展做出了全面系统部署。落实中央的部署，必须把战略重点放在紧紧围绕乡村产业振兴来展开，切实推动农业空间布局、资源利用方式、生产管理方式的变革，推动乡村产业走上一条空间优化、资源节约、环境友好、生态稳定的中国特色振兴之路。

（一）农业生产方式的升级转型

传统农业主要依靠劳动力投入的简单小机械生产，成本高、效益低，并且对生态环境的污染较大，并不符合现代农业的要求。因此党的十八大以来，在习近平生态文明重要思想的指引下，农业生产方式也进一步朝绿色、可持续方向转化。

1. 大力发展清洁能源

在实施乡村振兴战略的新时代，各地认真践行农业绿色发展理念，大力发展沼气、太阳能、生物质能等清洁能源，因地制宜推广以沼气为纽带的生态循环农业模式；积极开展"沼改厕"和厕污共治等技术攻关，总结推广低成本、高效率、易维护的农村改厕模式，坚决打赢打好农村人居环境整治这场硬仗，促进生态循环农业发展和美丽宜居乡村建设。

2. 农业生产的投入的结构优化

近年来，中国农业投入品结构持续优化，科学施肥用药技术加快推广。农业农村部开展有机肥替代化肥行动，推进高效低风险农药替代化学农药，2020 年有机肥施用面积超过 5.5 亿亩次，高效低风险农药占比超过 90%。同时，大力开展和推广测土配方施肥、机械深施、水肥一体化等技术，推进绿色防控和精准科学用药。配方肥占三大粮食作物施用总量的 60% 以上，主要农作物病虫害绿色防控覆盖率达 41.5%。

3. 农业绿色高质高效发展

在农业结构的不断转型和市场需求的转变下，各地积极开展绿色高质高效行动，全面实施农业生产"三品一标"提升等行动，促进农业高质量发展。截至 2021 年一季度，中国农产品质量安全例行监测合格率稳定在 97% 以上，绿色、有机和地理标志农产品数量达到 10934 个，截至目前总数累计达 54790 个，农业生产方式得到全面绿色转型。

（二）推进产业结构变革，用绿色产业带动提质增效

要以市场需求为导向，摒弃单纯追求产量的做法，把增加绿色优质农产品放在突出位置，推进产业结构变革，实现产品的多样化、个性化、差异化、优质化、品牌化，更好满足人民群众对安全优质、营养健康的消费需求。同时，要开发农业多种功能，加强农业生态基础设施建设，修复农业农村生态景观，提升农业"养眼、洗肺"的生态价值、休闲价值和文化价值，推进农业与旅游、文化、康养等产业深度融合，促进农业增效、农民增收、农村增绿。

第一，因地制宜，推进特色产业发展。"橘生淮南则为橘，生于淮北则为枳"，农业发展对于地域等自然条件的依赖性较强。在绿色发展理念认识的不断深入下，农业发展也越来越遵循自然发展的科学规律，因此，以地区特点为依据的特色产业发展格局逐渐形成。如凉山州的土豆、玉米、苦荞，贵州的茶叶、刺梨，广西的糖蔗、桑蚕、水果等，为当地农业产业可持续发展奠定基础。第二，高质量引导，发展品牌农业。在农业结构转型下，各地纷纷转变产业发展观念，挖掘条件优势，打造品牌特色。如陕西陇县依靠自身地理位置优势，大力发展核桃、苹果、香菇等品牌农业，并且严格把关农产品质量，通过高标准打造出口市场，大大提升农民的收入水平。第三，多元资源整合，创新产业融合路径。乡村资源的多样性为产业融合发展创造良好契机，在生态、农业、旅游等多种资源的"碰撞"下，各地开始探索产业融合路径。如贵州充分利用当地较原始的生态环境，通过种植刺梨、发展乡村休闲等方式达到经济、生态、社会的多重效应。很多近郊乡村利用地域优势，发展休闲采摘等参与式旅游，增加农产品价格，也提升农民在旅游产业中获得增值效益。

（三）推进经营体系变革，引导新主体推动绿色发展成为农业普遍形态

当前，中国农业生产仍以小规模分散经营为主，小农户大量存在仍是我们的基本面[6]。农业绿色发展所需要的技术、资金、人才等，对小农户来说依然门槛较高。必须推进经营体系的绿色变革，通过发展多种形式适度规模经营，创新连接路径，让农业绿色发展融入农业生产、经营各个环节，带动小农户步入农业绿色发展轨道。

1. 推进农业经营主体的培育转型

新型农业经营主体具有新理念，新方法，掌握新的农业生产技术，具备规模经营的条件，在推进农村地区经济发展中应发挥主体作用。为此，培育更多的与农村地区经济转型升级相符合的新型农业经营主体是当务之急。2015 年，财政部印发《关于支持多种形式适度规模经营促进转变农业发展方式的意见》，进一步加大对适度规模经营的政策倾斜力度、着力促进新型经营主体提升适度规模经营能力、支持引导有利于适度规模经营的体制机制创新；2018 年《农业部关于大力实施乡村振兴战略加快推进农业转型升级的意见》中提出，实施新型经营主体培育工程，促进多种形式适度规模经营发展。实施新型经营主体培育工程，培育发展示范家庭农场、合作社、龙头企业、社会化服务组织和农业产业化联合体，加快建设知识型、技能型、创新型农业经营者队伍。在实践中，越来越多的新型农业经营主体参与到农业绿色转型的进程中，借助其自身的组织优势，通过资源整合、理念传导以及组织创新等方式，将农业产业链的各个环节融入绿色理念。如怒江州福贡县很多专业合作社对全体社员的农药投入具有严格规定，并且通过统一购买、统一发放的措施保证农业的绿色发展。青海泽库县生态畜牧专业合作社为了缓解放牧对于生态环境破坏的问题，积极调整产业结构，以发展生态有机畜牧业为主线、园区建设为平台、半舍饲高效养殖基地为抓手、合作社经营为支点，组织全体社员，通过统一规划、轮流放牧、科学管理等方式，形成具有可持续发展动力的生态畜牧业体系，达到生态与经济的"双赢"。

2. 构建农业绿色发展增值链

要提升农民增收，关键在于要构建绿色发展产业链、增值链，让农民从新发展方式中得到的收益，大于以前那种粗放发展方式所带来的收益，从而使绿色生产成为农民的自愿行为、自觉行动。要激发市场的力量，积极发挥品牌和渠道的作用，实施农业绿色品牌战略，培育具有区域特色和国际竞争力的农产品区域公用品牌、企业品牌和产品品牌。借助互联网和电子商务，建立从田间地头到厨房餐桌的直销通道，增强绿色优质产品的市场竞争优势，获得消费者的信任。近年来各地在农产品销售通道上不断创新，通过网络销售等手段大大增强产业链发展的通畅度；各地还纷纷邀请当地"网红"，为当地特色农产品"代言"，让乡土气息透过互联网屏幕红遍大江南北。

（四）完善保障措施

习近平总书记强调，只有实行最严格的制度、最严密的法治，才能为生态文明建设提供可靠保障。要全面构建农业绿色发展的制度体系，强化粮食主产区利益补偿、耕地保护补偿、生态补偿、金融激励等政策支持，加快建立健全绿色农业标准体系，完善绿色农业法律法规体系，努力构建标准明确、激励有效、约束有力的绿色发展制度环境，落实各级政府和部门的绿色发展责任，让生产者和消费者自觉主动把生态环保放在重要位置去考虑，激发全社会发展绿色农业的积极性。

加强以问责制为导向的组织领导，加大以结构优化为重点的资金支持，完善以差异化为特征的扶持政策，加快以低成本与功能拓展并重为导向的科技创新，为农业绿色发展提供全方位保障。重点在于，加强耕地保护补偿、粮食主产区利益补偿、生态补偿，加快建立分类科学、区域有别、标准合理、规范统一的农业绿色发展激励政策体系。增加对农业技术装备推广应用的补贴补助，实施农业废弃物利用与技术创新补贴及农产品品牌建设补贴补助。加快构建多层次、广覆盖、可持续农业绿色发展金融服务体系。对财政支农转移支付项目实行绩效管理模式，将农业生态保护成效与资金分配挂钩。

发挥产业发展与市场监管的协同作用。绿色农业实现了农工贸的一体化，将农产品按照产业关联度的储藏、运输、销售等相关环节构成了一个全面系统化的复合结构，强调全产业链的标准、监测、管理，包括产前的环境监测、产中的标准监督、产后的绿色加工与销售，这种绿色贯通的生产标准、环境标准、品质标准，有助于农业生态补偿方式的发展，有效保障了产品的品质与质量。特别指出的是，农产品质量安全是关系老百姓身体健康和生命安全的重大民生工程。近年来，中国农产品质量安全形势稳中向好，但问题和风险隐患仍然存在，农兽药残留超标和产地环境污染问题在个别地区、品种和时段依然存在。要坚持"产出来""管出来"两手抓、两手硬，大力推进质量兴农，加快标准化、品牌化农业建设，强化质量安全监管，实现"从田头到餐桌"可追溯。只有遵循严格的标准，这样才能生产出放心的农产品。

四 全面实施乡村振兴下的农业绿色发展创新思考

2020 年中央农村工作会议对全面实施乡村振兴提出了七大工作任务，从经济发展到文化生态文明建设，再到乡村治理、社会制度保障，最后到城乡要素的打通引活，基本构建了持续长效稳定的发展格局。要在绿色发展原有的理论基础上开拓格局、创新思维，推动乡村振兴在新发展格局下找出发力点，抓牢核心点，稳固长久点。

（一）要尊重农业绿色发展的科学规律

推进绿色发展的本质是促进人与自然和谐共生，必须遵循自然规律。农业最基本的自然规律就是种粮食就会产秸秆，养猪就会排粪。针对农业生产产出的秸秆、粪便等副产品，在政策措施上要疏堵结合，以疏为主，找到合理利用出路。此外，农业绿色发展具有阶段性，可划分为"去污、提质、增效"三个阶段：去污就是生产生活过程的清洁化，实现增产增收不增污；提质就是实现产地绿色化和产品优质化，通过完善市场实现优质优价；增效就是绿色成为驱动发展的内生动力，农业农村的多功能性逐步凸显，成为满足人们对美好生活向往的重要载体，绿色和发展相得益彰。

（二）以更高的格局引领城乡要素的均衡流动

在国内国际双循环发展导向下，城乡互促互融的大发展格局为"三农"发展提出新的要求。要以绿色发展理念为总引领，从可持续、高质量、服务性等角度打通城乡要素的互通渠道。对于农村而言，要紧紧抓住农业供给侧结构性改革带来的契机，以国内市场需求为对接口，进一步转变生产理念、方式和形式，以更好的格局提升农产品在市场的主动权和话语权。同时，要以长效化的发展理念践行"绿水青山就是金山银山"理论，有效发挥当地资源的生态价值、经济价值和社会价值[4]，通过农村集体经济组织、新型农业经营主体等载体的搭建，让绿色农业、观光旅游、生态休养、休闲体验、科普教育等多种功能有效衔接[5]，拓展城乡要素流动的多个触角，打造更具有乡村气息的服务性产业格局，提升城市社会资本的吸引力。最后，要结合人居环境整治等行动加大对农村生产生活环境的改善，提升对当地能人、返乡人才以及经营团队的吸引力，激活城乡人才双向流动渠道。

（三）有层次推动乡村振兴分阶段、分区域、分内容落实

从中央要求来看，全面实施乡村振兴战略不仅仅包含了不同维度的内容，也包含了各个阶段发展所面临的不同重点侧重。因此在实施过程中需要利用绿色发展理念的长效思维对各区域、各主体、各要素进行分层推进。

从区域来看，对于生态、经济相对薄弱的区域要以"稳"为重巩固式发展，结合刚脱贫地区，尤其是易地扶贫安置点、生态功能保护区等，要结合当地资源承载力有效巩固拓展现有发展成果。对于发展后劲足、潜力大的区域要全面实施乡村振兴战略，通过农业科技创新、新型主体培养、生态环保产业培育，打造推动乡村在国内循环市场的主体地位。同时，要充分应用市场手段。在推进农业农村绿色发展的过程中，将产生三方面的红利：一是化肥、农药、农膜等化学投入品减量和作物秸秆、畜禽粪便资源化利用带来的减排红利；二是产品质量提升带来的产品红利；三是产地环境改善带来的生态红利。要以"产品—服务—功能"的眼光来重新衡量农业的价值，通过生态补偿、发展绿色农产品、农业产业链延伸等手段将以上红利变成农业产值和农民收入，实现绿水青山和金山银山的转化。

从要素来看，要稳中求进，兼顾发展。鉴于现阶段国际经济形势的影响，要端牢中国饭碗，把粮食安全作为新发展格局下的首要任务。同时，要以农业高质量发展为驱动，加快对农业绿色品牌、有机品牌的打造，促进农业结构升级转化。

从组织形式来看，要积极利用龙头企业、专业合作社、农村集体经

济组织等主体，通过统一经营、提供技术指导等支撑，降低农业生产成本，逐渐转变农户在生产、经营、储藏、加工等多环节的传统行为，协助培养较为先进、节能、高效的生产经营理念。同时要在乡村振兴推进下，因地制宜，构建"一村一品"微型经济循环体系、农业产业县域经济圈、现代农业产业园示范经济圈、特色产业集群圈，层层推进构建国内循环格局下的乡村体系。

（四）以人文理念引导农民培养绿色健康的生产生活方式常态化

全面实施乡村振兴，不仅要形成由上而下的层层落实机制，同时也要培养由下而上的主动发展、积极向上的良好氛围。要在国内循环的市场化机制引导下，进一步推进信息资源的区域共享，改变长期以来城乡信息不对称的现象。要依靠政策宣传、广播电视传播、现代信息技术引导以及消费者的隐性观念传导等，提升农民对生态文明政策的认知水平，进而形成自主性的生态意识行为。还要以政策引导和主动参与为双重标准，通过农业节能减排、低碳循环、绿色技术等标准门槛设定，鼓励促进农民绿色生产生活观念的形成，帮助农民培养更为健康、积极、科学的生产生活方式。

此外，要妥善利用政策工具。对"三农"的支持力度要继续加强，支持的方向要更加绿色。要综合应用补贴、试点示范、工程项目等手段，引导农业向绿色生态转型。探索耕地地力保护补贴与化肥农药减量、秸秆综合利用、农膜和农药包装回收等行为挂钩，开展区域补偿试点工作。

参考文献

[1] 李晓燕、王彬彬、黄一粟：《基于绿色创新价值链视角的农业生态产品价值实现路径研究》，《农村经济》2020年第10期。

[2] 彭晓辉、黄勇：《我国农产品出口中面临的"绿色壁垒"问题与对策探讨》，《湖北社会科学》2004年第5期。

[3] 韩冬梅、刘静、金书秦：《中国农业农村环境保护政策四十年回顾与展望》，《环境与可持续发展》2019年第2期。

[4] 高红霞、闫红、高铁利等：《污灌土壤中有机污染物遗传毒性检测》，《中

国公共卫生》2008 年第 10 期。

[5] 林宏程、李先维:《农业污染对我国农产品质量安全的影响及对策探讨》,《生态经济》2009 年第 9 期。

[6] 韩俊:《把小农户引入现代农业发展大格局》,《中国乡村发现》2019 年第 2 期。

加快推进产业体系绿色现代化:模式与路径[*]

　　"加快发展现代产业体系"是党的十九届五中全会提出的一项重要任务,与党的十九大提出的"建设现代化经济体系"一脉相承、相互呼应,是建设现代化经济体系的必由之路,也是建设现代化经济体系的阶段性任务和关键环节。加快发展现代产业体系更加突出了对实体经济的重视,其直接目的"推进产业基础高级化、产业链现代化,提高经济质量效益和核心竞争力",继而推动经济体系优化升级,更高目标是保证"十四五"期间"现代化经济体系建设取得重大进展",到 2035 年"建成现代化经济体系"。

　　"促进经济社会发展全面绿色转型"也是党的十九届五中全会提出的一项重要任务,是生态文明建设的重要内涵,也是党的十九大提出的"建设美丽中国"的必然要求。尽管"十三五"期间中国的"污染防治力度加大,生态环境明显改善",但生态环保仍然任重道远。因而,党的十九届五中全会建议"十四五"期间"生产生活方式绿色转型成效显著",到 2035 年"广泛形成绿色生产生活方式""美丽中国建设目标基本实现"。

　　显然,加快发展现代产业体系与经济社会发展全面绿色转型有着内在的密切联系。一方面,根据党的十九届五中全会精神,加快发展现代产业体系的几项重点任务涉及了传统产业的绿色化、壮大绿色环保等战略性新兴产业、加快发展现代服务业、建设智能绿色的现代化基础设施

　　* 本文作者为张友国(中国社会科学院数量经济与技术经济研究所、中国社会科学院环境与发展研究中心,研究员)。本文部分内容发表于《加快推进产业体系绿色现代化:模式与路径》,《企业经济》2021 年第 1 期。

体系等，落实这些任务将直接促进经济社会发展全面绿色转型。另一方面，经济社会发展全面绿色转型也要求产业体系的全面绿色转型。党的十九届五中全会指出，"十四五"时期中国将开启全面建设社会主义现代化国家新征程，而且明确这个现代化必须是人与自然和谐共生的现代化。这实际上就是要求把党的十九大提出的坚持人与自然和谐共生这条基本方略全面融入国家的现代化进程中。因此，产业体系的现代化也必须是人与自然和谐共生的现代化，或者说要建立一个绿色现代化产业体系。

要指出的是，学术界关于绿色现代化的讨论早已有之。王亚静和徐晔[1]认为绿色现代化是人类摆脱能源危机和生态危机的必然选择，而发展生物质产业是实现绿色现代化的有效途径。胡鞍钢[2]从应对气候变化的视角提出了中国绿色现代化三步走战略，并认为绿色现代化不仅不会影响中国的经济增长，还会显著提高经济增长质量。郇庆治[3]分析认为，绿色现代化是中国共产党从实践中逐步总结出来的治国理政方略，而人与自然和谐共生的现代化是其最简明的概括。最近，唐啸和胡鞍钢[4]还将绿色现代化与环境库兹涅茨曲线假说联系起来，认为绿色现代化的关键路径就是尽快实现经济增长与能源资源消耗、污染排放的脱钩。在已有研究的基础上，本文将结合党的十九届五中全会精神，进一步聚焦产业体系绿色现代化，探讨其实现模式、面临的困境及深化途径。

一 产业体系绿色现代化模式

那么，如何实现产业体系绿色现代化呢？党的十九大提出要建设绿色低碳循环发展的经济体系，这为产业体系绿色现代化提供了思路，即建立具有绿色低碳循环发展特征的现代产业体系。所谓绿色低碳循环发展，它是由绿色发展、低碳发展、循环发展复合而成的概念，但后三者在当前语境下具有明显的区别，因而绿色低碳循环发展应是后三者的交集，必须同时体现它们的特征[5][6][7][8]。涂晓玲等[9]还曾探讨过建立绿色低碳循环产业体系的路径选择问题。由于中国各地区具有不同的资源禀赋、区位和地理条件、所处的发展阶段也不同，加之国家层面先后实施过生态园林城市试点、循环经济试点城市、低碳城市试点等战略，不同地区根据自身情况可能先后对接过相关战略，或主动制定实施过类似战略，因而不同地区产业体系绿色现代化的基础、选择的切入点或侧重点会有所不同，从而形成自身独特建设模式。结合理论分析与现实观察，不同地区产业体系绿色现代化的模式可归结为如下三种：一是绿色经济主导型模式，二是低碳经济主导型模式，三是循环经济主导型模式。

（一）绿色经济主导型模式

绿色经济主导型模式的突出特征就是选择这种模式的地区发展绿色经济的历史较长、基础较强（如支柱产业都是环境友好型产业），产业体系绿色转型的压力较小。这种模式的出现首先得益于相关地区较早地意识到生态环境的重要价值，始终坚持实施生态环境友好型的发展规划、政策，在生态环境保护方面采取了比较严格的措施。同时，国家从上到下的大力推动，也为相关地区的绿色发展、生态建设、环境保护创造了良好的氛围，提供了强大的支持。从 1992 年开始，住房城乡建设部从 1992 年开始就组织开展园林城市创建工作，2004 年又启动国家生态园林城市创建工作。国家生态园林城市对于相关城市生态功能的完善、城市建设管理综合水平以及为民服务水平的提升起到了很好的推动作用，也为这些城市建设绿色转型的现代产业体系奠定了良好的基础。

以首批国家生态园林试点城市中的威海市为例，其产业体系绿色现代化模式就是绿色经济主导型。威海市在成为地级市之初，为了塑造自身的独特优势，特别是为了与邻近的青岛和烟台形成差异化发展战略，确立了"生态立市"的发展战略，并在过去的几十年中坚定不移地贯彻落实这一战略。因此，威海市在不同阶段所选择的主导产业都是环境友好型产业，技术含量和附加值也相对较高，从而形成了当前以信息技术、新医疗器械、先进装备、碳纤维材料、海洋产业、旅游为代表的绿色产业体系。同时，过去十余年中国对循环经济和低碳发展战略的大力推动，使威海市高度重视循环经济建设和节能减碳工作，在关键领域和行业开展了大量相关工作。由此，威海市从将低碳发展和循环发展融入其长期坚持的绿色发展，形成了自身产业体系绿色现代化的独特路径。

（二）低碳经济主导型模式

低碳经济主导型模式的主要特征是以节能和新能源发展为主要抓手，带动生态环境保护和资源循环利用。这种模式的出现也有其深厚的

历史渊源和现实基础。自 2009 年中国提出 2020 年单位 GDP 碳排放在
2005 年的基础上下降 40%—45% 的目标后，国家发改委即着手统筹推动
相关工作。一些省市也积极主动地提出了自身的低碳发展计划并开展工
作。鉴于中央和地方两方面低碳发展的积极性都很高，2010 年 7 月 19
日，国家发改委下发了《关于开展低碳省区和低碳城市试点工作的通
知》（发改气候〔2010〕1587 号），确定首先在广东等五省八市开展低
碳试点工作。2012 年 11 月 26 日，国家发改委又下发了《国家发展改革
委关于开展第二批低碳省区和低碳城市试点工作的通知》（发改气候
〔2012 年〕3760 号），决定将北京等 29 个城市和省区作为第二批低碳试
点地区。2017 年 1 月 7 日，国家发改委发布了《国家发展改革委关于开
展第三批国家低碳城市试点工作的通知》（发改气候〔2017〕66 号），
将内蒙古自治区乌海市等 45 个城市（区、县）确定为第三批低碳试点
城市。

　　在上述地区开展低碳试点工作，也为这些地区的产业体系绿色现代
化奠定了良好的基础。按照试点工作要求并经过近十年的积极探索，不
少试点地区已经根据本地区自然条件、资源禀赋和经济基础等方面情
况，逐步摸索出了适合本地区的低碳发展模式与发展路径，在低碳发展
制度建设、能源优化利用、低碳产业体系建设、绿色低碳生活方式等方
面取得了显著进步，为本地区实现碳排放峰值和控制碳排放总量提供了
保障。这些低碳试点地区在建立以低碳为特征的工业、能源、建筑、交
通等产业体系和低碳生活方式的过程中，也有力地促进了本地区绿色发
展和循环发展，继而有助于促进本地区产业体系绿色现代化。

　　例如，作为低碳试点城市的北京市，其产业体系绿色现代化模式就
是低碳经济主导型模式。在成为低碳试点城市前，特别是自"十一五"
时期开始，北京市就已经开展了大量低碳城市建设工作，为北京市开展
低碳试点工作创造了有利条件，并助其顺利入选第二批低碳试点城市。
随后，北京市就制定了《北京市低碳城市试点工作实施方案（2012—
2015 年）》，开展了一系列重大行动，如低碳管理标准化行动、产业低
碳化升级行动、能源清洁化行动，并在建筑等重点领域深入挖掘节能降
耗潜力，强化低碳科技创新，着力打造了一批低碳示范工程。同时，北
京市还大力推进废弃物处理和污染防治，深入推动园林绿化提质增汇行
动，并实施了一系列协同推进节能低碳和循环经济发展的政策，从而在
大力开展低碳试点工作的同时，促进了产业体系乃至整个经济体系的绿

色发展和循环发展。根据张友国等[8]的研究，北京市在省级层面绿色低碳循环发展经济体系建设水平中位居第一。

（三）循环经济主导型模式

循环经济主导型模式突出了资源节约和高效利用的特征，同时将绿色经济和低碳经济发展有机嵌入循环经济体系。这一模式的形成得益于过去 20 多年来中国大力推进的循环经济发展战略，自党的十八大将生态文明建设纳入中国特色社会主义建设"五位一体"总体布局后，已经在中国倡导多年的循环经济建设得到了进一步强化。2013 年国家发展改革委批复确定的首批 40 个国家循环经济示范城市建设地区，2015 年国家发展改革委发布《关于开展循环经济示范城市（县）建设的通知》（发改环资〔2015〕2154 号），将 61 个地区确定为 2015 年国家循环经济示范城市（县）建设地区。按照申报条件，这些城市必须已经正式出台了循环经济发展规划、方案、计划并有明确的组织协调机构或机制，具备清晰的循环经济产业链条，培育形成了循环经济产业或产业集聚区，同时节能减排年度和进度任务都已完成。根据考核要求，国家循环经济示范城市（县）建设地区，必须把循环经济理念融入产业发展、城市基础设施建设、消费等生产和生活领域的各层面、各环节，并通过循环发展带动绿色发展和低碳发展，提高城市（县）生态文明水平。

例如，台州市就是 2015 年确定的国家循环经济示范城市（县）建设地区，因此该市产业体系绿色现代化就比较明显地呈现出循环经济主导型模式。一方面台州市自改革开放以来形成了以高端装备制造为代表的先进制造业体系，对相关原材料的需求较大。另一方面台州市本身是一个矿产资源较为贫乏的地区。这样一来，台州市就必须下大力气解决其原材料供需矛盾，而在全市范围内布局的大循环经济体系建设可谓解决这一矛盾的不二选择。与此同时，台州市具有较好的生态环境基础和旅游资源，适宜发展现代旅游业，这也形成了台州市积极践行绿色发展理念的内在动力。而且台州市整体科技水平较高、经济较发达，节能环保技术易于为企业接受和使用，加之中央和浙江省对生态文明建设和绿色发展的考核日趋严格，从而对台州市的低碳发展产生了较为强劲的推动力。最终，台州市形成了以大循环经济体系建设为主、将绿色和低碳发展政策措施有机嵌入其中的产业体系绿色现代化模式。

二 产业体系绿色现代化面临的 突出问题和挑战

尽管产业体系绿色现代化已经取得了不小的进展，但仍然面临一系列困境。其中具有普遍性且相对比较突出的问题和挑战主要涉及如下五个方面。

一是绿色转型的原动力不足。这一方面的问题突出表现为绿色科技支撑不强。目前中国的节能环保技术水平和创新能力还难以满足建设绿色低碳循环发展经济体系的要求。近年来中国的节能环保技术创新取得了长足的进步，但在不少关键领域和关键环节仍亟待取得突破性进展。《国家环境保护"十三五"科技发展规划纲要》（环科技〔2016〕160号）指出，中国在环保科技方面还存在基础研究前瞻性不够、成果转化不畅、环保科研队伍规模小、缺乏领军人物、地方环保科研能力十分薄弱等突出问题。与此同时，很多地区产业体系绿色现代化所需的资金和人才保障也很不充分，导致相关的规划和行动方案难以落地生效。

二是产业结构优化升级乏力。无论是经济较为发达地区还是欠发达地区，产业结构优化升级能力不足的问题都普遍存在。尽管各地都将产业结构优化升级作为产业体系绿色现代化的着力点，但也普遍面临着产业转型升级能力不足的问题。在非省会地级城市层面，这一问题表现尤为突出。在这些地区，通常农业现代化程度低，工业以中小企业为主且各方面实力特别是创新能力有限，高端服务业占比不高且缺乏骨干企业。特别是其中一些欠发达地区，工业仍以采掘业、冶金建材、机械制造、医药化工和电力能源等重化工产业为主，且生产方式仍较粗放，现代服务业发展更是严重滞后。可以说，产业结构优化升级能力不足仍是当前产业体系绿色现代化亟待解决的核心问题。

三是政策体系有短板。主要表现如下：①一些地区与产业体系绿色现代化相关的政策则较为单一，特别是农业领域的相关政策缺位严重，主要依靠税收优惠政策，其他政策则较为薄弱或尚未形成。②一些地区支撑产业体系绿色现代化的政策体系较为完善，但政策力度还远远不够。特别是技术、土地、资金、人才等要素保障性政策还难以适应绿色低碳循环发展形势；相关税收优惠政策则门槛高、力度小且缺乏灵活性。③环保立法、宣传教育和引导公众参与方面也力度不够，难以形成全社会关注、支持和投入产业体系绿色现代化的局面。

四是体制机制不健全。这一问题在各方面都或多或少有所体现。①在生态环保方面主要表现为一些具体制度的不健全或缺失，如土地、能源、水资源等的集约利用制度不健全，生活垃圾分类及回收等循环发展制度不完善。②在资源配置方面主要表现为没有充分发挥政府的引导作用和市场的主导作用，如要素交易体系不健全等。③在公共服务方面，主要表现为绿色低碳循环发展公共服务体系不健全、有关绿色低碳循环发展企业的行政审批制度改革还不到位等。④在评价考核方面，主要表现为绿色低碳循环发展统计体系不健全、评价考核体系不完善、监测预警体系缺失等。⑤统筹绿色低碳循环发展经济体系建设工作的领导机构在各地也还不健全，多数只有节能减排或循环经济发展等某一方面工作的领导机构。

五是生态环保欠账严重。生态环境质量的改善是产业体系绿色现代化不可或缺的一环，但各地在这方面普遍"欠账"较大，任重道远。①一些经济发达地区仍保留一定规模的重化工产业且其中多为中小企业，从而导致污染源分散且难以防范。②无论经济发达地区还是欠发达地区，农村污染防治方面都存在较大短板，化肥、农药、地膜等的过量使用问题突出，导致农村污染治理压力巨大。③一些地区长期面临着土地、水资源短缺以及其他不利地质原因，导致这些地区生态建设、工业和生活污染排放治理困难等诸多难题。④一些地区的污染问题积重难返，治理难度大，生态环境质量改善难见成效。

三　持续推进产业体系绿色现代化的路径选择

按照党的十九届五中全会精神，针对当前产业体系绿色现代化实践中存在的突出问题，同时结合当前实践中的一些有益经验，持续推进产业体系绿色现代化应着重从如下几个方面入手。

（一）以产业结构绿色转型牵引产业体系绿色现代化

各地区要因地制宜地推进本地区产业体系的绿色转型，关键是加快绿色低碳循环型产业集群化发展，通过"改造存量、优化增量"的方式，以绿色制造、绿色工厂、绿色园区、绿色产业链建设为抓手，在产业集聚区、开发区（产业园区）、试点基地内构建各具特色的绿色低碳循环型产业体系，积极创建具有本地特色的绿色低碳循环发展经济示范区。

1. 加快建设绿色低碳循环发展型制造业体系

采用"强链优链补链延链"的思路实施招商引资，促进产业链的优化升级。要加快壮大战略新兴产业发展，加强战略新兴龙头企业培育，特别是要加大节能环保龙头企业培育力度；运用新工艺、新技术，特别是数字技术和先进绿色技术，加快对家用电器、塑料制品、鞋帽服装等传统轻工业的绿色低碳循环化改造升级；通过纵向延伸和横向拓展，促进重化工业链式绿色低碳循环发展和转型升级；要坚决淘汰高耗能、高污染行业的落后产能。有条件的地区应考虑通过实施一批重大产业绿色低碳循环发展工程和应用示范工程引领工业体系绿色转型。

2. 积极构建绿色低碳循环型服务业体系

一要推动生产性服务业整体转型升级，向专业化和价值链高端延伸，推动生产性服务业与先进制造业和现代农业的深度融合，特别是要围绕制造业和农业的绿色转型加快发展节能环保等生产性服务业。二要推动生活性服务业高质量、多样化发展，与消费升级带来健康、教育、文化、体育、旅游等高端需求增长相适应，与人口老龄化带来的养老需求相适应，与现代都市生活衍生的家政、物业管理等需求相适应。三是在整个服务业领域，要大力推进服务主体绿色化，服务过程低碳化、循环化。

3. 大力发展绿色低碳循环型农业

以建设现代生态农业示范园区为抓手，加强农村交通、水电、燃气、通信、物流以及农田水利等基础设施建设，着力提升农业科技水平和装备现代化，严把农产品质量关，大力推进农业清洁化生产，健全动物防疫和农作物病虫害防治体系，加强农业废弃物综合利用。鼓励各地区发展优势特色农产品、通过农产品精深加工强化农业与食品加工、餐饮服务等二、三产业联系，健全农业保险等农业金融服务体系，构建"农业＋"三产融合发展体系。通过厕所革命、生活垃圾及污水治理、河湖水系综合整治等措施大力改善农村人家环境，夯实现代农业的生态环境基础。

4. 加快数字经济发展，推动数字经济和实体经济深度融合，助推三次产业现代化水平的提升

通过积极实施行业互联网、智能化工厂、服务业智能化、农业智能化等项目，鼓励服务型制造、个性化定制、网络化协同等新业态、新模式发展，加快产业数字化转型。通过大力扶持软件与信息技术服务、电子信息、互联网等数字经济企业发展，建立健全与数据资源利用相关的体制机制，加快推进数字产业化。加强第五代移动通信、工业互联网、大数据中心等建设，鼓励各地区积极打造行业、园区等各个层级的数字经济公共服务平台，加快数字基础及服务体系建设。

要强调的是，各地在推动本地产业结构绿色转型的过程中，一定要有大局观和全局观，紧密结合"形成国内大循环为主体、国际国内双循环相互促进的新发展格局"的要求，根据本地比较优势找准定位，形成特色优势和核心竞争力，从而在地区间形成合理的产业布局和紧密的分工合作，避免低水平重复建设和恶性竞争。

（二）不断增强绿色技术创新能力推动产业体系绿色现代化

重点是尽快建立起以市场为导向的国家和地方各级层面的绿色技术创新体系，大力推进绿色技术创新。无论是在国家层面还是在地方层面，绿色技术创新体系建设都要按"产学研金介"联动发展的原则，充分调动各类主体参与创新的积极性。

关键是要提升企业的绿色技术创新能力，因此要促进各类创新要素向企业聚集以支撑企业开展绿色技术创新，继而强化企业在绿色技术创新中的主体地位和作用；应支持企业直接牵头承担绿色科技领域的国家重大项目；对企业的研发投入实施税收减免；推动产业链上不同类型企业的协同创新。

在强化企业创新主体地位的同时，应鼓励高等院校和科研院所加强绿色技术基础研究和人才培养，并与企业形成广泛、深入的合作；培育和扶持一批绿色技术创新领域的专业中介机构，激活绿色技术市场，促使绿色技术快速转化为绿色低碳循环发展的驱动力。同时，应从人才培养、人才评价、智力报偿等方面深化人才发展体制机制改革，激发绿色技术人才的创新活力；从科技规划、项目组织管理、成果评价、知识产权保护等多方面完善科技创新体制机制，提高科技创新效率。

还要强调的是，不同层面的绿色技术创新体系要各有侧重、协同互补，形成一个有机的整体。国家层面的绿色技术创新要立足国内需求、瞄准国际前沿，在牢固树立自主创新意识的同时，积极开展国际合作，力争在具有全局意义的关键领域和环节取得突破和进展。各地则要根据本地区的实际情况，选好本地绿色技术创新的重点领域和优势环节，科学布局本地绿色技术创新基地和示范区，提高地方绿色技术创新效率。

（三）大力发展绿色金融支撑产业体系绿色现代化

当前产业体系绿色现代化的一个重要制约因素就是资金投入不足，这主要是因为这一领域现有的资金投入主要依靠政府财政，而政府财政比较有限且需要解决的问题又很多，因而在产业体系绿色现代化方面的投入捉襟见肘。大力发展绿色金融的一个主要目的就是将金融系统与产业体系绿色现代化联系起来，使前者能够为后者源源不断地提供资金支持。党的十九届四中全会和党的十九届五中全会均明确提出要大力发展绿色金融。不过，目前绿色金融在中国的发展还处于起步阶段，亟待加速发展，总体上可考虑从如下两方面着手。

1. 尽快优化绿色金融结构，形成绿色金融工具多样化发展格局，构建完善的、以市场为主导的绿色金融体系

目前绿色信贷仍是最主要的绿色金融工具，绿色债券、绿色发展基金、绿色保险、环境权益交易等其他绿色金融工具所提供的资金还极其有限，亟待壮大。应尽快制定促进绿色金融发展的法律、法规，明确金融机构、企业、中介、个人的行为规范，保证绿色金融发展有法可依、健康有序。在合法、规范的基础上，可考虑对绿色债券实施优先发行、政府担保及税收减免等优惠政策，通过统筹现有各类生态环保资金、引导社会资本参股、成立绿色投资银行等方式壮大绿色发展基金，通过鼓励传统保险公司提供更多的绿色保险产品、设立专业的环境保险公司、绿色保险增信绿色信贷等途径推动绿色保险发展，鼓励节能环保类企业通过证券市场融资，加快推进排污权、用能权、碳排放交易权等市场体系建设推进环境权益交易。此外，要积极应用大数据、云计算、移动互联网等数字技术助推绿色金融发展，推出更多创新型绿色金融工具。

2. 进一步扩大绿色金融改革创新试验区，鼓励地方大力发展绿色金融

2017 年国务院已经在浙江、广东、贵州、江西、新疆五省区部分地区设立绿色金融改革创新试验区，并已经取得一定成效。可比照低碳城市试点工作的做法，统筹考虑各申报地区的工作基础、示范性和试点布局的代表性等因素，将其他具有强烈意愿的地区分批次逐步纳入绿色金融改革创新试验区，并明确其绿色金融发展要求。一是要求贯彻落实绿色发展理念，加大生态环境保护力度，不断增强的环境规制，为绿色金融发展创造市场。二是要求编制绿色金融发展规划，抓好绿色项目库建

设和相关制度建设，确保在一定时期内实现既定的绿色金融发展规模，并探索出适合地区实际情况的绿色金融发展模式与发展路径。三是大力加强绿色金融人才队伍建设，鼓励大专院系与金融机构、企业合作培养绿色金融专门人才，从落户、工资待遇、职称职位晋升等多方面积极探索有利于绿色金融人才队伍建设的体制机制。四是要求建立完整的绿色金融统计、监测体系，为绿色金融发展政策的制定提供决策依据。五是要求加强组织保障，包括成立由地方主要党政领导挂帅的绿色金融领导小组，明确工作方案，落实责任。同时，国家层面要建立健全可操作性强的绿色金融标准体系，为各地区在绿色金融发展方面的规划制定、政策设计、产品开发、价值评估、监管监控等提供指南；引导地区之间的协同合作；指导地方开展国际合作。

（四）积极创建绿色低碳循环生活体系拉动产业体系绿色现代化

创建绿色低碳循环生活体系能催生大量的绿色技术创新，并能从需求侧对产业体系的绿色转型产生强大的拉力。因此，在创建绿色低碳循环发展生活体系的过程中，要将其与推动绿色技术创新和产业体系的绿色转型有机融合起来。

一方面要加强绿色低碳循环发展生活体系自身建设。一是提高全社会的节约意识，推广绿色产品，引导居民进行垃圾分类，倡导绿色低碳出行方式，创建绿色家庭。二是在城市改造和新区建设中充分体现资源环境承载能力，推进城市基础设施系统优化、集成共享，加强土地集约节约利用，构建城市生态系统，发展公共交通，创建绿色学校、绿色社区、绿色商场、绿色建筑，推广分布式能源。三是推动全社会践行绿色办公，发挥党政机关在节能减排、绿色消费方面的表率作用。

另一方面要大力培育绿色产品消费市场，提高绿色产品市场占有率，强化绿色低碳循环生活体系对绿色技术创新和绿色低碳循环生产体系拉动作用。一是减少一次性产品使用，制定餐饮休闲行业再生产品、再制造产品目录并推广利用。二是对购买资源节约型和环境友好型产品或设备实施税收优惠政策。三是加快贯彻落实《国务院办公厅关于建立统一的绿色产品标准、认证、标识体系的意见》（国办发〔2016〕86号）及国家市场监督管理总局2019年5月制定的《绿色产品标识使用管理办法》，特别是要培育具有公信力的第三方评估机构并对其严加管理，充分发挥其专业能力。

（五）大力推进生态环境治理倒逼产业体系绿色现代化

国家治理体系和治理能力现代化是党的十九届四中全会提出的重要任务，党的十九届五中全会也对此重要任务做了再次强调。生态环境治理体系和治理能力现代化是国家治理体系和治理能力现代化中不可或缺的内容，也是产业体系绿色现代化的重要保障。首先，大力实施资源节约和生态环境治理措施能够使"生态环境成本内部化"，从倒逼企业不断提高生态环保技术水平和改善生态环保效率。其次，环境规制的不断强化将使不能适应生态环保形势的企业被淘汰，从而促进行业乃至整个产业体系的优化。最后，通过大力实施资源节约和生态环境治理措施改善生态环境后，有助于吸引高度制造业或现代服务业领域的企业或潜在投资者，助推产业结构转型升级。

围绕绿色低碳循环发展经济体系建设，当前大力推进生态环境治理体系和治理能力现代化应着重考虑如下几个方面。

一是大力提高资源效率管理能力。一方面要加强并完善资源总量管理和全面节约制度，推动节能、节水、节地、节材工作在重点领域、重点行业、重点企业全面深入推进。另一方面应深化资源要素配置改革，健全竞争性价格获取机制，构建资源要素交易体系，加强土地、能源、水资源等集约高效利用，提高资源要素市场配置水平，形成推动资源集约节约的良好环境。

二是强化污染防控和生态环境体制机制建设。大力推进生态环境成本内部化，包括建立循环经济统计和评价制度，环境监测体系，深化排污权有偿使用和交易，完善区域生态补偿机制，建立市场准入环境"倒逼"机制。强化排放总量控制制度，扎实推进污染减排工作，完成对重点行业的整治任务，淘汰落后产能。加大农村环境整治，积极探索多元化环境整治措施（如多种形式的农村生活污水收集处理模式），逐步改善传统农业生产方式，避免出现"重城市轻农村"以及污染企业向广大农村地区转移的现象。

三是加强生态环境治理相关的基础设施和公共服务体系建设。在深化生产系统和生活系统的循环链接方面，加强工业固废综合利用，建设完善的城市生活垃圾回收利用体系，开展餐厨废弃物等城市典型废弃物回收和资源化利用，形成再生资源回收体系；加强畜禽粪污资源化利用等农业基础设施建设；在低碳发展方面要重点支持煤炭减量替代等重大节能工程。同时要构建高效的绿色低碳循环发展公共服务体系，充分发挥专家咨询、行业协会、中介机构和科研院所的作用。

四是重视生态环境治理政策体系的协同优化。一方面要注重将资源节约和生态环境治理融入经济建设特别是产业规划中，真正从源头推动产业体系的绿色低碳循环化转型。另一方面要不断优化资源节约和生态环境治理政策体系，可以考虑在资源节约和生态环境治理措施中更多地采用经济手段，同时避免不同政策之间的交叉重复甚或相互矛盾。

五是要统筹协调好资源节约和生态环境治理中不同部门的作用，使权责相匹配。要树立大环保思维，即资源节约和生态环境治理不仅仅是生态环境部门等少数部门的责任，而是所有党政机构的共同责任，需各部门同心协力，共同行动。

（六）持续完善体制机制引导社会力量参与产业体系绿色现代化

产业体系绿色现代化离不开政府的引导，更离不开社会力量的参与，因而政府必须通过有效的体制机制将全社会力量调动起来，最大限度地调动社会资本和社会人类资源，夯实产业体系绿色现代化的资金和人才支撑体系。

一方面要引导社会资本参与产业体系绿色现代化。除大力发展绿色金融外，还可以考虑通过政府与社会资本合作（PPP）、投资—建设—运营、环境污染第三方治理等方式撬动社会资本，弥补产业体系绿色现代化的资金缺口。通过实施财政补贴、税收优惠、价格调节政策推进绿色经济、低碳经济、循环经济发展的市场化、产业化进程，以较好的盈利预期吸引社会资本投入到产业体系绿色现代化。不仅可以吸纳社会资本参与到营利性较好的绿色低碳循环发展项目上，还可以在绿色低碳循环发展相关基础设施和公共服务体系等传统上由政府主导投资的领域，通过适当机制吸引社会资本参与建设。

另一方面要激励社会人力资源投身产业体系绿色现代化。出台强有力的人才政策，引导社会人力资源流向产业体系绿色现代化领域，以解决人才短缺问题，如通过市场机制调动社会组织和个人投身产业体系绿色现代化，动员高等院系和各类培训机构培养产业体系绿色现代化所需的各类人才等。通过绿色税收优惠政策最大限度激活绿色企业发展活力，积极推行政府绿色采购制度并倡导非政府机构实行绿色采购制度以促成绿色消费模式的形成。不断加强舆论宣传，通过灵活多样的、老百姓喜闻乐见的形式，引导广大人民群众通过绿色消费、环保监督、垃圾分类等途径参与到产业体系绿色现代化进程中来。

参考文献

[1] 王亚静、徐晔:《生物质产业:实现"绿色现代化"的有效途径》,《生态经济》2006 年第 6 期。

[2] 胡鞍钢:《绿色现代化:中国未来的选择》,《学术月刊》2009 年第 10 期。

[3] 郇庆治:《改革开放四十年中国共产党绿色现代化话语的嬗变》,《云梦学刊》2019 年第 1 期。

[4] 唐啸、胡鞍钢:《创新绿色现代化:隧穿环境库兹涅兹曲线》,《中国人口·资源与环境》2018 年第 5 期。

[5] 王植、张慧智、黄宝荣:《有效治理视角:现代城市建设绿色低碳循环发展的经济体系——基于深圳实践与政企调查研究》,《当代经济管理》2021 年第 3 期。

[6] 翟淑君、苏振锋:《绿色、低碳、循环发展有何异同?》,《中国环境报》2015 年第 2 期。

[7] 张友国:《建设立绿色低碳循环发展经济体系》,《红旗文稿》2020 年第 17 期。

[8] 张友国、窦若愚、白羽洁:《中国绿色低碳循环发展经济体系建设水平测度》,《数量经济技术经济研究》2020 年第 8 期。

[9] 涂晓玲、支琦、曾省辉:《江西发展绿色低碳循环产业体系的路径选择——基于国内外经验总结和发展趋势的研究》,《企业经济》2017 年第 8 期。

黄河流域干支流水质演变与社会经济驱动因素[*]

黄河是中华民族的母亲河。新中国成立以来,黄河治理取得巨大成就,但目前仍存在一些突出问题。黄河流域不仅面临资源性缺水,而且还面临水污染的严峻挑战。水污染治理是黄河流域生态保护和高质量发展的关键环节。已有文献对黄河水质状况进行了研究[1][2][3][4],但主要集中在黄河干流,对支流污染研究较少。习近平总书记在《在黄河流域生态保护和高质量发展座谈会上的讲话》中指出,黄河流域存在的生态环境脆弱等问题"表象在黄河,根子在流域"。对黄河流域尤其是支流水质的研究,有助于从整体上理解黄河流域水污染的根源,从而为治理黄河水污染、实现流域生态保护和高质量发展提供决策参考。

一 研究区域概况与数据说明

(一)黄河流域自然与人口概况

黄河干流长 5464 公里,流域面积 79.5 万平方公里。黄河流域属大陆性气候,年降水量在 150—750 毫米,属于资源型缺水地区[5]。黄河多年平均天然径流量为 580 亿立方米,约占全国水资源量的 2%。近年来黄河径流量有减少趋势[6]。在直接入黄支流中,流域面积大于 100 平方公里的支流有 220 条,多年平均径流量最大的支流是渭河,达到 100 亿立方米,上游较大支流有洮河、湟水,中游较大支流除渭河外,还有

* 本文作者为李玉红(中国社会科学院数量经济与技术经济研究所、中国社会科学院环境与发展研究中心,研究员)。本文部分内容发表于《黄河流域干支流水污染治理研究》,《经济问题》2021 年第 5 期。

伊洛河、汾河、无定河及沁河，下游支流少，以大汶河水量居多[7]。

黄河流经青海等9省区，其中，流经青海、内蒙古和甘肃的面积居前三位，分别占黄河流域面积的19.1%、19.0%和18.0%，合计占黄河流域的56.1%，流经山东、四川与河南的面积较小，合计占8.4%。从黄河流经面积占辖区面积的比重来看，宁夏、陕西和山西比重最高，分别为77.4%、64.8%和62.0%。除四川外，黄河对其他8省区而言具有重要意义。8省区省会城市位于黄河干流或主要支流沿岸，而且各省区的经济重心基本上位于黄河流域。

黄河流域人口数有两个统计口径，第一个是流域所经过的省区人口，第二个是流经的县级行政区划人口。在第一个口径下，2018年，黄河流经的9省份人口合计4.2亿人，占全国总人口的30.1%。按照第二个口径，第六次人口普查显示黄河流域人口总量为1.1亿人[8]，占全国总人口的8.6%。这里在第一个口径的基础上，以黄河供水占本省供水比例为权重估算黄河流域人口数约为1.7亿人，约占全国人口的12%。从人口质量来看，黄河流域人口受教育程度偏低，人力资本相对薄弱。黄河流域大部分地区文盲比例较高，尤其是上游地区的青海、四川、甘肃和宁夏文盲率远高于全国平均水平。2018年，全国高中及以上学历人口数占31.6%，而黄河流域为29.7%，其中，青海最低，仅有26.4%。

总体来看，黄河流域以占全国2%的水资源量支撑了全国12%的人口，资源环境压力巨大。

（二）数据和指标说明

本文使用的黄河水质数据主要来自历年《黄河水资源公报》和《中国生态环境状况公报》，社会经济数据来自《中国统计年鉴》《中国城市统计年鉴》《中国农产品加工业年鉴》和《甘肃发展年鉴》等。《黄河水资源公报》和《中国生态环境状况公报》均报告了黄河水质状况，《中国生态环境状况公报》报告的是干支流汇总数据，而《黄河水资源公报》对各干支流水质的报告更为翔实。本文以《黄河水资源公报》为主，《中国生态环境状况公报》为辅。

根据《地表水环境质量标准（GB3838—2002）》，江河等地表水域按照功能高低划分为Ⅰ、Ⅱ、Ⅲ、Ⅳ和Ⅴ类，低于Ⅴ类为劣Ⅴ类，共计六类，其中，Ⅰ—Ⅲ类属于人类和动物可直接饮用或可接触的水，可认为是未经污染或轻微污染的达标水；而Ⅳ和Ⅴ类分别属于工业和农业用水，人体不能直接接触，劣 V 类则失去上述使用功能。采用张晓[9]方法，将河流的Ⅳ、Ⅴ和劣Ⅴ类水并称为污染水。

黄河流域在四川的面积为 1.7 万平方公里，占流域面积的 2.1%，尽管这一面积比黄河流经山东的面积还多 0.3 万平方公里，但考虑到黄河向四川供水量仅占四川省供水总量的 0.3%，而黄河向山东供水量占山东的 45.1%，而且黄河在四川境内的水质较好，因此下文所分析的黄河流域，除有特别说明外，并不包括四川。

二 黄河流域水质演变趋势：先恶化后改善

黄河整体水质变化趋势按照污染程度可分为三个阶段，第一个阶段是轻微污染阶段，这个阶段水质相比天然背景值，污染程度轻微；第二个阶段是城镇工业和生活排污导致的水质迅速恶化阶段；第三个阶段是水质总体改善阶段。

（一）轻微污染阶段：20 世纪 80 年代之前

新中国成立之初，黄河基本不存在水污染问题。当时黄河面临的难题是"三年两决口、百年一改道"的水患灾害[10]。20 世纪 60 年代至 80 年代初，黄河出现轻微污染，来源主要是农业灌溉。黄河流域的灌区多建立在盐土或盐碱土地区，灌溉过程中有明显的洗盐作用；同时灌溉用水在田间大量蒸发，引起水溶液浓缩；另外有些灌区引用高矿化度的地下水灌溉，导致灌溉退水的离子总量高于天然背景值[11]。

这段时期，城镇工业和生活排污也产生污染，但对黄河水质的影响较小，主要有三个方面的原因，第一，当时工业规模小。1982 年，陕甘宁蒙四省区原煤产量仅有 0.6 亿吨。第二，城镇人口少。根据第三次全国人口普查，1982 年，兰州市区人口 143 万人，是上游最大城市，呼和浩特市区人口也仅有 75 万人。第三，城乡物质交换形成封闭循环，对环境影响不大。当时罕见塑料和化学品，城镇污水和城市垃圾成分简单。城镇废弃物基本都能在周边乡村消解，如污水可以灌溉农田，生活垃圾和粪便还田，见图 1 中 A 情景。乡村生产生活废弃物能够就地消纳，如畜禽粪便作为有机肥还比较稀有，可以全部还田，而化肥、农膜等农资品价格相对较贵，使用量较少。城市和乡村之间物质能量形成循环流动，对生态环境的影响相对较小[11]。

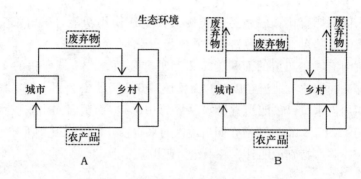

图1　城市和乡村物质循环图示

总之，20世纪80年代之前黄河流域经济活动水平低，工农业生产活动对环境的干扰较小，处于环境容量所允许的范围之内。黄河水质较好，黄河干流水质全部为Ⅲ类及以上，其中，Ⅰ类和Ⅱ类水体比例高达90.3%[12]。

（二）水质迅速恶化阶段：20世纪80年代至2011年

自20世纪80年代初期至"十一五"时期，由于黄河流域工业发展和城镇规模扩大，黄河干流和重要支流水质均呈现恶化趋势。

20世纪80年代，黄河水质恶化速度相对缓慢。1990年，黄河Ⅰ类和Ⅱ类水体比例为62.9%，Ⅳ类水体的比例为14.9%[13]。从20世纪90年代开始，黄河水质状况迅速恶化。根据环境状况公报，1995年，黄河Ⅰ类和Ⅱ类水体比例已下降到5%，污染水体比例上升至60%。《黄河水资源公报》显示，1998年，黄河Ⅲ类及以上水体比例已下降到29.3%，而污染河段比例达到了70.7%。污染河段主要出现在大城市附近的干流和主要支流沿岸。兰州、西宁、太原、西安、洛阳等大城市附近水质较差，汾河、渭河、伊洛河、小清河、湟水等黄河重要支流部分河段污染较重。

随着黄河上游来水不断减少、灌溉引水、跨流域调水和城市供水不断增加，黄河实际径流量减少，下游断流状况日趋严重，1997年长达226天。黄河面临着水资源短缺和水污染的双重压力。水资源不足意味着环境容量小，而水污染带来了水质性缺水，这双重压力互相叠加，让形势更加恶化。

黄河污染最为严重的时期是"十五"时期。根据《黄河水资源公

报》，2001—2005 年平均污染水体比例高达 72.2%，劣 V 类平均比例为
36.5%。2002 年较为干旱，黄河污染水体比例达到 80.6% 的历史最高水
平，劣 V 类水体比例为 47.2%，几乎一半黄河水都失去使用功能。2003
年，黄河流域降水量比往年偏多，比 2002 年增加 37.6%，但是污染水
体比例还是高达 78.6%，劣 V 类水体比例达 42.6%。黄河水污染达到了
最严重阶段。

"十一五" 期间，黄河污染水体平均比例为 57.5%，比 "十五" 时
期污染水体比例下降了 15 个百分点，似乎黄河水质发生好转。然而，
这里必须考虑评价河长的影响。在过去的 20 多年，黄河评价河长多次
调整，其中，2005 年和 2011 年调整幅度较大。2005 年，评价河长比
2004 年增加了 76.4%，2011 年比 2010 年增加了 38.0%。评价长度变化
导致数据前后不可比。一般来说，新加入的评价河段水质相对较好，这
相当于 "稀释" 了原有的污染河段，导致污染河段比例下降。因此，仅
凭污染水体比例难以判断水质变化，必须剔除评价河长变动的影响。可以
看到，2005—2010 年在黄河评价河长基本保持不变的情况下，劣 V 类水体
比例略有提高（见图 2），而污染河长有轻微增长，劣 V 类河长增加了
17.4%（见图 3），说明水质有轻微恶化趋势。总体来看，"十一五" 期间
黄河水污染状况处于高位调整，水污染趋势并未发生根本性改变。

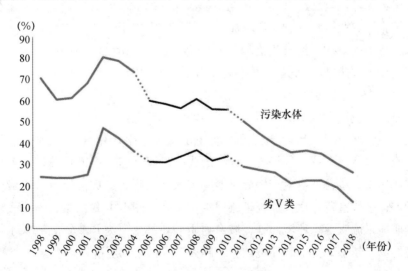

图 2　黄河流域污染水体比例

注：图中虚线处表示评价河长发生大幅调整。

资料来源：历年《黄河水资源公报》。

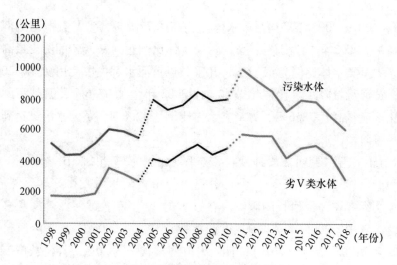

图3 黄河流域污染水体河长

注：图中虚线处表示评价河长发生大幅调整。

资料来源：历年《黄河水资源公报》。

　　该时期黄河水质恶化的原因主要有四个，第一，城镇人口大幅增加。兰州等中上游大城市人口增长至原有人口的2—3倍[①]，随着生活水平提高，生活污水排放量增加。第二，工业规模快速扩张。2009年，陕甘宁蒙原煤产量已达10亿吨，是1982年的16倍，煤化工产业规模也相应扩张，工业废水排放大量增加。人口和产业扩张的共同作用导致黄河取水量不断增加，河流生态水则相应减少，水环境承载力下降。第三，工业废水和生活污水处理设施尚不完善。虽然废污水处理水平有所提高，但提高速度远跟不上人口和产业规模的增速。大城市排污口附近水质较差，呈现大城市沿岸污染带。第四，城乡之间的物质循环链条逐渐被打破，城镇污水和垃圾粪便不能还田；农业生产用水"大排大放"，化肥、除草剂和抗生素等流入环境的成分日渐增多；规模化养殖的畜禽粪便还田困难，城乡生产生活排泄物流入地表水，造成河流氮、磷成分增加，水体富营养化，加剧了流域水污染。见图1中B情景，虚线表示物质能量流入生态环境部分，城乡物质循环链条变为开放式。流入水环境的物质越多，对生态环境的影响越大，水污染越严重。

————————

　　① 根据第六次全国人口普查，2010年兰州市区常住人口达311万人，是1982年的2.2倍；呼和浩特市区常住人口198万人，是1982年的2.6倍。

（三）水质总体改善阶段：2012 年至今

"十二五"时期以来，中国政府大力加强了水污染治理，黄河污染水体比例与污染河长均出现下降趋势。"十二五"时期和"十三五"时期（前 3 年）污染水体平均比例分别为 41.3% 和 30.4%，劣 V 类水体比例分别为 25.2% 和 18.0%，下降趋势明显。根据生态环境部统计，2019 年，137 个考察断面污染水体比例下降到 27.0%，劣 V 类断面仅占 8.8%。

除污染水体比例外，黄河污染河长也显示出减少趋势。2011 年，在评价河长大幅度增加的情况下，黄河流域污染水体和劣 V 类河长均达到历史最高水平，污染水体长达 9907 公里，其中，劣 V 类水体长 5700 公里。从 2012 年起，在评价河长不减少的情况下，污染河长增长趋势发生逆转，污染河长显著缩短；2014 年起劣 V 类河长明显下降。2018 年，污染水体河长缩短到 6037 公里，其中，劣 V 类水体河长缩至 2800 公里，比 2011 年减少近一半。

"十二五"时期以来，黄河水质改善的主要原因是政府在政策顶层设计和实施方面都加强了水污染治理。在顶层设计方面，国家制定了一系列水污染防治政策。环境保护部等国家部委将黄河中上游列入《重点流域水污染防治规划》；2015 年，国务院发布《水污染防治行动计划》，提出重点流域水质改善目标；2017 年，党的十九大报告提出打好污染防治攻坚战；2018 年的中央经济工作会议将污染防治列为 2018—2020 年三大攻坚战之一。更为重要的是，在政策实施层面，水环境的主要污染物化学需氧量和氨氮相继被列为地方社会经济发展的约束性指标。《"十一五"规划纲要》仅将化学需氧量排放总量减少 10% 作为地方政府的约束性指标，《"十二五"规划纲要》和《"十三五"规划纲要》又将氨氮排放量减少 10% 列入地方政府必须完成的约束性目标。生态环境部定期对重点环保城市进行排名。这些治理措施对于地方政府担负起环境保护责任、改善环境质量起到了重要作用。

三　黄河干流和支流水质差异特征

黄河水质在空间上存在着显著差异，其中，干流和支流的差距最大，其水质改善程度和时间点存在着明显的差别。

（一）干流水质好于支流，污染较轻

相比较来看，干流污染状况好于支流，即使在"十五"水污染高峰期间，干流平均污染水体比例比支流平均水平低 10 个百分点。"十一五"时期以来干流和支流水质状况的差距变大，干流污染比例迅速减少，而支流污染比例缓慢下降。流经兰州、包头等大城市的岸边污染带逐步消失，局部污染河段水质均提高到Ⅲ类水平。

相比干流来说，黄河支流水质较差。从图 4 来看，黄河支流污染比例一直高于干流，而且污染水体比例下降速度缓慢。1998—2018 年，黄河支流污染水体比例平均值 63.4%，比干流污染比例高 31 个百分点。根据生态环境状况公报，2019 年干流全部评价断面水质均达标，而支流污染断面占 34.8%，劣Ⅴ类断面占 11.3%。

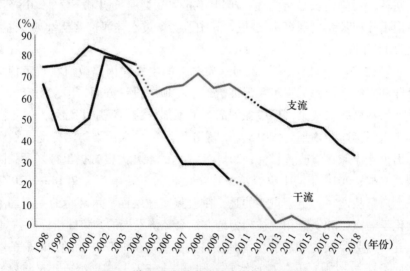

图 4　黄河干流和支流污染水体比例变化

注：图中虚线处表示评价河长发生大幅调整。

资料来源：历年《黄河水资源公报》。

（二）干流水质改善先于支流

"十五"期间，黄河干流污染河段比例最高，5 年平均比例为 66.7%，达到污染高峰期。2004 年以来，黄河干流污染显著好转，污染比例与污染河段长度均呈现减少势头。2013 年以来，污染河段长度加速减少，污染河段比例保持在5%以下，Ⅴ类和劣Ⅴ类水体全部消除。

相比较而言，支流水质改善时间比较晚。从图4来看，支流水质似乎从2005年开始下降，但实际上2005年支流评价河长达9615公里，比之前增加了1.5倍（见表1），而新增评价水体往往污染比例较小，导致污染比例前后不可比。

表1 　　　　　　　　黄河干流与支流评价及污染水体河长

年份	评价河长（公里）	其中：干流（公里）	支流（公里）	污染水体河长（公里）	其中：干流（公里）	支流（公里）
1998	7247	3613	3634	5124	2410	2714
1999	7247	3613	3634	4384	1640	2744
2000	7247	3613	3634	4442	1630	2813
2001	7497	3613	3884	5121	1839	3281
2002	7497	3613	3884	6043	2876	3167
2003	7497	3613	3884	5893	2822	3071
2004	7497	3613	3884	5510	2547	2963
2005	13228	3613	9615	7937	1958	5979
2006	12511	3613	8898	7306	1496	5811
2007	13493	3613	9880	7610	1062	6548
2008	13848	3613	10235	8419	1062	7357
2009	14039	3613	10426	7848	1062	6786
2010	14295	3613	10682	7977	806	7171
2011	19734	5464	14271	9907	1055	8852
2012	20545	5464	15082	9143	645	8498
2013	21539	5464	16075	8486	109	8377
2014	20110	5464	14646	7199	290	6910
2015	21655	5464	16191	7904	49	7855
2016	22325	5464	16861	7814	0	7814
2017	22892	5464	17428	6891	120	6770
2018	23043	5464	17580	6037	120	5917

资料来源：历年《黄河水资源公报》。

支流评价河长有两次大幅度调整，分别发生在2005年和2011年，其他都是微调。因此以这两个时间点为节点，分三个时间段来考察支流污染河长变化，这样数据具有较强的可比性，见图5。1998—2004年，支流评价河长接近4000公里，平均污染比例78.4%，平均污染河长约3000公里，变化不大；2005—2010年，评价河长约10000公里，平均污染比例66.3%，平均污染河长6600公里。该时期平均污染比例比上一时期下降了12.1个百分点，但这是新增评价河段水质较好的缘故。从图4来看，这一时期内污染比例缓慢增长，2010年比2005年增加了5个百分点。另外，从图5来看，这一时期污染河长增长了1000公里，2010年达到7000公里以上。因此，2005—2010年支流污染状况并没有真正改善。

黄河支流水质改善发生在"十二五"期间。2011年，支流评价河长增加到14271公里，并逐年增加到17580公里，尽管评价河长增加，但是污染比例与污染河长均显著下降。2011年，污染河段比例为62.1%，污染河长达到8852公里的峰值，而2012年后支流污染比例与河长都逐步下降，2018年污染河段已经下降到6000公里，仅占支流评价河长的33.6%。可见，自2012年以来，不但污染河段比例持续下降，而且在评价河长增加的情况下，污染河长并没有累积增加，反而有所减少，说明该时期支流污染状况真正改善。

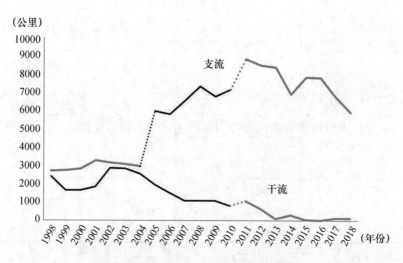

图5 黄河干流和支流污染水体长度变化

注：图中虚线部分表示评价河长发生大幅度调整。

资料来源：历年《黄河水资源公报》。

（三）支流水质虽有改善但依然处于较高水平

可以看到，黄河支流污染状况改善，但是污染状况依然处于较高水平。2019 年，黄河 106 个重要支流断面，仍有 34.8% 的断面水质不达标，劣 Ⅴ 类断面占 11.3%。黄河支流已成为黄河水污染主要来源。

支流污染呈现普遍性特点，青海等 8 省区都普遍出现严重的支流污染。污染比较严重的支流有湟水、祖厉河、都思兔河、龙王沟、黑岱沟、偏关河、皇甫川、窟野河、漱水河、三川河、清涧河、延河、汾河、金水沟、涑水河、渝河、双桥河、弘农涧河、新蟒河和金堤河等。黄河支流污染普遍性还体现在从一级支流向二级支流蔓延，不但汾河等一级支流出现污染，而且二级支流水质也普遍恶化，多年不见改善。部分支流重金属及有机污染问题仍未得到有效控制[14]。

四 黄河干流和支流水质差异的社会经济因素分析

从世界各国的历史来看，人类聚居点与水资源密切相关。城市聚居点出于饮水、用水和交通便利等方面的考虑，一般来说都是依水而建。水资源量决定了聚居点的规模，大城市濒临大江大河，而小城市傍依支流小河。黄河流域 8 省区的省会城市全部位于黄河干流和重要支流沿岸，而小城市和县城则分布在各级支流沿线。黄河干支流水污染空间差异的背后，不仅反映了省域之间生态治理能力的差别[15]，而且反映了流域不同城市之间、城乡之间经济增长与污染治理能力的差异性。

（一）大城市产业结构升级引起的工业分布格局变化

1. 大城市"去工业化"

"十五"时期以来，中国工业空间布局发生了重大变化。计划经济和改革开放初期，中国工业项目一般集中在大城市，但随着大城市率先产业结构转型升级，逐步呈现"去工业化"趋势，工业企业从城区向城区外围搬迁[16]、由发达城市向欠发达城市转移[17]。从黄河流域 8 个省会城市第二产业比重的变化趋势来看，在城市建成区面积普遍增加的情况下，有 7 个省会城市市辖区第二产业比重出现下降，而黄河中上游区域省会城市第二产业比重全部下降。第二产业比重下降幅度最大的是兰州市辖区，从 2000 年的 53.0% 下降到 2018 年的 31.5%，下降了 21.5 个百分点；呼和浩特市辖区第二产业比重下降了 20.7 个百分点。

表 2　　　　　黄河流域省会城市市辖区面积和第二产业比重

省会城市	市辖区面积（平方公里）		增长率（%）	第二产业比重（%）		变化幅度（%）
	2000 年	2018 年		2000 年	2018 年	
西宁	61	95	55.7	40.8	28.8	-12.0
兰州	163	253	55.2	53.0	31.5	-21.5
银川	48	203	322.9	45.8	33.4	-12.4
呼和浩特	83	260	213.3	44.7	24.0	-20.7
西安	187	702	275.4	49.4	35.5	-13.9
太原	117	340	190.6	47.8	35.7	-12.1
郑州	133	544	309.0	34.6	39.4	4.8
济南	120	524	336.7	44.0	35.6	-8.4

资料来源：《中国城市统计年鉴》（2001、2019）。

2. 小城市和县域工业崛起

黄河中上游地区经济欠发达，以县级市为代表的小城市和县域都具有强烈的发展意愿。从"十五"时期以来，国家先后实施"西部大开发"和"中部崛起"战略，又适逢煤炭价格上涨，内蒙古、陕西等黄河中上游地区迎来了快速发展的机遇，能源行业迅速扩张，拉动小城市和县域工业经济快速增长，工业园区数量激增。

以省级开发区为例，由于国家级经济开发区和高新区一般都位于地级及以上城市，而省级开发区一般位于县级行政区划[16]，因此省级开发区的数量变化反映出县级行政区划工业园区的发展态势。2018 年，中国有 1991 家省级开发区，比 2006 年增加 645 家，增幅为 47.9%，而黄河中上游地区增幅远超过该水平。内蒙古省级开发区从 2006 年的 39 个增加到 2018 年的 69 个，青海从 3 个增加到 12 个，甘肃从 34 个增加到 58 个，陕西则从 17 个增加到 40 个，河南从 23 个增加到 131 个，这 5 省区增幅远高于全国平均水平，仅山东宁夏和山西有所减少。除了省级开发区之外，省级以下开发区数量更多。根据 2013 年的统计，内蒙古乡镇园区有 811 个，陕西有 196 个，甘肃有 135 个，数量远远超过省级开发区。

总之，近20年黄河流域县市工业经济崛起，客观上增加了水资源需求量和水污染排放量，对支流水生态、水资源和水环境造成了巨大影响。

表3 黄河流域各省区省级开发区和乡镇园区数 单位：个

地区	省级开发区数		乡镇园区数	
	2006 年	2018 年	2003 年	2013 年
青海	3	12	15	10
甘肃	34	58	162	135
宁夏	15	12	19	30
内蒙古	39	69	157	811
山西	22	20	129	81
陕西	17	40	146	196
河南	23	131	687	785
山东	155	136	880	1204

资料来源：《中国开发区审核公告目录（2006 年版）》《中国开发区审核公告目录（2018年版）》《中国乡镇企业年鉴（2004）》《中国农产品加工业年鉴（2014）》。

（二）污染治理能力与污染治理任务不匹配

1. 大城市污染治理能力增强、任务减轻

城市污染治理能力与产业价值链的分布有关系。在当前中国产业分工体系中，大城市产业结构升级，追逐高新技术前沿，逐步将工业生产环节迁出，而保留了产业价值链上的研发和销售环节[18]，这些环节的增加值比重高且清洁无污染。对于大城市来说，污染物排放减少，但从研发和销售环节取得丰厚收入，从而有足够的财政实力治理历史遗留污染问题，提升城市环境质量。可以看到，黄河水污染早期的污染河段主要位于大城市附近，如黄河干流兰州段和包头段、湟水西宁段、大黑河呼和浩特段以及渭河西安段，等等。随着生产环节的外迁，这些城市污染治理能力增强而污染治理任务相对减轻，流经城市的大部分河段水质都明显改善，率先走上经济和环保双赢的高质量发展之路。

作为黄河中上游重要的工业城市，兰州曾经是污染大户，水污染事故频发。然而，近 20 年兰州工业比重逐步下降，但工业利润率却明显提高，污染物排放量显著减少，水污染事故明显减少。2018 年，兰州城区规模以上工业销售利润率达 7.2%，比 2000 年大幅提高；兰州市工业增加值占甘肃省工业增加值的 33.2%，但工业化学需氧量排放量仅占甘肃省工业化学需氧量排放的 11.5%。由于废污水处理率提高，水污染得到有效治理，黄河兰州段已达到Ⅲ类水标准。

2. 小城市和县域污染治理能力较低而污染治理任务重

随着大城市将工业的生产加工环节外迁，小城市和县域成为生产加工环节的承载空间[19]，变成产业链上的"生产车间"。这种"生产车间"的功能和定位产生了两方面的影响，一方面，生产环节污染物排放量大，政府和企业的污染治理任务重，另一方面，生产环节的工业增加值比重较低，企业从生产环节得到的利润较少，而相应的政府财税收入不高，导致政府和企业的治污能力不强。相比较大城市，小城市和县域普遍在环境基础设施建设和环保机构建设方面都较为薄弱，城镇生活污水治理滞后。这导致黄河支流水质难以像干流一样迅速提升，高质量发展之路较为艰难。

中国大城市和县域之间的经济水平差异、产业结构和价值链分布颇似发达国家与发展中国家的产业分工格局。20 世纪 70 年代以来，美日等发达国家企业将本土的生产制造环节向经济欠发达国家和地区转移，本国保留了利润率较高的研发和销售环节，环境质量逐渐好转；而承接产业转移的欠发达国家和地区产业技术普遍偏低，企业核心竞争力较弱，产品附加值较低，在国际产业链中处于"微笑曲线"的底端，环境污染严重。

五 结论与政策含义

新中国成立以来，黄河水质从无污染和轻微污染的状态，随着流域社会经济的发展而迅速恶化，到"十五"期间达到污染峰值。通过中央政府顶层设计和地方政府强力执行，2012 年以来黄河水质恶化趋势发生逆转，污染河段比例和长度均呈下降趋势，黄河水质整体出现好转趋势。相比较而言，黄河干流污染程度较轻，而且早在"十五"时期之后污染状况就逐步改善，而作为毛细血管的各级支流污染较为严重，直到"十二五"时期以来污染状况才逐步改善，但依然存在 1/3 的污染河段，已成为黄河水污染的主要来源。

黄河干流和支流水质差异反映了流域不同城市之间、城乡之间经济增长与污染治理能力的差距。近 20 年在大城市产业结构转型升级、"退二进三"的背景下，黄河流域以县级市为代表的小城市和县域工业经济崛起，不同规模城市之间、城乡之间的工业产业链布局发生了变化。干流和主要支流沿线上的大城市将工业生产环节外移，保留了研发和销售环节，不但污染物排放量小，而且增加值较高，政府有足够财政实力治理环境问题，而各级支流沿岸的小城市处于产业链低端，从生产环节获得的增加值相对较少，但污染物排放量大，污染治理任务重，处于经济增长和污染治理失衡的困境。

中国大城市和县市之间的经济水平差异和产业链布局颇似发达国家与发展中国家的产业分工格局。这一现象值得深思。这也说明，黄河流域水污染治理不仅要考虑末端治理，而且也要着眼于城市之间、城乡之间利益分配格局和发展方式的调整。

在污染末端治理方面，要严格控制违法排污行为。从污染治理对象来说，兰州、包头等沿黄大城市水污染治理取得显著效果，今后要重点加强对各级支流沿岸县市工业园区的环境监管和污染治理，加强对流域毛细血管的生态保护。

在利益分配方面要做一些调整。从财政资金使用来看，要加大中央和省级财政对县级行政单位的转移支付力度。这些转移支付要投入到小城市和县域的环境基础设施、社会公共服务等社会短板领域，缩减大小城市之间、城乡之间的差距。对市域范围内的县级或乡镇财政做适度统筹，缩小区县之间、乡镇之间财政收入差别。黄河中上游地区人口受教育水平偏低，中央须继续加大对中西部基础教育和职业教育的投入，持续提高人口素质。

在发展方式上，小城市和县域要走有地域特色的高质量发展之路。在水资源缺乏的中上游地区，要严格控制工业集聚区数量。内蒙古等中上游地区省级以下开发区数量较多，已严重超过了其生态环境承载力，应适当精减，走绿色化和集约化发展之路。农业要改变"大排大放"的粗放用水模式，发挥地方主体性，探索城乡物质循环利用体系，如小城镇生活污水和废弃物采取就地消纳、变废为宝的循环方式，开辟出适应于地方特色的小流域、微循环治理方式。

参考文献

[1] 吕振豫、穆建新:《黄河流域水质污染时空演变特征研究》,《人民黄河》2017 年第 4 期。

[2] 嵇晓燕等:《黄河流域近 10a 地表水质变化趋势研究》,《人民黄河》2016 年第 12 期。

[3] 孙艺珂、王琳、祁峰:《改进综合水质指数法分析黄河水质演变特征》,《人民黄河》2018 年第 7 期。

[4] 陈静生等:《近 30 年来黄河水质变化趋势及原因分析》,《环境化学》2000 年第 2 期。

[5] 国家发改委:《全国重要生态系统保护和修复重大工程总体规划(2021—2035 年)》,2020 年 5 月。

[6] 王浩、赵勇:《新时期治黄方略初探》,《水利学报》2019 年第 11 期。

[7] 连煜等:《黄河生态系统保护目标及生态需水研究》,黄河水利出版社 2011 年版。

[8] 王文杰等:《黄河流域生态环境十年变化评估》,科学出版社 2017 年版。

[9] 张晓:《中国水污染趋势与治理制度》,《中国软科学》2014 年第 10 期。

[10] 河南大学黄河文明与可持续发展研究中心:《黄河开发与治理 60 年》,科学出版社 2009 年版。

[11] 陈静生等:《近 30 年来黄河水质变化趋势及原因分析》,《环境化学》2000 年第 2 期。

[12] 李祥龙等:《黄河流域水污染趋势分析》,《人民黄河》2004 年第 10 期。

[13] 连煜:《坚持黄河高质量生态保护,推进流域高质量绿色发展》,《环境保护》2020 年第 Z1 期。

[14] 戴其文等:《污染企业/产业转移的特征、模式与动力机制》,《地理研究》2020 年第 7 期。

[15] 李玉红:《农业规模化经营的外部性分析——一个生态环境角度的考察》,《重庆理工大学学报》(社会科学版)2016 年第 7 期。

[16] 李玉红:《中国工业污染的空间分布与治理研究》,《经济学家》2018 年第 9 期。

[17] 戴其文等:《污染企业/产业转移的特征、模式与动力机制》,《地理研究》2020 年第 7 期。

[18] 樊杰等:《工业企业区位与城镇体系布局的空间耦合分析——洛阳市大型工业企业区位选择因素的案例剖析》,《地理学报》2009 年第 2 期。

[19] 李玉红:《中国农村污染工业发展机制研究》,《农业经济问题》2017 年第 5 期。

区划调整与环境治理[*]

——基于巢湖撤市的准自然实验

一　引言

行政区划是国家对于行政区域的划分，即在既定的政治目的与行政管理需要的指导下，遵循相关的法律法规，建立在一定的自然与人文地理基础上，在国土上建立起一个由若干层级、不等幅员的行政区域所组成的体系[1]。对行政区域的微调可以作为解决地区问题、促进地区发展的一种手段，不论是出于军事政治因素还是出于其经济功能的考虑，历史都提供了大量的自然实验。历史上对区划调整所带来的影响的讨论从未间断。在西方国家，行政区划手段促进区域协调发展的重心始终指向公众服务以及政府市政成本、效率以及公平性等目标[2]。与之不同的是，中国现阶段的区域经济发展仍在很大程度上受到行政手段的强力影响[3]。中国行政区划调整的经济功能之所以比较突出，是由于中国是单一的中央集权制国家，并且处于经济迅速增长变化的时期，通过行政手段来解决地区问题、促进地区发展比较频繁[4]。

环境是典型的公共物品，公共物品和公共服务具有非排他性和非竞争性，容易引发不同地方政府在环境治理问题上的利益冲突，导致大量的资源浪费、环境污染与破坏的问题。近年来，环境问题越来越受到广泛关注，在环境经济学者的推动下，各国政府已成为积极的环境污染治理主体[5]。为了进一步协调经济发展中的环境治理问题，党的十九大提出了"五位一体"发展理念，实行最严格的环境保护制度。通过调整区

　　* 本文作者为李静（合肥工业大学经济学院，教授）、王敏（合肥工业大学经济学院硕士研究生）、王姝兰（合肥工业大学经济学院硕士研究生）。

划来影响或促进行政区内的环境问题解决是一条可尝试的途径，但一方面由于其涉及面广，内容复杂，所以这方面的研究比较少，并且针对性比较弱。另一方面由于环境方面影响因素众多、数据获取难度大等也造成了这方面的研究成果少，还没有一致的结论。有的研究认为，行政区划调整对环境治理会带来良性影响，主要是由于通过区划调整可以对区域环境进行一揽子规划，减少政府间对环境污染治理的扯皮现象，权责更加明确。也有部分学者持相反的看法，认为行政区划调整只能暂时解决区域环境的污染治理、资源不足和产业布局不合理等问题，但并不能从根本上消除行政区经济问题，行政区划调整反而可能成为土地扩张的合法理由，升级城市间竞争，导致环境治理的失效[6]。

巢湖是中国第五大淡水湖，同时又是安徽境内最大的湖泊，其水域面积最大约 825 平方公里，不仅是沟通江淮北上运输的重要通道，还是重要的农产品基地。巢湖流域总面积 13350 平方公里，区划调整前其跨合肥、巢湖、六安等十一个市县。由于社会经济的快速发展，巢湖水环境逐步恶化，巢湖的污染问题引起了中央和地方政府的多方关注，先后投入 800 多亿治理资金，但是巢湖的污染状况仍未有大的改观。在 2012 年之前，巢湖由合肥市和地级巢湖市共同治理，区域之间缺乏有效协调机制，污染状况一直没有明显的改善，巢湖水污染已经严重制约巢湖流域的区域经济发展，影响到当地人民的生产和生活。2011 年 8 月 22 日经国务院批复同意，对巢湖市的行政区划进行了调整，正式撤销地级巢湖市改为县级巢湖市，将原巢湖市所辖的一区四县分别划归合肥、芜湖、马鞍山三市管辖。"三分巢湖"使得巢湖成为合肥市的内湖，便于统筹巢湖的治理，也为合肥市提供了发展空间。这一准自然实验为我们提供了检验区划调整对巢湖治理效果的最佳素材和案例。

本文将"三分巢湖"这一行政区划调整作为准自然实验，探讨区划调整对巢湖污染治理的影响。利用环保部河湖国控监测点的数据，使用项目评估中常用的合成控制法识别区划调整对巢湖水质指标的影响效应，并探讨了其内在机制。研究填补了有关行政区划变更的环境影响的文献，对于认识行政区划的环境效应以及把握高质量发展的内涵等方面都具有重要的意义。

二 相关文献简述

（一）区划调整的经济效应的文献简述

关于行政区划调整对区域经济发展的影响，由于体制和经济发展阶段差异，国外在这方面的研究较少。Wagenaar 和 Adami（2004）[7] 对美国的行政区域调整对经济影响做了相关研究后发现，美国的行政区划对经济增长的影响具有较强的显著性，区划调整有可能导致经济发展带来极大的变动；因此美国调整行政区划一般是出于控制疾病传播、保护生态等目的，很少出于经济发展目的。在 20 世纪 90 年代前后，加拿大多伦多针对交通拥挤、环境污染、浪费等问题，进行了行政区划的合并，由于合并带来的积极效果是十分明显的[8]。20 世纪 90 年代加拿大兴起的合并组建单中心市浪潮，多以降低施政成本、提高公共服务效率为主要改革动因[9]，实际上是为了克服行政区划壁垒对区域发展的阻隔，特别是中心城市衰落问题。Redding 和 Sturm（2008）[10] 以东西德分裂和统一作为自然实验，研究了边境城市的区域经济发展与区划调整之间是否存在显著联系。同样是用 1990 年德国统一作为研究对象，Abadie 和 Diamond（2015）[11] 研究了德国统一对西德的人均 GDP 的影响，研究发现德国统一这一区划调整效应从 1992 年开始显现，东德对西德的经济出现拖累现象。

由于中国经济体制的特殊性，通过行政区划调整达到经济目标的做法很普遍，学术界关于行政区划调整对经济影响关注度很强，大量文献对此问题进行了分析，研究已经比较成熟。一是以某个地区（省/市）的行政区划调整为研究案例，对区域调整前后地区经济总量及经济增长速度进行对比。陈钊（2006）[12] 根据 1993—1998 年的四川省 GDP 数据发现，行政区划调整对区域经济确实起到了一定的推动作用；高琳（2011）[13] 基于 2000 年上海市黄浦区与南市区合并的案例，运用双重差分法对辖区合并的经济增长绩效进行了评估，发现这一合并措施有效地推动了经济增长；而罗玉波和张静（2017）[14] 整理 2000—2015 年山东省县级以上行政区划的数据，分析结果表明，区划调整对山东省的经济发展影响效果并不统计显著。二是以地区为例阐述行政区划调整对经济某个方面的影响。白小虎（2008）[15] 实证研究了杭州市行政区划的调整对产业空间变化的影响，认为行政区划调整会对产业空间变化及产业升级产生正向的作用；赵培红和孙久文（2012）[16]针对北京行政区划调整的研究发现，在当前城镇化快速推进的背景下，行政区划是实现区域和城市经济协调发展的重要手段；张尔升（2012）[17]以海南建省为例，采用差分法和准实验法从纵向和横向两方面估计了行政区划调整对缩小区域差距的影响，得到的结果显示，行政区划调整对缩小区域差距既有正面影响，也有负面影响；而范毅和冯奎（2017）[18]则指出行政区划调整使高等级城市可以利用行政手段调动和集聚更多的资源，获得了优先发展机会，这种做法的负面效应也逐步显现，表现为城镇空间过快扩张、中小城市发展活力受到抑制、不同层级城镇差距扩大等。也有一部分学者比较系统地将中国行政区划调整的原因、模式、影响及改革方式做了分析。周伟林等（2007）[19]以1983—2005年长江三角洲16个城市县级以上行政区划调整为例，对中国城市行政区划调整内容及模式进行了分类归纳，并探究了各类行政区划调整背后的原因。罗震东（2008）[20]则将中国改革开放以来的城市行政区划变更归纳分类，并基于时间和空间两个维度揭示了三种行政区划变更的主要阶段、特征和趋势。高玲玲和孙海鸣（2015）[21]整理了中国1992—2012年2245次地市级以上行政区划调整数据，采用双重差分法对行政区划调整影响区域经济增长进行了实证研究，研究发现，行政区划调整并不总是促进区域经济增长，行政区划调整的经济效应因时因地而异，这具有一定的政策意义。

行政区划调整对经济发展影响的相关文献主要分为两大类，一是行政区划调整对地区经济整体发展的影响，这种影响是多方面的，并且由于不同区域自身发展状况差异以及行政区划调整方式的差异，不同地区的行政区划调整呈现出不同的态势。行政区划调整对经济发展的影响不总是正向的，其产生的经济效应也要因地而异。二是行政区划调整对地区经济某方面的影响，例如产业升级、城镇化、区域差距等，这类的文献更多，分析的指标也更具体，结论也因文而异，差异较大。

（二）行政区划调整的环境效应的文献简述

国内外学者对行政区划调整带来的环境治理影响研究比较少，一般来说都是在研究对经济产生的影响时顺带提到环境方面的变化，或者通过定性分析来说明行政区划调整带来的环境变化，鲜有实证方面的研究。国外的相关研究主要集中在污染的跨界转移上，不同行政区域的环境标准及环境政策会导致区域间的污染转移，这是由于宽松的环境法规对移动资本具有重要吸引力，减排成本对国际投资具有威慑作用[22][23][24]，导致污染企业为了规避环境治理而进行跨地区转移（沈坤荣等，2017）[25]。Duvivier 和 Xiong（2013）[26]及 Cai et al.（2016）[27]发现污染企业存在向行政边界转移的偏好，因此不同行政区之间的污染转移也是无法解决环境污染问题的重要原因，利用区划调整这一行政手段来解决由此带来的环境问题成为一种重要方式。由于体制和经济发展阶段的差异，国外对行政区划调整的研究较少，区划调整的目的仅出于保护生态、控制疾病传染等。

国内学者对于行政区划调整带来的环境治理影响研究比较少，是在研究区划调整带来的影响时简单分析对环境治理的影响，或者在分析某一个地区某阶段生态环境治理变化时包含有区划调整因素。陈国阶（1993）[28]提出自然环境是本底的本底，当代环境的含义已超越自然的界限，具有社会化、经济化等特点，在发展区域经济和布局城市规划的同时，考虑区域环境差异进行区域划分的环境区划调整在中国的工作还很薄弱。谢涤湘等（2004）[29]在提到双城问题时，提出行政区划调整在解决两城市之间基础设施建设、污染治理等方面也存在着难以协调的问题。张惠远（2009）[30]指出在反映区域环境污染水平的基础上进行分区管理，为社会经济活动提供科学依据，可以从根本上改善区域环境质量状况，这也是环境区划的目标。而周素红等（2009）[6]则认为行政区划调整只能暂时解决区域环境的污染治理，同时大城市发展受限、资源不足、区域大型基础设施和产业布局不合理等问题并不能从根本上消除行政区的体制阻碍，行政区划调整反而可能成为土地扩张的合法理由，升级城市间竞争。

目前，关于行政区划调整对环境影响的文献没有达成基本的共识。大部分学者仅仅考虑到行政区划调整所带来的短期性经济影响，较少地关注其对环境层面的影响。少数研究关注了行政区划调整所引起的权力配置的转换和调整及其对环境带来的变化，认为区划调整可以解除由于区域制度限制所形成的权利义务分配不均匀问题，具体环境问题的解决还是要看区划调整后管辖区政府是否落实环境污染治理政策，有的还认为区划调整的目的是经济扩张而非治理环境。总体上，行政区划调整所引起的环境效应及后续影响的研究不足，而且针对性也较弱。

三 巢湖区划调整与环境治理：
现状与问题考察

（一）巢湖行政区划调整的原因分析

城市发展的最主要驱动力是市场因素，但政治也有潜移默化的作用[31]。改革开放以来，为适应经济发展的客观需要，中国行政区划变更非常频繁。2000 年以前中国行政区划调整相对较多，并且撤县设市以及县、市升格的调整力度较大[21]，2003 年民政部门提高了撤县设区的标准，区划调整重点转向了市辖区调整与区县调整[32]。县、市升格或地区改市的行政区划变更的实质都是建立地级市实施市管县体制[20]，市管县的主要目的之一是以中心城市的优势地位拉动所辖县乡的经济增长[33]。地级的区划调整主要集中在 1978 年到 2004 年，调整的对象从各省发达地区到经济相对落后地区，调整的阶段性与地区经济发展相吻合。地级的区划调整在全国范围内大致构成了主要城市群，构建了中心城市，强化了中心城市功能，在 2004 年之后地级市的行政区划调整在全国范围内基本结束，也更为谨慎。自 2000 年以来，中国在行政区划调整上逐渐由"市"转向"区"，在地级及其以上较大行政区的调整较为少见，县及市辖区的调整较为频繁（见图 1）。县级区划调整的主要目的在于扩大中心城市的发展空间、增强中心城市的实力，协调中心城市与周边县市的关系[32]，而市辖区内部调整主要为解决城区布局不合理、促进城市功能区发展以及开发区向城区的转型[34]，由此构成了中国行政区划的大致格局。

原地级巢湖市辖一区四县，城市规模偏小、经济发展水平较落后、行政区规模差距较大、划江而治问题突出，属于典型的"小马拉大车"；特别是由于水系管理体制不顺，巢湖污染治理问题一直没有得到根本改观。为了促进巢湖社会经济发展和理顺巢湖管理体制，2011 年原地级市所辖的一区四县被三市所分。

国务院最终批准巢湖拆分，除经济因素外，另一个重要的初心在于巢湖的治理。在区划调整之前，巢湖由合肥市、巢湖市两地划湖而治，污染治理方面政策难以得到统一，权责不清，污染外部性突出。区划调整后，设立巢湖管理局，统一管理和规划水利、环保、渔政等事物，有

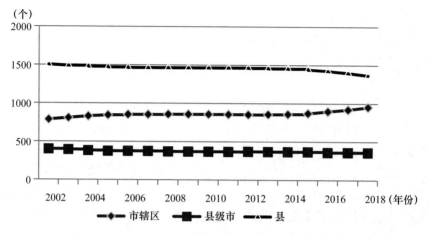

（个）

图1 中国2000—2018年县级及以上行政区划调整数

利于统一巢湖流域生态环保政策的实施，解决了由于两地环保部门执法不一造成的问题，减少了互相推诿扯皮现象，有利于加强巢湖流域的综合治理，增强可持续发展能力。加之合肥有更加雄厚的经济实力，理论上来说对巢湖污染治理有利。但也有学者持不同看法[35][36]，城市化、工业化以及行政区划调整对生态系统造成的强烈干扰，可能造成流域生态风险整体的恶化趋势，也对巢湖水环境的综合治理提出了挑战，大湖治理本就是世界性难题，合肥需要平衡好经济快速发展与巢湖污染治理之间的关系，合理管控巢湖流域产业布局和生态保护。

（二）环保属地原则与新水资源管理体制

中国环保系统采取的是"属地管理，分级负责"，一方面属地管理原则要求政府有关部门分别管理所辖区的环境问题，可以强化地方环境保护部门在本辖区内的环境监管权力和责任；另一方面，属地管理原则对与跨行政区的河湖来说则有弊端，各部门只负责本部门的效益，导致湖泊的综合规划难以全面实施。巢湖在撤销地级巢湖市之前是合肥市与巢湖市共同管理，采取了东西湖分治，导致了各部门只考虑本部门专业的湖泊开发利用规划，大部分的行政管理法规或办法无法得到有效实施，区域共同治理所带来的纠纷不可避免，污染治理难以到位。在撤销地级巢湖市之后，巢湖归合肥市独立管辖，相比之下避免了不同行政区域共同治理所带来的区域纠纷。因此，撤销地级巢湖市有利于合肥市制定有利于巢湖污染治理的独立的统筹规划，明确各级政府部门责任，综合规划、综合治理；另外，合肥市相对于地级巢湖市来说经济更加发达、城市功能更完善、基础设施更完备，有强大的经济背景为支撑，可以更加科学地分析研究巢湖环境承载力，为巢湖的污染治理带来更丰富的治理措施提供了可能性。

长期以来，地方政府的考核晋升制度一直是围绕经济增长（特别是工业增长）和财政收入进行的，GDP 增长率作为晋升制度的主要指标，导致各地方政府竞争加剧，不惜降低环境标准来发展经济。2014 年 4 月 24 日新修订的《环保法》的出台，对地方政府治理行政区内环境提出了新的要求，进一步明确了政府对环境保护的监督管理职责，对于履责缺位和不到位的官员规定了处罚措施。第六十九条规定，领导干部虚报、谎报、瞒报污染情况，将会引咎辞职。出现环境违法事件，造成严重后果的，地方政府分管领导、环保部门等监管部门主要负责人，要承担相应的刑事责任。新环保法也对企业提出了新的要求，提出超标即违法、违法即受处罚等十分严格的惩罚措施。具体为：对拒不改正的违法排污企业加大处罚力度，实行按日连续处罚，上不封顶；建设单位未经环保审批擅自开工建设的，可直接进行罚款等。新环保法的推行对企业及地方发展经济提出了硬的要求，有利于企业开展绿色生产，有利于地方政府在不牺牲环境的条件下发展当地经济，相信这也有利于巢湖治理的推进。

此外，政府确实逐步加大了治理巢湖的力度。"九五"时期至"十二五"时期，政府投入了大量资金治理巢湖污染问题，完成的项目个数也逐年增加①，其中"十二五"时期投入资金是"九五"时期的 4 倍之多（见表1）。《巢湖流域水污染防治条例》自 1998 年通过后，就不断进行修订，2014 年施行的已经是第 12 次修订的结果。虽然巢湖治理进展缓慢，但有针对性的文件对其治理不断提出新的标准。这有利于落实治理巢湖水污染的战略部署，完善制度，加大水污染防治力度，优化巢湖流域社会发展环境。区划调整确立了巢湖流域管理与行政区域管理相结合的管理体制，有利于从体制、机制和法制等各个方面，精心设计、整体推进，建立起名副其实的新体制，适合水资源可持续利用的要求。因此本文提出：

---

① "九五"项目多是小型项目，"十五"以后只统计项目投资达千万以上的项目，所以造成数量差别较大。

假设 I：行政区划的调整，理顺了巢湖的多头并管的管理体制，部分有利于巢湖水环境的改善。

表 1　　　　　　　　巢湖四个五年计划投入治理资金及项目数

时期	投入资金（亿元）	完成的项目个数（个）	污染治理完成情况
"九五"	25.8	超过 3000	工业废水治理进度缓慢，水质污染治理仍未达到目标
"十五"	30.3	26	污染物排放量并未达到计划目标
"十一五"	70.7	56	由于巢湖流域承接皖江城市带产业转移示范区的需要，工业废水和污染物产生量也增加 30% 以上，水环境风险防范压力增大
"十二五"	109	117	巢湖水质有所改善，但总体富营养化状况没有根本改观

资料来源：《巢湖流域水污染防治"十五""十一五""十二五"规划》《安徽省巢湖水环境治理总体方案》。

（三）地方发展与环境保护目标的选择冲突

地方政府过分关注 GDP 的增长速度，降低了在资源供给和环境标准上的门槛。地方政府为了提升自身竞争力，注重经济增长和城镇化发展，而相对忽视自然生态环境的承载能力，使得在环境管理和经济项目的审批、投资和运行中，想方设法逃避环境制度的规制。齐伟（2012）[37] 指出，合肥市城市规模的急剧膨胀引发了与周围城市在资源、环境和发展方面的矛盾，合肥市的城市规划显示未来合肥市的城市向南扩张，这必然与原辖区经济环境目标产生摩擦。合肥所辖面积一下子扩大了 4379 平方公里，形成"环绕巢湖、南接长江"的新发展格局，从行政区域上来看，合肥已经具备了成为区域性特大城市的条件，但在环境治理方面，合肥没有充分发挥行政区划调整带来的治理巢湖的利好。

在撤销地级巢湖市之后，合肥市获得了发展的地理空间，更加注重经济发展，巢湖治理只是辅助于工业发展。合肥近年来的迅速发展使得流域建设规模急剧加大、人口快速增长，生产生活不断积聚的污染已经远远超出了巢湖自身的承载能力。虽然形成污染的原因显而易见，但并未在近年环巢湖开发建设过程中引以为鉴。环保督查组曾指出，在巢湖流域经济社会快速发展的背景下，巢湖水污染呈好转趋势，但是《巢湖流域水污染防治条例》没有被很好地执行[38]。划分巢湖一、二、三级保护区是被称为"史上最严"法规的核心条款之一，但这项工作依然停留在基本原则的表述上，本应成为巢湖安全保护的安全底线被束之高阁。《巢湖流域水污染防治条例》能否被执行本质上来说是环保与发展产生冲突时谁让路的问题，巢湖的污染治理频频让路经济开发。

表 2 显示了巢湖总体上西半湖的营养状态要劣于东半湖和全湖，从综合营养状态指数上来看，数据变化不大，但在总体上并没有处于向好趋势。虽然合肥市投入了大量的资金，但现有巢湖治理偏重道路建设、河道整治等措施，涉及生态措施和社会措施等综合性措施较少，巢湖富营养状态没有得到根本性的改善。近年来水华高发，环保督查组通报的蓝藻数据凸显了其紧迫性，2015 年最大水华面积 321.8 平方公里，占全湖面积 42.2%，为近 8 年最高；2016 年水华最大面积为 237.6 平方公里，占全湖面积的 31.2%。因此，本文提出：

假说Ⅱ：政府在经济发展目标与巢湖治理目标间的摇摆，拖累了由于行政区划调整所带来的治理巢湖的利好，使得巢湖水环境治理进展缓慢。

表 2　　　　　　　　　　　2009—2016 年巢湖富营养化状态

年份	综合营养状态指数			营养状态		
	东半湖	西半湖	全湖	东半湖	西半湖	全湖
2009	52.3	64.8	60.1	轻度富营养	中度富营养	轻度富营养
2010	51.0	64.2	59.0	轻度富营养	中度富营养	轻度富营养
2011	52.3	63.7	59.5	轻度富营养	中度富营养	轻度富营养
2012	53.5	60.9	57.4	轻度富营养	中度富营养	轻度富营养
2013	52.2	60.0	55.8	轻度富营养	中度富营养	轻度富营养
2014	50.5	63.1	57.1	轻度富营养	中度富营养	轻度富营养
2015	50.6	62.8	57.2	轻度富营养	中度富营养	轻度富营养
2016	50.1	62.5	56.8	轻度富营养	中度富营养	轻度富营养

资料来源：《中国环境年鉴 2010—2017 年》、环保部地表水国控监测站的数据。

四 区划调整的环境效应

为了考察撤销地级巢湖市这一行政区划调整对大合肥地区巢湖水质状况的影响，通常采用反事实框架来进行分析，但由于各地市在决定环境治理的因素方面存在显著的差异，影响河湖水质的原因也错综复杂，即使不存在区划调整，经济增长状况及河湖水质状况也不尽相同，因此无法满足传统双重差分法个体事件趋势相同的假定。通过匹配法也无法找到各方面与大合肥地区相似但却没有进行区划调整的地区，各大湖由于地理、历史、地区发展等因素水质污染状况差异很大，无法匹配到与巢湖相似度很高的湖泊。因此本文采用 Abadie et al. （2003）[39] 提出的合成控制法（Synthetic Control Method），此方法的基本思路为：为了评估某事件的效应，首先构造"鲁宾的反事实框架"（Rubin's Counterfactual Framework），假想此地区未发生某事件会如何（反事实），并与事实上发生此事件的实际数据进行对比，两者之差就是"处理效应"。重点在于构造出各方面与受干预地区都相似却未受到干预的对比数据作为控制组，与受到干预的处理组进行对比分析。合成控制法在构造控制组时，不是选择一个或几个特定的相似地区作为对照，而是通过对所有相似地区的加权来构造出一个合理的控制组。控制组的各特征变量和处理组对应的特征变量在事件发生前十分接近，可以较好地拟合事件没有发生的状态，这样，反映的就是事件发生所带来的政策影响。合成控制法在构造反事实框架时的优点在于：（1）在考虑每个相似地区的加权比重来构造合理的控制组时，权重的选择是由数据决定的，并非是主观判断得出的；每个权重都代表了各个对象在构建控制组的贡献。（2）控制组中所有对象的权重之和为1，这避免了过分外推情况的发生。（3）合成控制法要求每个构成控制组的对象本身特征与处理地区足够相似，每个对象都是透明可见的，避免把差异较大的地区作为控制组对象所带来的误差[40]。

Abadie 和 Gardeazabal （2003）[38] 就利用西班牙未发生恐怖活动的其他地区的线性组合"合成巴斯克地区"作为发生恐怖活动的巴斯克地区的控制组，分析恐怖活动对西班牙巴斯克地区经济增长的影响。Abadie et al. （2010）[41] 使用美国其他州的组合作为实行了控烟法的加利福尼亚州的控制组，近似拟合出加州未实行控烟法情况下的人均烟草消费量，研究美国加利福尼亚控烟对人均烟草消费的影响。王贤彬和聂海峰

(2010)[4]运用合成控制法研究了设立重庆直辖市对重庆地区经济增长的影响，用其他省份通过加权作为四川区划调整的控制组。Abadie et al. (2015)[11]在设置处理地区西德，研究德国统一对西德人均 GDP 影响时，使用 16 个 OECD 国家作为西德的合成控制组。近年来，合成控制法的应用日益广泛，Billmeier 和 Tommaso（2013）[42]使用跨国数据研究经济自由化的增长效应，Bohn et al.（2014）[43]研究美国亚利桑那州"合法亚利桑那工人法"对该州非法移民的影响等。

　　首先将撤销地级巢湖市作为处理事件，评估其带来的对大合肥巢湖水质状况的影响。假设时间为 $t \in [1, T]$，区划调整的年份为 T_0，用 Y_{it}^N 表示地区 i 在 t 时刻未受到区划调整的影响，Y_{it}^I 为受到影响，则 $\alpha_{it} = Y_{it}^I - Y_{it}^N$ 就表示区划调整这一政策效应带来的影响。对于唯一一个受到影响的大合肥地区来说，当 $T_0 < t \leqslant T$ 时，即在撤销地级巢湖市之后，此时 $\alpha_{it} = Y_{it}^I - Y_{it}^N = Y_{it} - Y_{it}^N$。由于 Y_{it} 是合肥实际的状况，是一个可观测值，此时就转化为估计"反事实"量 Y_{it}^N 的值，即假设合肥地区没有进行区划调整的情况。

　　根据是否进行撤销地级巢湖市区划调整，将 $J + 1$ 个样本分为处理组地区（合肥地区）和对照组地区两组，使用 Abadie et al.（2010）提出的因子模型来合成 Y_{it}^N。构造合成控制的权重向量为：$w = (w_2, w_3, \cdots, w_{J+1})'$，其中 w_2 表示第 2 个地级市在合成控制中所占的比重，以此类推。对于任意给定的 w_J，可将合成控制地区的结果变量写为：

$$\sum_{J=2}^{J+1} w_J Y_{it}^N = \sigma_t + \theta_t \sum_{J=2}^{J+1} w_J Z_i + \lambda_t' \sum_{J=2}^{J+1} w_J \mu_i + \sum_{J=2}^{J+1} w_J \varepsilon_{it} \qquad (1)$$

其中 σ_t 表示撤销地级巢湖市这一行政区划调整的时间固定效应；Z_i 为可观测的向量，其对 Y_{it}^N 的作用随时间变动而变，是独立于撤销巢湖地级市之外的外生控制变量；θ_t 是一个未知参数向量；$\lambda_t' \sum_{J=2}^{J+1} w_J \mu_i$ 为不可观测的"互动固定效应"；λ_t' 为不可观测的共同因子向量；μ_i 是不可观测的地区固定效应；ε_{it} 是随机扰动项。

　　当干预期数 T_0 趋于无穷大时，应该存在唯一最优的 w^* 使得合成控制变量是渐进无偏的（Asymptotically Unbiased），但在现实中无法达到此理想状态，通常根据近似解来使得合成控制的不可观测特征接近于处理组。Abadie et al.（2010）证明，$t \leqslant T_0$ 时，若找到 w 使得 $Z_1 \approx \sum_{J=2}^{J+1} w_J Z_i$

并且 $Y_{1t} \approx \sum_{J=2}^{J+1} w_J Y_{it}^N$，则也会有 $\mu_1 \approx \sum_{J=2}^{J+1} w_J \mu_i$，使得合成合肥的效应随之变化路径尽可能地近似于撤销地级巢湖市之前合肥实际的增长路径。在根据区划调整前数据求解得到权重矩阵之后，可将 $\sum_{J=2}^{J+1} w_J Y_{it}^N$ 作为 Y_{it}^N 的无偏估计量，由此得到 α_{it} 的无偏估计量，即：

$$\hat{\alpha}_{it} = Y_{it}^I - Y_{it}^N = Y_{it} - \sum_{J=2}^{J+1} w_J Y_{it}^N \quad (2)$$

其中，$\hat{\alpha}_{it}$ 表示撤销巢湖地级市这一区划调整所带来的环境及经济效应，若 $\alpha_{it} > 0$ 则表示区划调整带来的效应为正；若 $\alpha_{it} < 0$，则表示区划调整带来的效应为负。

本文的数据样本主要分为两部分，环境数据及经济数据。其中环境数据来源于环保部地表水国控监测站的周频率的数据，重新整理成年平均数据，并与监测点所在的地市的经济社会数据进行匹配。由于合成控制法要求完全平衡的面板数据，所以删除了部分缺失样本，最后形成了涵盖四类水质数据和六类社会经济指标共 70 个样本的面板数据集。对于合肥及其他地市的对照组数据，使用 2004—2016 年的地级市面板数据来分析撤销地级巢湖市这一事件对合肥产生的效应，因此使用了不包括香港、澳门及台湾的地级市数据，经济数据来自《中国城市统计年鉴》及各省区市统计年鉴。为了保证合成对照组与合肥特征足够接近，删除了缺失严重的西藏地区数据、进行了地级区划调整的地级市数据，除巢湖市外的其他省内范围的区划调整均不包括在样本内。表 3 给出了基本的样本描述性统计结果，其中包括环境数据及部分经济数据的描述性统计结果。

表 3   **数据样本描述性统计**

变量	变量含义	观测数	均值	标准差	最小	最大
$codmn$	生化需氧量	910	4.9255	9.2121	0.8412	132.4935
do	溶解氧	910	7.6759	1.7128	0.3622	12.9021
nh_3n	氨氮	910	0.8258	1.9252	0.0276	24.1183
nph	净 pH 值（pH 与 7 差的绝对值）	910	0.7054	0.3951	0.0031	2.0786
lny	地市 GDP 对数	910	6.8041	1.0909	3.6720	9.6460
$lnpy$	人均 GDP 对数	910	10.1572	0.7911	8.0356	12.0288
$urate$	城市化率	910	53.4747	15.7986	19.9961	94.6300

续表

变量	变量含义	观测数	均值	标准差	最小	最大
lnpd	人口密度对数	910	5.9325	0.7753	3.0540	7.0582
$industry$	工业化率%	910	43.3447	11.7010	11.0108	83.7707
lnagr	第一产业 GDP 对数	910	4.8177	0.9428	0.9973	6.3938
ln y_2	第二产业 GDP 对数	3080	6.0416	1.0785	1.2141	8.8829
$second$	第二产业 GDP 比重	3080	49.4137	10.8866	9.0000	90.9700
$third$	第三产业 GDP 比重	3080	36.3191	8.4494	8.5800	85.3400
ln$l$	劳动力数量	3080	5.2643	0.7119	2.3627	7.4427
$labpercent$	劳动力比重	3080	57.6016	9.7829	17.4469	95.4582
lnpop	城市人口	3080	5.8312	0.6653	2.9014	8.0117
lnfix	固定资产投资	3080	6.1287	1.0097	3.3841	9.4089
ln$area$	城市面积	3080	9.3550	0.8213	7.0148	12.4426

五　区划调整环境效应的机制探讨

上述研究中，巢湖区划调整对巢湖水质的影响出现了 COD 和 DO 指数恶化与 NH_3N 指数改善的矛盾，虽然印证了本文的两个基本判断，但也对其形成造成困扰。以下部分从区划调整的经济影响、产业结构及深层次问题等做进一步分析，以示简略地加以解释。

NH_3N 的下降可能主要是由于工业的发展挤占农业发展导致的，产业拓展、城市建设、房地产开发等一系列的产业扩张都使得农业生产出现一定程度的挤压，农业的压缩可以在历年化肥及农药销售量上体现出来，见图 2。

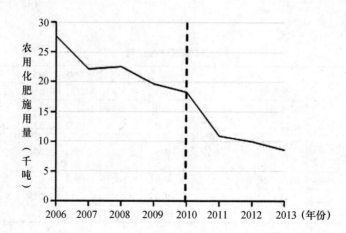

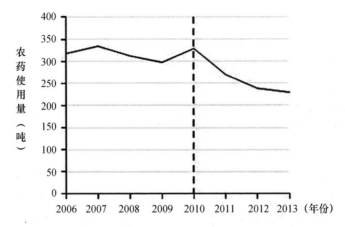

图2　合肥市市辖区农用化肥施用量及农药使用量

资料来源：《安徽省统计年鉴》2006—2013年。

合肥市市辖区的化肥施用量、农药使用量在 2011 年进行区划调整后出现了明显的下降。虽然合肥市市辖区的农用化肥使用量从 2006 年起一直处于下降趋势，但是在 2011 年的下降幅度更大，达到 40.12%；农药使用量在 2006—2010 年一直处于 300 吨附近，在 2011 年呈现出较大幅度的下降，达到 18.23%，此后一直处于下降态势。从化肥及农药的使用量可以侧面推断出农业规模的缩减，农业生产发展被工业发展所挤占，因此导致了 NH_3N 指数的下降。

COD 及 DO 指数的恶化可能与工业及城镇化的快速发展有关，加之没有合理程度的污水处理，生活污水与工业污水在未得到有效处理的情况下大量排放，使得巢湖入湖污染量增加。巢湖主要入湖的河流水质长期为劣 V 类，多处污水处理厂没有按时建成导致生活污水直排；主要支流污水处理率低，处理设施没有发挥应有效益等。巢湖的主要入湖河流，其主要污染物来自城市污水、地表径流、污水处理厂及流域内机械制造、电镀行业废水等[44]。巢湖 COD 和 DO 指数在区划调整之后发生的恶化与撤销地级巢湖市后，合肥市进行的密集的城镇化及工业化建设紧密相关。

总结起来，在区域调整后巢湖治理缓慢的原因，可概括如下：

1. 从发展空间上，城镇化建设挤占了生态用地，存在大量违法违规建设

中央督察组文件中提到，作为拓展的城市空间，合肥市侵占大量生

态用地用作商业开发、旅游开发、城市建设。巢湖水环境一级保护区内，违法审批和建设一大批商业和地产项目，损毁了防浪林台，水生植物被彻底破坏，完全丧失生态功能；合肥市在巢湖水环境及保护区内以生态修复之名，行旅游开发之实，将连成一片的湿地从中隔断，违规围占湖面进行旅游开发，生态湿地的破坏降低了湖泊的自我生态修复功能，减慢了湖泊的自我恢复速度。

2. 巢湖管理体制依然没有理顺

由于财权与事权不匹配，巢湖管理局一直无法执行相关治理措施。2012 年设立的对巢湖进行专门管理的机构——巢湖管理局目的是对巢湖进行统一的保护监管，但由于管理体制长期没有理顺，职能交叉，权责不清，导致监管不力，工作滞后，体制优势并没有得到发挥。除了存在体制问题外，巢湖管理局成立以来，未落实其环境保护职责，并且对于巢湖流域内侵占湖面、破坏湿地等问题没有纠正，对环境敏感区域内大量违法建设问题没有查处。这缘于事权与财权不统一造成的，巢湖管理局从制度上具有保护巢湖的职能，但在现有的管理体制下无法完成事务管理和巢湖治理的功能。

3. 地方政府目标管理考核中，偏重经济而忽视环境，导致环境条例及治污工程没有按期实施

2016 年，安徽省政府对各地级市目标管理考核权重做了调整，经济发展权重由上一年的 14.6%—22.3% 上升到 27.5%—32.5%，但生态环境类指标考核权重却由上年的 14.6%—22.3% 下降到 13.5%—20.5%。政绩导向的偏差问题导致了在经济发展与环境保护方面，相关机构更加倾向于经济发展，忽视环境保护问题。《巢湖流域水污染防治条例》有关要求基本没有得到落实；在 2013 年立项的十五里河污水处理厂三期工程迟迟没有建成，导致每日约 6 万吨生活污水直排巢湖。巢湖水污染治理问题通常会置于经济发展问题之后，这会影响经济的可持续发展，增加对环境的压力，导致水质得不到改善。

4. 此外，非营利组织作用弱小，社会公众参与度较差也是巢湖治理中不可忽视的因素

借鉴国外大湖治理的经验，社会公众的积极参与是湖泊水污染治理能够取得良好效果的重要原因之一。社会公众通过多种多样的方式和方法参与到污染治理中，不仅参与水污染治理政策的制定，还能最真实、及时地掌握湖泊生态环境变化状况，并树立起自身保护湖泊的意识，从

身边小事做起保护生态环境。日本琵琶湖和北美五大湖的成功治理中，非营利组织和社会公众在水污染防治中发挥着重要的作用。政府在湖泊污染治理中始终占据主导地位，但是单纯依靠政府还不足以解决水污染问题，这需要企业、非营利组织、社会公众等治理主体均发挥作用，建立合理的治理合作机制，一致行动，协力治理。

六　结论及政策建议

行政区划的调整会带来不同的社会、经济以及环境效应，以往的文献更多地关注了区划调整所带来的经济效应，而忽视了环境效应。地级巢湖市的拆并使得原有合肥与巢湖"划湖而治"的环境分治模式得以打破，从长远观察更有利于巢湖的环境治理。本文使用环保部河湖国控水质监测点数据，利用合成控制法（SCM）识别了行政区划调整对巢湖水质的政策效果。研究发现，区划调整后部分水质指标（NH_3N）确实得到了缓解，下降30%左右；但主要的污染指标如 COD 和 DO 都不同程度地恶化了，特别是 COD 浓度上升约25%。进一步地排除直辖市的影响，对比政策影响前后的标准均方预测误差以及使用安慰剂检验都证实了结果的稳健性，说明巢湖拆并的环境政策效果并不尽如人意。本文进一步讨论了经济效果以及工业扩张的效应，结合环保督察结论，分析得到引起这些变化的原因包括快速地拓展城镇空间、巢湖管理体制不完善、官员政绩考核偏重经济等。研究具有重要的政策启示：

（一）回归行政区划调整的政策"初心"

地级巢湖市之所以被反复拆并，一个主要的原因是巢湖的治理：2011 年之前，巢湖与合肥划湖而治，管理体制一直不顺畅，巢湖成为五大淡水湖中治理效果最不尽如人意的。中央下大决心通过拆并地级巢湖市理顺巢湖管理体制，达到环境治理与经济发展齐头并进的良好局面。因此，必须回归区划调整的原点，重新强调和理顺治理机制，才能达到政策目的。

（二）深刻把握高质量发展的核心，摒弃传统的经济先行的发展理念

要发展，也要"绿水青山"，两者辩证统一，不是对立关系，绝不能习惯性地在经济增长和环境治理上摇摆。另外，要理顺巢湖流域环境

监管权责，优化环境监管和行政、执法职能配置，确定巢湖管理局职责并优化其事权与财权结构，建立统一合理的巢湖管理治理体系。保证已有政策的落实，增强巢湖管理局的保护及监管实施力度，将责任落实到各个部门。

（三）强化精准治理和问责机制

针对过往巢湖治理粗放特征，要细化巢湖流域的治理目标，通过"精耕细作"重点解决突出问题，解决"广种薄收"的难题。建立多部门协调、联动有序的治理机制，鼓励公众和第三方机制的介入和参与，提升治理的执行效能。最后是强化问责机制，习近平总书记多次强调"实践证明，生态环境保护能否落到实处，关键在领导干部"。"针对决策、执行、监管中的责任，明确各级领导干部责任追究情形"，"要落实领导干部任期生态文明建设责任制，实行自然资源资产离任审计"。"对造成生态环境损害负有责任的领导干部，不论是否已调离、提拔或者退休，都必须严肃追责"，"决不能让制度规定成为没有牙齿的老虎"[45]。

参考文献

[1] 周振鹤：《行政区划史研究的基本概念与学术用语刍议》，《复旦学报》（社会科学版）2001 年第 3 期。

[2] Boyne, G., "Population Size and Economies of Scale in Local Government", *Policy and Politics*, No. 3, 1995.

[3] 赵聚军：《行政区划调整如何助推区域协同发展？——以京津冀地区为例》，《经济社会体制比较》2016 年第 2 期。

[4] 王贤彬、聂海峰：《行政区划调整与经济增长》，《管理世界》2010 年第 4 期。

[5] 龙文滨、胡珺：《节能减排规划、环保考核与边界污染》，《财贸经济》2018 年第 12 期。

[6] 周素红、吴智刚：《快速城市化地区跨行政边界的城市增长模式探析》，《城市发展研究》2009 年第 6 期。

[7] Wagenaar, D. A. and C. Adami, "Influence of Chance, History, and Adaptation on Digital Evolution", *Artificial Life*, No. 10, 2004.

[8] 李金龙、雷娟：《国外大都市区治理模式及其对中国的有益启示》，《财经

问题研究》2010 年第 8 期。

[9] Downey, T. J. , R. J. Williams. "Provincial Agendas, Local Responses: The Commonsense Restructuring of Ontario's Municipal Governments", *Canadian Public Administration*, No. 2, 1998.

[10] Redding, S. J. , M. D. Sturm, *The Costs of Remoteness: Evidence from German Division and Reunification*, LSE STICERD Research Paper, 2008.

[11] Abadie, A. , A. Diamond, "J. Hainmueller. Comparative politics and the synthetic control method", *American Journal of Political Science*, Vol. 59, No. 2, 2015.

[12] 陈钊:《地级行政区划调整对区域经济发展的影响——以四川省为例》,《经济地理》2006 年第 3 期。

[13] 高琳:《大都市辖区合并的经济增长绩效——基于上海市黄浦区与南市区的合并案例研究》,《经济管理》2011 年第 5 期。

[14] 罗玉波、张静:《山东省行政区划调整对地区经济增长的影响》,《青岛科技大学学报》(社会科学版) 2017 年第 2 期。

[15] 白小虎:《城市化进程中行政区划调整与城市产业空间变迁——以浙江省杭州市为例的实证研究》,《中国软科学》2008 年第 9 期。

[16] 赵培红、孙久文:《城市型社会背景下的城镇化:他国的经验与中国的选择》,《城市发展研究》2011 年第 9 期。

[17] 张尔升:《行政区划调整与区域差距——以海南建省为例》,《经济与管理研究》2012 年第 1 期。

[18] 范毅、冯奎:《行政区划调整与城镇化发展》,《经济社会体制比较》2017 年第 6 期。

[19] 周伟林、郝前进、周吉节:《行政区划调整的政治经济学分析——以长江三角洲为》,《世界经济文汇》2007 年第 5 期。

[20] 罗震东:《改革开放以来中国城市行政区划变更特征及趋势》,《城市问题》2008 年第 6 期。

[21] 高玲玲、孙海鸣:《行政区划调整如何影响区域经济增长——来自中国地级以上行政区划调整的证据》,《经济体制改革》2015 年第 5 期。

[22] Becker, R. , H. Vernon, "Effects of Air Quality Regulations on Polluting Industries", *Journal of Political Economy*, Vol. 108, No. 2, 2000.

[23] Wolfgang K. , L. Arik, "Pollution Abatement Costs and Foreign Direct Investment Inflows to U. S. States", *Review of Economics and Statistics*, Vol. 84, No. 4, 2002.

[24] List, J. A. , D. L. Millimet, W. W. McHone, "Effects of Air Quality Regulation on the Destination Choice of Relocating Plants", *Oxford Economic Papers*,

Vol. 55，No. 4，2003.

[25] 沈坤荣、金刚、方娴：《环境规制引起了污染就近转移吗?》，《经济研究》2017 年第 5 期。

[26] Duvivier，C.，H. Xiong，"Transboundary Pollution in China：A Study of Polluting Firms' Location Choices in Hebei Province"，*Environment and Development Economics*，Vol. 18，No. 4，2013.

[27] Hongbin Cai，Yuyu Chen，Qing Gong，"Polluting the neighbor：Unintended consequences of China's pollution reduction mandates"，*Journal of Environmental Economics and Management*，Vol. 76，No. 1，2016.

[28] 陈国阶：《环境区划若干问题探讨》，《环境科学》1993 年第 3 期。

[29] 谢涤湘、文吉、魏清泉：《"撤县（市）设区"行政区划调整与城市发展》，《城市规划汇刊》2004 年第 4 期。

[30] 张惠远：《我国环境功能区划框架体系的初步构想》，《环境保护》2009 年第 2 期。

[31] Skinner，G，W.，"Marketing and Social Structure in Rural China"，*Journal of Asian studies*，1964 – 1965.

[32] 张莉：《1997 年以来我国城市行政区划调整的特征与影响》，《中国城市规划学会·城乡治理与规划改革——2014 中国城市规划年会论文集（规划实施与管理)》2014 年。

[33] 浦善新：《中国行政区划改革研究》，商务印书馆 2006 年版。

[34] 殷洁、罗小龙：《从撤县设区到区界重组——我国区县级行政区划调整的新趋势》，《城市规划》2013 年第 6 期。

[35] 聂隽、陈红枫、程娜、吴磊：《区划调整后巢湖水污染治理的机遇与挑战——基于排污权交易的巢湖水质管理研究》，《经济研究导》2013 年第 3 期。

[36] 黄木易、何翔：《近 20 年来巢湖流域景观生态风险评估与时空演化机制》，《湖泊科学》2016 年第 4 期。

[37] 齐伟：《"三分巢湖"的成因及影响分析》，《重庆科技学院学报》（社会科学版）2012 年第 4 期。

[38] 高敬、杨丁淼：《中央环保督察组：安徽省巢湖流域水环境保护形势严峻》，http：//www. gov. cn/hudong/2017 – 07/30/content_ 5214708. htm.

[39] Abadie，A.，J. Gardeazabal，"The Economic Costs of Conflict：A Case Study of the Basque Country"，*American Economic Review*，Vol. 93，No. 1，2003.

[40] Temple，J.，"The New Growth Evidence"，*Journal of Economic Literature*，No. 1，1999.

[41] Abadie，A.，A. Diamond，J. Hainmueller，"Synthetic Control Methods for

Comparative Case Studies：Estimating the Effect of California's Tobacco Control Program"，*Journal of the American Statistical Association*，Vol. 105，No. 490，2010.

[42] Billmeier, A.，N. Tommaso， "Assessing Economic Liberalization Episodes：A Synthetic Control Approach"，*The Review of Economics and Statistics*，Vol. 95，No. 3，2013.

[43] Bohn, S.，L. Magnus，R. Steven，"Did the 2007 Legal Arizona Workers Act Reduce the State's Unauthorized Immigrant Population?"，*The Review of Economics and Statistics*，Vol. 96，No. 2，2014.

[44] 王秀、王振祥、潘宝、周春财、刘桂建：《南淝河表层水中重金属空间分布、污染评价及来源》，《长江流域资源与环境》2017 年第 2 期。

[45] 中共中央文献研究室编：《习近平关于社会主义生态文明建设论述摘编》，中央文献出版社 2017 年版。

第四篇　环境保护与资源利用

中国资源利用政策体系研究[*]

一 背景

自然资源是自然界中可以用于生产或消费等经济活动、产生生态价值或经济价值的自然资产[1][2]。很多自然资源是不可再生的，具有资源供给相对于需求的相对稀缺性。与此同时，自然资源是生态系统的重要组成部分，支撑着生态系统功能的正常运行。随着现代经济社会的快速发展，人类对物质资源的消耗大量增加，不可再生资源不断减少，人类可持续发展受到物质资源供给和环境容纳能力的双重挑战，经济活动的资源和生态可持续性日益重要。为了实现资源和生态的可持续性，在自然资源开采、加工、供给、消费和再生循环利用的过程中，必须重视资源高效利用、提高资源利用效率。转变资源利用方式、提高资源利用效率已成为中国建设生态文明、实现绿色发展的必要路径。

21世纪以来，中国在国家层面上开展了资源高效利用政策体系建设，在全国和地方层面上制定和实施了相关制度和政策。在不断推进资源节约高效利用的过程中，相关制度和政策不断创新、调整和深化并逐渐体系化，目前已经形成了较为完善的资源高效利用政策体系，显著提升了中国的资源利用效率。目前中国的资源利用效率还存在很大的提升空间。为实现经济高质量发展和建设生态文明，中国需要更加积极地贯彻"节约、集约、减约"的资源利用理念，进一步促进资源的高效利用。这对于中国资源高效利用政策体系的全面构建和完善提出了新的更高的要求。

为此，本文将总结中国自21世纪以来不断建立完善的资源高效利

* 本文作者为王红（中国社会科学院数量经济与技术经济研究所、中国社会科学院环境与发展研究中心，副研究员）。

用制度政策，客观评价制度政策的实施效果，针对存在问题和面临挑战，提出未来提高资源利用效率的政策建议。自然资源有矿产和能源资源、土地资源、水资源和生物资源等几大类，本文讨论的主要是土地资源、水资源和生物资源之外的物质性资源，即矿产和能源资源。

二 资源高效利用政策框架和施政领域

资源高效利用政策体系围绕着提高资源利用效率的核心目标而建立。资源利用效率的提高主要依靠两个层面。一是对物质资源在时间、空间、利用方式和各种用途间进行合理分配，提高全社会的资源配置效率。二是通过技术与管理手段，提高资源在开采、加工、使用及循环利用过程中的技术效率[3]。资源高效利用政策的基本框架是以法规条例为制度基础，在制度基础上为实现特定目标制定具体的行政、经济和技术政策，从而形成提高资源配置效率和资源利用技术效率的资源高效利用政策体系。

（一） 制度基础

制度由一系列规制或行为规范组成，是社会组织进行约束和引导，相对较长时期内不能由执行者随意变动的规则和规范体系。法律是制度的重要组成部分，中国涉及资源利用效率的法律主要是《矿产资源法》《资源税法》《节约能源法》和《循环经济促进法》。

在相关法律的基础上，中央和地方政府发布行政性法规、条例、意见、通知等，作为行政性规章制度在实践中对相关法律的补充，对提高资源效率起着重要的作用。中央政府制定的一些基础性制度文件提出了国家当前的发展思路和发展道路，具有十分重要的规范指导意义。规划作为政府对未来发展的一种前瞻性谋划和战略性安排，是全社会共同的行动纲领、引导资源配置的工具和政府施政的依据。这些制度性文件也在制度基础的范畴内进行讨论。

（二） 政策体系

政策是政府部门为了实现制度设定的目标，在制度框架下实施的各种行政、经济和技术措施的综合，根据情况变化可由政策的制定者进行调整变化。政府的政策工具主要有三类，分别为激励性政策、指导性技术类政策和限制与禁止性政策。

（三）施政领域

提升资源利用效率，必须坚持"节约、集约、减约"的理念，遵循全生命周期的特点，在资源开采、加工、供给、消费和废旧资源循环利用各环节促进资源高效利用，以最少的资源消耗获得最大的经济、社会和环境收益。在具体的施政过程中，政府为了提高管理的便捷性、可操作性和效率，主要在三大领域进行分工协作，分别为矿产资源开采、能源节约和循环经济。这三个领域是 21 世纪以来中国资源高效利用的重点施政领域。以下对中国提高资源利用效率制度政策的梳理主要针对这三个领域。

三　资源利用制度和政策

（一）中央政府基础性制度文件

制度建设要按照党的意志，符合党和人民群众根本利益，遵循国家提出的发展思路和发展道路，这是中央政府基础性制度文件的重要功能。有关资源高效节约利用、资源效率提高的中央政府基础性制度文件主要有以下几个。2005 年中国接连发布了三个极其重要的文件：6 月 27 日国务院《关于做好建设节约型社会近期重点工作的通知》，首次把资源利用效率提升到经济可持续发展的高度，提出以提高资源利用效率为核心，以节能、节水、节材、节地、资源综合利用和发展循环经济为重点，以资源高效和循环利用促进经济社会可持续发展。7 月 2 日国务院《关于加快发展循环经济的若干意见》，提出中国必须大力发展循环经济，按照"减量化、再利用、资源化"原则，建设资源节约型和环境友好型社会。10 月 11 日中共中央《关于制定国民经济和社会发展第十一个五年规划的建议》，首次提出要把节约资源作为基本国策。2015 年 5 月 5 日，中共中央、国务院发布了《关于加快推进生态文明建设的意见》，提出继续坚持节约优先的基本方针，以最少的资源消耗支撑经济社会持续发展，高效循环利用资源，形成节约资源的空间格局、产业结构、生产方式。2020 年年底，党的十九届五中全会通过的《中共中央关于制定国民经济和社会发展第十四个五年规划和二〇三五年远景目标的建议》，提出要贯彻"节约、集约、减约"的理念，推进资源总量管理、科学配置、全面节约、循环利用，提高矿产资源开发保护水平，全面提高资源利用效率。这几个重要的中央政府基础性制度文件，显著提升了资源节约高效利用在经济社会可持续发展和生态文明建设中的作用，为具体的政策制定和实施提供了明确的方向和思路。

（二）法律性制度

资源高效利用的法律性制度自上世纪末起才逐步建立和完善。主要包括《矿产资源法》《资源税法》《节约能源法》和《循环经济促进法》，涵盖了资源开采加工、利用和回收综合利用等资源利用环节。

《矿产资源法》于 1986 年通过，先后于 1996 年、2009 年和 2020 年修订。随着《矿产资源法》的修订和完善，矿产资源开发、保护与合理节约利用的重要性逐渐增加。2020 年修订的《矿产资源法》建立健全了矿产资源开发规划、准入、激励、监管、考核等机制和办法，已经形成了覆盖勘查、评价、开发、闭坑全过程的矿产资源节约与综合利用制度体系。

1984 年中国针对煤炭、石油和天然气开始设置资源税，1994 年起实行的《资源税暂行条例》扩大了资源税的课税范围。自 2010 年起先后对原油、天然气、煤炭、稀土、钨、钼 6 个品目实行了清费立税、从价计征改革试点，拓宽了征税覆盖面，提高了税负水平。2011 年修订了《资源税暂行条例》并制订了《资源税暂行条例实施细则》，规定了征税范围和税率标准。2019 年正式通过了《资源税法》，将资源税改革全面推进到所有矿产品，统一规范了资源税征收制度。《资源税法》规定资源税从价计征或从量计征，对有利于促进资源节约集约利用、开采共伴生矿、低品位矿、尾矿等情形，免征或减征资源税。这些规定促进了矿产资源开采过程中资源利用效率的提升。

《节约能源法》于 1997 年通过，该法律把节能作为国家一项长远的战略方针。2007 年第一次修订把节能提升到了基本国策的位置，细化了节能规定，扩大了节能领域，健全了节能标准体系和监管制度，规定了政府作用和市场引导相结合的激励措施，将节能纳入地方政府考核评价。2018 年第二次修订突出了节能的发展战略地位，健全了节能标准体系和监管制度，强调了节能标准的作用，对列入推广目录的节能技术和产品实行税收优惠，同时又规定强制性的节能管理措施和处罚办法。

《节约能源法》的两次修订，把节能从"一项长远战略方针"升级到"基本国策"，明确了节能执法主体，强化了节能法律责任。

《循环经济促进法》于 2009 年施行，之后于 2018 年修订。该法是一部行政法性质的综合性法律，其目的是促进政府、经济主体和消费者采取行动，提高资源利用效率和资源循环利用。《循环经济促进法》提出了一系列规范性制度和激励惩罚性，包括循环经济规划制度、部门和企业监督管理制度、分类收集和资源化利用制度、法律责任追究制度等，并提出了财政税收激励政策等。2018 年对《循环经济促进法》的修订，延续了对循环经济发展的支持力度，强化了税收优惠政策。

（三）行政性规章制度

在上述有关法律框架下，中央政府制定和发布了多项行政性法规、条例、意见、通知等。这些行政性规章制度在实践中是对相关法律的补充，主要涉及当时资源利用管理中亟须优先解决的一些领域。

在矿产资源开发方面，1987 年国务院发布了《矿产资源监督管理暂行办法》，1994 年制定了《中华人民共和国矿产资源法实施细则》，细化了资源节约集约开发利用的法律规定。2012 年，国土资源部印发《关于推广先进适用技术提高矿产资源节约与综合利用水平的通知》，建立了先进适用技术推广目录发布制度，制定了重要矿种"三率"最低指标要求，设定了矿产资源节约与综合利用的"红线"。从 2012 年起，国土资源部陆续制定并颁布了 46 种重要矿产的"三率"标准，完善了"三率"动态监测制度和矿产资源节约与综合利用评价指标体系。2016 年，国土资源部发布了《关于推进矿产资源全面节约和高效利用的意见》，国土资源部、国家发展和改革委员会、工业和信息化部、财政部、国家能源局发布了《矿产资源开发利用水平调查评估制度工作方案》；系列批次的《矿产资源节约与综合利用先进适用技术推广目录》也先后发布。近年来行政性规章制度进一步完善，如 2019 年发布了《关于推进矿产资源管理改革若干事项的意见（试行）》《关于全面开展矿产资源规划（2021—2025 年）编制工作的通知》《关于统筹推进自然资源资产产权制度改革的指导意见》等多项重要文件。这些行政性规章制度对矿产资源高效开发的引导和推动作用日益加大。

资源税方面的行政性规章制度建立较晚。2019 年《资源税法》公布后，2020 年国家发布了三个公报，分别为《关于资源税有关问题执行口径的公告》《关于继续执行的资源税优惠政策的公告》和《关于资源税征收管理若干问题的公告》，各省按实际情况制定实施办法。目前已形成了"一部税法＋三个公告＋各省实施办法"的资源税行政性规章制度体系，将为促进资源节约集约利用发挥重要作用。

在能源节约方面，1997年《节约能源法》颁布以后，中国针对居民用电、建筑节能、社会能源消费节约、工业行业节能改造、交通节能、节能服务等节能领域，先后出台了多项节能的行政性规章制度。重点包括：2000年《节约用电管理办法》《民用建筑节能管理规定》（于2006年修订）；2001年《夏热冬冷地区居住建筑节能设计标准》；2005年《关于发展节能省地型住宅和公共建筑的指导意见》《关于做好建设节约型社会近期重点工作的通知》《国务院关于加强节能工作的决定》；2007年《节能技术改造财政奖励资金管理暂行办法》；2010年《关于加快推行合同能源管理促进节能服务产业发展的意见》《合同能源管理项目财政奖励资金管理暂行办法》；2011年《交通运输节能减排专项资金管理暂行办法》、完善修订的《节能技术改造财政奖励资金管理办法》；2012年《节能减排财政政策综合示范城市奖励资金管理暂行办法》；2013年《关于加快发展节能环保产业的意见》《关于加强工业节能监察工作的意见》等；2016年《能源效率标识管理办法》；2018年《重点用能单位节能管理办法》等。目前，中国各个节能领域的行政性规章制度日趋完善，覆盖面拓宽。20多个省、自治区、直辖市结合本地区实际，颁布实施了节能条例或办法。

在循环经济方面，自2009年《循环经济促进法》颁布实施以来，国务院有关部门制定了60多项促进循环发展、资源综合利用的法规和政策，多省市出台了循环经济（促进）条例，为地方依法有序快速推动循环经济发展提供了法制保障[4]。促进循环经济发展的行政性规章制度目前已细化到具体的废弃物种类、资源综合利用方式和产业发展模式。比如，国家各部委针对塑料袋使用处理和限制、废弃电器电子产品回收处理、废旧家电以旧换新和循环利用、秸秆等农林废弃物综合利用、餐厨废弃物资源化利用、城市矿产示范基地建设、大宗工业固体废弃物循环利用、园区循环化改造、再制造等领域，发布了很多管理条例、办法、通知、意见等，对中国循环经济发展提供了明确的指导和积极的动力。

（四）发展规划

为了实现资源节约集约利用、提高资源效率，国家在各阶段《经济社会发展五年规划纲要》都列出专门章节，针对资源节约布置了重要任务和重点工作。"十一五""十二五"和"十三五"规划提出和延续了节约资源的基本国策，重点开展资源能源节约和循环高效利用，提出了单位 GDP 能耗累计降低幅度的指标。"十三五"规划更是从总体改善生态环境质量的角度，强调大幅提高能源资源开发利用效率，在单位 GDP能耗累计降低约束性指标以外，还增加了有效控制能源消耗总量的目标。

国家各阶段的专项规划对矿产资源开发、节能和循环经济工作做了细致的计划。在矿产资源开发方面，《全国矿产资源规划（2008—2015年)》重视矿产资源节约与综合利用，提出提高矿产资源开发水平，形成有利于节约资源的资源开发利用模式。《全国矿产资源规划（2016—2020 年)》加强了矿产资源的量化管理，提出了矿产资源产出率提高15%的预期性指标。

在节能方面，从 2007 年始，国家共发布了四个阶段的《节能减排综合性工作方案》，使中国的节能政策有了连续性、稳定性和开拓性。各阶段《节能减排综合性工作方案》提出了节能重点任务、激励政策和保障机制，极大地推动了中国的能源节约行动。"十二五"时期以来，中国还制定了多部节能专项规划，比如《工业节能"十二五"规划》《节能环保产业"十二五"发展规划》《公共机构节约能源资源"十三五"规划》《能源发展"十三五"规划》《"十三五"全民节能规划》《建筑节能与绿色建筑发展"十三五"规划》等，为各领域能源节约提供了更为清晰的路径。

在循环经济方面，依据《循环经济促进法》，国家"十一五""十二五"和"十三五"规划将发展循环经济作为其中的重要一章，奠定了规划期间国家大力发展循环经济的基础。按照《循环经济促进法》的要求，各省区市都制定了本地区循环经济发展规划。2013 年国务院颁布了《循环经济发展战略及近期行动计划》，对中国各产业、城市与农村、工业园区、企业、重点领域等发展循环经济的模式与技术路径都进行了较为全面的规划设计，对与循环经济发展相关的城市建设、交通、生活等领域协同发展循环经济的路径也进行了部署，设立了发展循环经济的

"十百千行动计划"，提出了发展循环经济的系统性保障措施[4]。2017年国家发展和改革委等 14 个部委联合印发了《循环发展引领行动》，提出树立节约集约循环利用的新资源观，形成资源循环利用制度体系。另外还按废弃物资源类型制定了专项规划，如《"十二五"资源综合利用指导意见和大宗固体废物综合利用实施方案》、"十二五"和"十三五"《农作物秸秆综合利用实施方案》等。

（五）具体政策

资源高效利用政策主要有三种类型，一是政府的正向激励性政策，二是政府倡导的指导性技术类政策，三是限制和禁止性政策。2000 年以来已经实施的主要政策如下。

1. 激励性政策

（1）政府采购政策

政府采购政策是一种重要的激励性政策。中国已采取的政府采购政策包括节能产品政府采购、循环经济产品优先采购等。2004 年国家财政部出台了关于《节能产品政府采购实施意见》，鼓励优先采购节能产品。2007 国务院办公厅《关于建立政府强制采购节能产品制度的通知》提出，在政府优先采购节能产品的基础上，选择部分节能效果显著、性能比较成熟的产品，予以强制采购。2019 年财政部、国家发展改革委、生态环境部和市场监管总局《关于调整优化节能产品、环境标志产品政府采购执行机制的通知》，细化了品目清单管理，政府优先采购和强制采购并举，加大政府绿色采购力度。2020 年《关于加快建立绿色生产和消费法规政策体系的意见》，提出积极推行绿色产品政府采购制度，资源节约是绿色产品的一个重要标准。从上述政策变迁可以看出，节能产品政府采购力度更大、范围更广、管理更细，从优先采购向优先与强制采购并举，对提高能源利用效率的影响日益显著。

《循环经济促进法》也提出在政府采购中优先采购循环经济产品，一些地方政府公布了循环经济产品优先采购目录，但中央政府没有正式制定循环经济产品政府采购专项政策。

（2）财政补贴政策

在矿产资源开发方面，2013 年，财政部和国土资源部印发了《矿产资源节约与综合利用专项资金管理办法》，由中央财政通过中央分成的矿产资源专项收入安排专项资金，主要用于矿产资源综合利用示范基地建设，依托大型骨干矿业集团，加强全过程资源节约管理，推动资源利用方式根本转变。

在节能方面，2007 年《节能减排综合性工作方案》提出采用补助、奖励等方式，对节能减排重点工程、高效节能产品和节能新机制推广、节能管理能力建设等提供财政补贴。2007 年财政部和发展改革委印发的《节能技术改造财政奖励资金管理暂行办法》和 2011 年修改的《节能技术改造财政奖励资金管理办法》，提出由中央财政安排专项资金，采取"以奖代补"方式，对节能技术改造项目给予适当支持和奖励。2010 年财政部和发展改革委印发的《合同能源管理项目财政奖励资金管理暂行办法》，提出由中央财政安排奖励资金，支持推行合同能源管理，促进节能服务产业发展。2011 年财政部和交通运输部印发《交通运输节能减排专项资金管理暂行办法》，支持交通运输领域的节能工作。2012 年财政部和发展改革委印发《节能减排财政政策综合示范城市奖励资金管理暂行办法》，支持节能综合示范城市发展。2015 年财政部《节能减排补助资金管理暂行办法》统筹整合各类资金，设立节能减排补助资金，重点支持重点领域、重点行业、重点地区节能减排、重点关键节能减排技术示范推广和改造升级等，之前有关领域的资金管理办法相应废除。2020 年修改了《节能减排补助资金管理暂行办法》，将"专项资金"修改为"补助资金"，实施全过程绩效管理。上述政策变化体现出，节能财政补贴政策扶持范围逐渐扩大，逐渐向综合化、系统化、高效管理化的方向完善。

在循环经济方面，从 2005 年开始，中央政府提供了很大力度的国家财政补贴政策。2005 年六部委《关于组织开展循环经济试点（第一批）工作的通知》和 2007 年《关于组织开展循环经济示范试点（第二批）工作的通知》，对钢铁、有色金属、煤炭、电力、化工、建材和轻工等重点行业，以及重点企业、产业园区、重点领域和城市实施循环经济试点重大项目给予财政支持。2007 年财政部和发展改革委印发的《新型墙体材料专项基金征收使用管理办法》和 2012 年六部委印发的《废弃电器电子产品处理基金征收使用管理办法》，规定了相应的财政专项资金和向生产企业征收基金的管理办法。2012 年，国家出台了《循环经济发展专项资金管理暂行办法》（2016 年失效），由国家财政设立循环经济专项基金，规范管理循环经济发展专项资金，支持循环经济"十百千"示范行动。在中央政府的带动下，各省市地方政府都设立了循环经济专项资金，对各地循环经济项目提供了长期稳定的支持。2016 年《循环经济发展专项资金管理暂行办法》失效，不过很多地区仍在执行循环经济发展专项资金、循环经济试点示范项目补助清算资金、节能和循环经济发展专项资金、促进实体经济高质量发展专项资金（工业节能与工业循环经济用途），用于支持地方循环经济的发展。

（3）税收优惠政策

税收优惠政策主要包括企业所得税、增值税、车船税、车辆购置税、消费税等税种方面的优惠政策。在节能减排方面，税收优惠政策主要针对企业购置并实际使用节能专用设备、实施合同能源管理项目等，优惠政策的支持对象主要针对生产领域；近年来逐步向消费领域拓展；税收优惠政策力度不断加大。2009年财政部、国家税务总局和国家发展和改革委印发的《关于公布环境保护节能节水项目企业所得税优惠目录（试行）的通知》规定，企业购置并实际使用优惠目录规定的专用设备的，投资额可以一定比例抵免应纳税额。2010年财政部和国家税务总局《关于促进节能服务产业发展增值税营业税和企业所得税政策问题的通知》规定，对节能服务公司实施合同能源管理项目可以享受增值税和企业所得税优惠政策。同年，发展改革委、财政部、人民银行、税务总局《关于加快推行合同能源管理促进节能服务产业发展的意见》《合同能源管理项目财政奖励资金管理暂行办法》，明确对合同能源管理的资金奖励和税收优惠。2017年财政部、税务总局、工业和信息化部和科技部发布了《关于免征新能源汽车车辆购置税的公告》，提出免征新能源汽车车辆购置税。2018年财政部、税务总局、工业和信息化部和交通运输部《关于节能新能源车船享受车船税优惠政策的通知》规定，对符合条件的节能商用车、节能乘用车减半征收车船税，符合条件的新能源汽车免征车船税，符合条件的新能源船舶免征车船税。

在循环经济方面，主要针对废弃物回收和资源综合循环利用产品生产环节，实施税收减免优惠措施。2006年发展改革委、财政部和税务总局《国家鼓励的资源综合利用认定管理办法》和2008年财政部、国家税务总局《关于执行资源综合利用企业所得税优惠目录有关问题的通知》，提出对认证确认和列入目录的资源循环利用企业和产品，提供企业所得税优惠。2009年国家财政部和税务总局发布的《以农林剩余物为原料的综合利用产品增值税政策》、2011年财政部和国家税务总局《关于调整完善资源综合利用产品及劳务增值税政策》，对废弃物资源综合利用企业实施增值税先征后退、即征即退的优惠措施。但这一政策在执行中出现了假开增值税票骗税等问题，监管成本过高，因此 2015 年财政部、国家税务总局发布了《关于印发资源综合利用产品和劳务增值税优惠目录的通知》予以调整。2015 年财政部和国家税务总局《关于新型墙体材料增值税政策的通知》和 2019 年财政部和税务总局《关于资源综合利用增值税政策的公告》，增加了对新型墙体材料、磷石膏和废玻璃综合利用的优惠政策，税收优惠政策实施范围逐渐向综合利用价值较低的废弃物品类扩展。

2. 指导性技术类政策

指导性技术类政策主要针对资源利用效率的技术瓶颈制约而制定；技术标准、技术规范和推进技术扩散的规章是重要的指导性技术类政策。矿产资源方面，国土资源部建立了先进适用技术推广目录发布制度，制定了重要矿种"三率"最低指标要求，积极推进先进适用技术推广，深化了矿产资源监管的内容。

节能方面，通过标准、推广目录、技术规范等手段进行指导引领。颁布实施了工业设备、家用电器、照明器具等 20 余项强制性国家能效标准，以及一批行业节能设计规范、建筑节能标准等。2002 年起编制和更新《国家重点节能技术推广目录》；自 2014 年起国家提出节能低碳并行，改为《国家重点节能低碳技术推广目录》；自 2017 年始编制《国家工业节能技术装备推荐目录》，引导用能单位采用先进的节能新工艺、新技术和新设备。2020 年，国家发展改革委、科技部、工业和信息化部、自然资源部发布了《绿色技术推广目录》，加快先进绿色技术推广应用，对资源利用效率也具有一定的促进作用。在节能产品消费方面，2012 年起工业和信息化主管部门发布《"能效之星"产品目录》，促进高效节能家电产品的推广应用。

循环经济方面，近年来国务院有关部门制定了多部循环经济相关技术标准、技术规范。2010 年《关于启用并加强汽车零部件再制造产品标志管理与保护的通知》、2010 年《中国资源综合利用技术政策大纲》、2013 年《再制造单位质量技术控制规范（试行）》、2014 年《秸秆综合利用技术目录》，等等，这些技术标准与规范的制定，对提高资源利用效率、降低企业搜索成本、交易成本和生产成本起到了重要作用。

总体上来看，针对资源利用效率的技术标准与规范体系已经初步形成，在现实中起到了重要的引领和指导的作用。不过，随着资源高效利用技术的不断进步，技术标准与规范体系必须与时俱进、紧跟技术发展的步伐，不断更新技术内容，拓展技术领域，正确引导技术进步和推广的方向。

3. 限制和禁止性政策

限制和禁止性政策具有强烈的行政效力，在实践中较少采用。与矿产资源开采、循环经济有关的限制与禁止类政策，其主要目的是减少对居民健康和生态环境产生恶劣影响，没有与资源利用效率相关的限制与禁止类政策。

在节能方面制定的限制与禁止类政策主要针对高耗能产品、工艺、设备，主要政策手段包括限制和淘汰高耗能设备产品等。2009 年，工业和信息化部发布了第一批《高耗能落后机电设备产品淘汰目录》，要求淘汰 9 大类 272 项设备（产品）；至 2016 年共发布了四批淘汰目录，大大加快了高耗能落后机电设备产品的进步。自 2017 年始，工业和信息化部每年印发《工业节能监察重点工作计划》，督促企业淘汰低效电机和低效锅炉。2014 年，发改委编制了《燃煤锅炉节能环保综合提升工程实施方案》，要求重点地区地级及以上城市建成区基本淘汰 10 吨/时及以下的燃煤锅炉。2018 年，国务院发布的《打赢蓝天保卫战三年行动计划》，要求淘汰关停环保、能耗、安全等不达标的 30 万千瓦以下燃煤机组；县级及以上城市建成区基本淘汰每小时 10 蒸吨及以下燃煤锅炉，重点区域基本淘汰每小时 35 蒸吨以下燃煤锅炉。由上述政策演变可见，中国淘汰高耗能设备产品的限制和禁止性政策力度逐渐增加，范围逐渐加大。

"十三五"期间，中国初步实施能源消费总量和强度"双控"制度，这在一定意义上也属于限制和禁止性政策。2011 年，中国《国民经济和社会发展第十二个五年规划纲要》和《"十二五"节能减排综合性工作方案》明确提出了"合理控制能源消费总量"的要求，但在"十二五"期间没有得到实施。2015 年中国《生态文明体制改革总体方案》提出"建立能源消费总量管理与节约制度"；2016 年国务院印发了《"十三五"控制温室气体排放工作方案》，提出到 2020 年能源消费控制在 50 亿吨标准煤的总量控制目标和单位国内生产总值能源消费比 2015 年下降 15% 的强度控制目标；2018 年国务院发布的《打赢蓝天保卫战三年行动计划》，提出在重点区域继续实施煤炭消费总量控制。在国家双控政策的不断推进中，"十三五"后期中国在重点用能部门和重点地区以试点方式开展了能源总量控制，取得了比较显著的成效。

中国的能源总量和强度控制的双控策略在全球范围内属于首创。发达国家未直接提出能源消费总量控制的目标，欧盟仅提出了节能量目标，意大利、法国等提出了能源供应商的节能配额[5]。中国的能源双控战略是一项强有力的限制和禁止性政策，虽然在政策制定之初是指导性的，但是其约束力在"十三五"期间得以一定程度的实现，倒逼了能源利用效率的提高。

四 制度政策执行情况和成效评价

2005 年中国提出了建设节约型社会的战略方针，首次把资源节约提升到了中国基本国策的重要地位。随着中国生态文明建设的不断深入，中国对资源高效节约利用的重视程度提高到了前所未有的程度。资源高效利用制度政策体系从无到有、逐渐完善，形成了以《矿产资源法》《资源税法》《节约能源法》和《循环经济促进法》为法律基础，以中央和地方行政性法规、条例、意见、通知等作为补充，以激励性政策、指导性技术类政策和限制与禁止类政策为具体手段的资源高效利用政策体系。在矿产资源开采、农业、工业、建筑业、交通运输等产业和建筑、交通与居民消费等领域，推动了资源能源节约和资源高效循环利用模式的形成与发展，在社会层面构建了覆盖全社会的资源循环利用体系，不仅从整体上提高了资源利用效率，同时也强化了中国资源保障能力，减少了向环境排放的污染物，对资源节约型社会和生态文明建设做出了重大贡献。

下面从制度政策执行情况和资源利用效率的角度，分别评价中国资源高效利用制度政策的执行情况和成效。

（一）政策执行情况

1. 矿产资源开发领域

矿产资源高效节约开发的制度政策在实践中得到了积极的实施。国土资源部建立了先进适用技术推广目录发布制度，积极推进先进适用技术，深化矿产资源监管内容，将先进适用技术推广工作与矿产资源开发利用监管、"三率"考核等工作紧密结合。制定了重要矿种"三率"最低指标要求，2016 年、2018 年和 2020 年分别发布试行了 27 种、7 种和 32 种矿产"三率"指标。

这些制度政策在推动矿产资源高效节约开发方面作用较为显著，取得了积极的成效。虽然中国难选冶矿产不断增加，但由于资源节约与综合利用工作的推进及技术进步等原因，中国矿产的选矿回收率基本保持稳定或略有提高，共伴生矿产利用水平向好，尾矿和矿山废石利用逐年增长[6]。根据《全国矿产资源节约与综合利用报告（2019）》，国内矿产资源除天然气气层气采收率逐年小幅下降，其他矿产资源的"三率"水平基本保持总体稳中有升的趋势。

2. 能源节约领域

以《节约能源法》为基础的节能制度政策得到了全面有力的实施，为推进中国各行各业和全社会节约能源、提高能源利用效率起到了巨大的积极作用。中国强化了节能法规标准约束；加强了节能监督管理，实施了重点用能单位节能管理、产品能耗限额管理、高耗能设备限期淘汰等措施；开展能效管理，在工业行业实施工业能效赶超行动，对重点耗能行业全面推行能效对标，在建筑领域实施节能先进标准领跑行动；在消费领域建立强制性能效标识制度，实行节能产品政府优先采购和强制采购制度。落实了节能目标责任，2007 年以来实施的节能减排约束性指标考核、"十三五"时期以来各地区各部门实施的能源消费总量和强度双控工作部署，对全国开展能源节约、转变经济发展方式起到了极为重要的作用。

3. 循环经济领域

以《循环经济促进法》为基础的循环经济制度政策在中国得到了全面有效的贯彻落实，国家循环经济发展从国家到地方，在不同行业和不同领域整体高效有序推进。《循环经济促进法》制定后，全国各省市县制定了适合本地区循环经济发展的相关政策、条例和办法，制定了循环经济发展规划，国家每年安排中央预算内投资支持国家循环经济示范试点项目建设，地级以上城市财政大多数设立了促进循环经济发展的专项资金，支持国家"城市矿产"示范基地、循环化改造示范园区、餐厨废弃物资源化利用和无害化处理试点城市、循环经济示范城市（县）、再制造试点企业和再制造示范基地建设。英国《自然》杂志于 2016 年 3 月 24 日发表的一篇评论文章《循环经济：中国经验》指出，中国 10 年来通过设定具体目标并运用行政、金融、立法等措施促进废物循环使用，推行力度领先世界其他国家[7]。

不过，循环经济制度政策的实施也存在一定的薄弱之处。《循环经济促进法》提出的统计制度和考核制度仍然没有建立起来。在生产者责任延伸制度方面，现行的《循环经济促进法》虽然明确了生产者责任延伸制度，但是规定过于原则，只强调了生产者的主导地位，弱化了其他相关责任主体的责任。生产者责任延伸制度的责任追究力度不足，可操作性较弱。

（二）资源利用效率评价

资源利用效率指单位资源经利用后所产生的经济、生态和环境等积极效益的相对数量，是资源配置效率与资源利用技术效率的总和。资源利用效率评价有多种指标，其中能源产出率和资源产出率是经济学界较为常用的指标。另外，资源综合利用量（率）也是评价资源循环利用的一个重要指标。

1. 能源消耗强度显著下降

能源消耗强度指经济系统内单位经济产出所消耗的能源消费量，一般用能源消费量与地区生产总值的比值。根据历年《中国统计年鉴》，2000—2019 年，中国 GDP 从 100280.1 亿元增加到了 502622.0 亿元（2000 年不变价），增加了 4.0 倍；能源消费总量从 14.7 亿吨标准煤增加到了 47.2 亿吨标准煤，增加了 2.2 倍；单位 GDP 的能源消费从 1.47 吨标准煤/万元下降到了 0.97 吨标准煤/万元，下降了约 1/3（见图 1）。

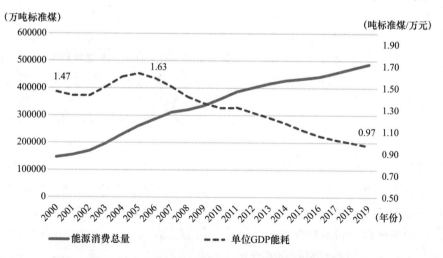

图 1　中国 2000—2019 年能源消费总量和能源消费强度变化趋势

资料来源：历年《中国统计年鉴》。

能源消耗强度显著下降与中国资源能源节约高效利用政策实施是密不可分的。2000—2019 年中国单位 GDP 能源消费强度的变化呈现了前期增加，在 2005 年最高为 1.63 吨标准煤/万元，自 2006 年起持续下降的趋势（见图 1）。这刚好与中国 2005 年将资源节约作为国策、下大力气建立和完善资源高效利用政策体系的时间段相互吻合。根据前文的政策梳理，中国在 2000—2004 年主要出台了五份政策文件，主要是鼓励节约用电、民用建筑节能、节能技术推广和节能产品政府采购等部门节能政策。2005 年国务院和中共中央接连发布了三个极其重要的文件，分别为《国务院关于做好建设节约型社会近期重点工作的通知》《国务院关于加快发展循环经济的若干意见》和《中共中央关于制定国民经济和社会发展第十一个五年规划的建议》，首次把资源节约提升到了中国基本国策的重要地位，提出了建设节约型社会的战略方针，对中国资源节约高效利用产生了巨大的推动力。

2. 资源产出率显著提高

一些经济生态学家提出从经济效益的角度，以资源产出率指标（Resource Productivity）来反映资源利用效率。资源产出率是经济系统内地区生产总值与资源利用量的比值，即物质资源实物量的单位投入所产出的经济量。国内外学者经常用单位 GDP 的国内物质消耗（Domestic Material Consumption，DMC）作为评价资源产出率的一个重要指标[8]。DMC 是物质流核算主要的消耗类指标之一，等于国内物质开采加进口的一次资源，再减去出口的一次资源。

根据有关研究[9]，2000—2017 年，中国的 DMC 从 2000 年的 84.3 亿吨增加到了 2014 年的峰值 280.1 亿吨，自 2015 年起 DMC 已出现绝对下降的现象，说明中国近年来已经在资源消费达峰后出现了绝对减物质化的现象。同时，资源消耗强度波动性下降，万元 GDP 的 DMC 从 2000 年的 8.41 吨/万元下降到了 2017 年的 5.93 吨/万元，下降了 29.5%（见图 2）。相应地，资源产出率水平大幅提升，从 2000 年的 1189 元/吨增加到了 2017 年的 1686 元/吨。另据清华大学不同统计口径的测算，2019 年中国主要资源产出率约为 7610 元/吨，比 2015 年提高了 27.1%。中国资源高效利用政策对资源利用效率的提高产生了巨大的积极影响。

3. 资源综合利用规模不断扩大

资源综合利用规模不断扩大。根据有关估算[9]，2000—2018 年，中国非全口径统计的资源综合利用总量从 7.48 亿吨增加到了 26.35 亿吨，增加了 2.52 倍（主要包括粉煤灰、煤矸石、尾矿、冶金渣、工业副产石膏等、废钢铁、废有色金属、废纸、废塑料等）。资源综合利用率虽

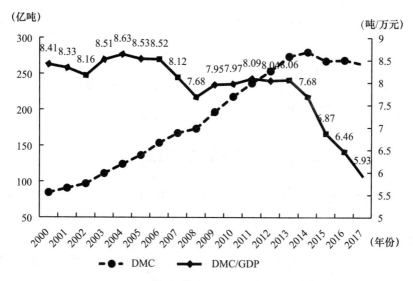

图2 2000—2017年中国DMC和DMC/GDP变化趋势

资料来源：历年《中国统计年鉴》。

然在前阶段有所下降，但是自2013年以来缓慢增加，2017年已经达到了9.9%（见图3）。另据国家发展和改革委的统计，2019年中国十类主

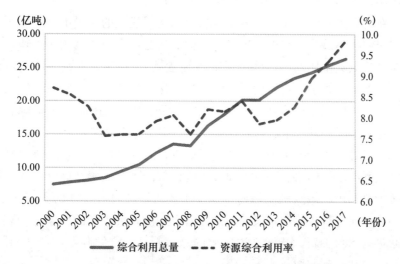

图3 2000—2017年中国废弃物资源综合利用情况

资料来源：历年《中国统计年鉴》。

要再生资源回收利用量超过 3.5 亿吨，煤矸石、粉煤灰、尾矿、冶金渣、工业副产石膏、建筑垃圾、农作物秸秆等大宗固体废弃物综合利用量约 30 亿吨，农作物秸秆综合利用率超过 85%[10]。废弃物综合利用大大减少了金属和非金属矿产资源、木材、原油等一次资源的投入量，积极推动了资源产出效率的提高。

五 制度政策建议

从全球范围内来看，中国经济的资源利用效率仍然处于较低的水平。根据 2016 年 Mathews 的计算[7]，中国经济每实现 1 美元 GDP（按购买力平价法计算，2005 年不变价格）需要耗费约 2.5 公斤原材料，远高于经合组织国家同等单位 GDP 消耗 0.54 公斤的平均水平。根据联合国环境署国际资源委员会全球物质流数据库（UN Environment International Resource Panel Global Material Flows Database）的统计口径，中国的资源消耗强度与发达国家存在显著的差异。2017 年，全球资源消耗强度为 1.45 吨/1000 美元，欧美地区和日本甚至已经下降到 1 吨/1000 美元以内；中国的资源利用效率虽然持续提升，但是资源消耗强度依然高达 5.1 吨/1000 美金[11]，存在很大的提升空间。

在高质量发展、绿色低碳经济和生态文明建设的背景下，中国更加重视资源的高效节约利用。2021 年 2 月，国务院发布了《关于加快建立健全绿色低碳循环发展经济体系的指导意见》，提出建立健全绿色低碳循环发展经济体系，高效利用资源、严格保护生态环境、有效控制温室气体排放。该意见提出到 2035 年，重点行业、重点产品能源资源利用效率达到国际先进水平，对资源利用效率提出了更高的要求。

为了进一步提高中国的资源利用效率，今后中国需要进一步完善资源高效利用政策体系。一方面通过制度框架的不断完善，破除制约资源高效配置利用的体制机制障碍，推动市场机制和政府管理的更好结合；另一方面通过行政管理手段的不断完善、经济政策工具的科学运用和技术政策的不断更新，持续推进资源的总量管理、科学开发、合理利用、全面节约和循环利用。

(一) 健全法律法规，完善行政规章制度

提高资源利用效率、推动高质量可持续发展，中国必须要健全法律

法规，完善行政规章制度，为资源合理配置和高效利用创造积极的秩序和环境。

在矿产资源领域：《矿产资源法》于 2020 年修订，需据此制定新的《矿产资源法实施细则》，进一步细化和统筹矿产资源节约与综合利用的法律依据及实施方法。

在能源节约领域：中国以《节约能源法》为基础的节能制度得到了有力实施，节能实践不断创新，对节能政策的需求也不断增加，但是目前的节能制度体系未能及时跟上实践的步伐。比如，"十三五"期间中央启动了能源消费总量和强度双控制策略，这些手段在"十四五"期间仍将继续使用，但这些创新举措缺乏明确的法律依据，需要对《节约能源法》进行修改[12]。另外，有学者指出，《节约能源法》实施的节能目标责任制和考核评价制度是一种工作压力型制度，与市场化制度之间的矛盾日益明显，从长远来看还需制度层面的改进[13]。

在循环经济领域：以《循环经济促进法》为基础的循环经济制度政策在中国得到了全面有效的贯彻落实。该法于 2018 年进行了修订，延续了对循环经济发展的支持力度，强化了税收优惠等方面的政策，但是目前还有一定的完善空间。比如，《循环经济促进法》理论性和指导性较强，应加强其约束性和惩戒性。国家有关部门在推动循环经济发展的过程中，出台了一些行之有效的制度、办法和条例，比如生产者责任延伸制度、生态设计等，今后需在《循环经济促进法》中修订纳入。个别条款规定的内容已经完成历史使命，需要及时进行删除。

（二）积极发挥激励性政策工具作用，加大激励措施力度

今后仍需进一步加大激励措施力度，积极发挥政府采购、财政补贴、税收优惠等政策工具的组合效果。

一是完善政府采购政策，简化政府采购执行机制，及时调整优先采购和强制采购品目清单，逐步扩大节能产品、环境标志产品认证机构范围，加大政府绿色采购力度。

二是完善财政补贴政策。在矿产资源开发方面，制定财政绿色补贴、绿色专项基金支持等政策，拓宽政策实施范围，加大促进和引领力度。在节能方面，继续推动《节能减排补助资金管理暂行办法》的实施，扶持节能减排体制机制创新，充分发挥补助资金的作用。在循环经济方面，充分发挥国家循环经济专项基金的作用，对各地循环经济项目

实施提供长期稳定的支持。

三是完善税收优惠政策。目前，节能减排税收优惠政策主要针对企业购置并实际使用节能专用设备、合同能源管理项目等；循环经济税收优惠政策主要针对废弃物回收和资源综合循环利用产品生产环节；近年来税收优惠政策逐渐扩大。今后需细化政策实施，及时调整和扩展税收优惠政策范围，充分发挥税收优惠政策对资源利用效率的提升作用。

（三）适度运用限制性政策工具，降低资源消费总量和强度

21 世纪以来，中国采取的限制性政策工具数量不多，主要是淘汰高耗能产品、工艺、设备等措施，进入"十三五"时期以后进行了能源总量和强度控制双控策略的尝试；在现实实践中的实施力度大，发挥了巨大的减少资源消费的作用。"十四五"期间，中国应重点运用能源双控的限制性政策工具，增加能源双控策略的实施范围，合理控制实施力度。按省、自治区、直辖市行政区域设定能源消费总量和强度控制目标，对各级地方政府进行监督考核。对重点用能单位分解能源消费双控目标，开展目标责任评价考核，加强重点用能单位节能管理。把节能指标纳入生态文明、绿色发展等绩效评价指标体系。

（四）强化运用指导性技术政策工具，促进资源高效利用技术运用

在矿产资源开采、节能和循环经济领域，进一步加强技术标准、技术规范、技术推广目录的制定、完善和更新，形成涵盖资源开采、加工、生产、消费等各环节的指导性技术政策体系，充分发挥指导性技术政策对资源节约和高效利用的引领指导作用。

参考文献

[1] United Nations, *Glossary of Environment Statistics*, *Studies in Methods*, Series F, No. 67, 1997.

[2] United Nations, European Commission, International Monetary Fund, Organisation for Economic Co-operation and Development, World Bank, Handbook of National Accounting: Integrated Environmental and Economic Accounting 2003, *Studies in Methods*, Series F, No. 61, Rev. 1, Glossary. United Nations. 2005,

para. 7. 42，EA. 1.

［3］ MBA 智库百科：资源效率，https：//wiki. mbalib. com/wiki/% E8% B5%
84% E6% BA%90% E6%95%88% E7%8E%87。

［4］ 谢海燕、张德元、杨春平：《〈循环经济促进法〉的实施成效及修订建
议》，《中国经贸导刊》2020 年第 6 期。

［5］ 邢璐、单葆国：《我国能源消费总量控制的国际经验借鉴与启示》，《中国
能源》2012 年第 9 期。

［6］ 刘天科、靳利飞：《中国矿产资源节约与综合利用问题探析》，《中国人
口·资源与环境》2016 年第 S1 期。

［7］ Mathews J. A. ，"Circular economy：Lessons from China"，*Nature*，Vol. 7595，
No. 531，2016.

［8］ 彼得·巴特姆斯：《数量生态经济学》，齐建国、张友国、王红翻译，社会
科学文献出版社 2010 年版。

［9］ 王红：《基于物质流核算和 LMDI 分解分析方法的中国物质资源消耗研
究》，《生态经济》2020 年第 12 期。

［10］ 国家发展和改革委：《资源节约和环境保护工作再上新台阶》，https：//
baijiahao. baidu. com/s？ id = 169054624088 5378318&wfr = spider&for = pc。

［11］ 王红、吴滨：《全球物质资源利用变化趋势分析》，《重庆理工大学学报》
（社会科学版）2019 年第 12 期。

［12］ 张忠利：《气候变化背景下〈节约能源法〉面临的挑战及其思考》，《河
南财经政法大学学报》2018 年第 1 期。

［13］ 范战平：《我国〈节约能源法〉的制度局限与完善》，《郑州大学学报》
（哲学社会科学版）2016 年第 6 期。

中国水资源综合管理的发展与挑战：以中国西北四条河流为例[*]

一 中国水资源管理所面临的问题与挑战

中国是一个水资源短缺且时空分布不均的国家，人均水资源只有2100立方米，不足世界平均水平的1/3，是全球人均水资源最贫乏的国家之一[1]。农业是中国国民经济发展中的用水大户，2014年，中国总用水量6095亿立方米，其中农业用水占63.5%[2]。在中国西北地区，水资源更为珍贵，在全国35.9%的土地面积上只有全国5.7%的水资源[3]，因此，保护内陆河流以及包括天然绿洲在内的荒漠生态环境对于西北地区尤为重要。但是，由于水资源管理不善，加之气候与环境变化等原因，中国西北农村地区面临着严重的缺水问题，如甘肃省三条重要河流疏勒河、黑河和石羊河均因严重缺水导致下游湖泊消失，干涸的湖泊与河床又成为沙尘暴的重要来源，并导致下游绿洲严重沙化，给当地居民的生计带来破坏性影响。2007年10月1日温家宝总理视察民勤县后，再次强调决不能让民勤县成为第二个罗布泊。

要厘清中国西北农村地区环境保护与经济发展之间的矛盾关系，水资源管理问题是关键。水资源系统是一个充满不确定性的复杂系统，其输入、输出以及系统内部结构三方面都存在不确定性，而人类活动和气候变化又加剧了这种不确定性[4]。传统上，水资源管理中水利和社会工程视角作为一种技术和科学方法，趋向于将不确定性看作是嵌套于水循

　* 本文作者为张倩（中国社会科学院社会学研究所农村环境与社会研究中心，副研究员）、KuoRay Mao（美国科罗拉多州立大学社会学系，教授）。本文部分内容已经刊发在《项目制下水资源综合管理的得与失：基于甘肃省三大河流的分析》，《学海》2020年第6期。

环和水文结构中的内在特点，其解决方案依赖于操作系统的经济可能性和数据可靠性[5]。但是，随着社会经济的发展，人类活动对于水量、水质和水资源的可得性都产生着越来越大的影响，使得水资源系统的风险进一步加大，给理解和预测系统结果都带来更大的不确定性[6]。

水资源系统的不确定性一直以来都是水资源系统风险的核心问题，除此之外，还有用水总量、用水关系和用水管理上的不确定性。水资源控制的复杂性和水资源可用量的不确定性使国际发展组织和各国政府从20世纪80年代开始采用基于流域的水资源综合管理方法（Integrated Water Resources Management）[7][8]，它要求协调发展地表水、地下水、集水区和土地资源，因为水循环和土地利用相互影响，由此决定能够提供给人类消费和生态系统服务的水量和水质[9][10]。在水资源综合管理的方法中，环境风险、社会公平和经济收益构成了三重底线问题，这需要政策规划与执行中不同层级的多个利益相关者参与解决[11]。

虽然水资源综合管理已经实施多年，但对不确定性尤其是来自社会经济系统中的不确定性，仍是难以克服。因此，从执行结果来看，经常存在水资源综合管理规划对水需求预估不切实际，水资源综合管理规划只能得到部分执行而非全部执行，或者是在规划实施过程中遭到一个或多个具有影响力的群体阻挠[12]。再加上气候变化在加剧水资源短缺的同时，也增加了洪水风险，水污染日益严重和水资源过度开发导致生态环境恶化等问题，给水资源管理者带来更大的挑战[13]。由此可见，社会系统和生态系统存在"伴生"关系，必须依赖能够通盘考虑人类社会与自然世界相互关联的方法，这也是中国水资源管理政策发展的主要目标。

二 中国近 30 年来水资源管理的变化

环境治理的制度变迁决定了水资源管理与保护政策的变化，这是理解中国当下水资源管理问题的根本。过去几十年，中国的水资源管理体系从主要依赖供应和分配的去中心化的体系，逐渐过渡为一个主要依赖自上而下的法律规则和管理体制的复杂政府治理体系。在20世纪80年代集体产权制度瓦解后，中国的水资源管理进入一个缺乏管理的状态，在国家层面没有给水资源管理提供依据的相关法律。1988年出台的《水法》是中央政府第一次通过明晰国家和农村集体水权建立国家水资源管理体系的尝试[14][15]。但是，1988年《水法》是为了促进水资源利用而设计的，没有考虑环境保护的问题，也没有意识到流域内地理空间和行政管辖范围在尺度上的不匹配。中央政府部门和省级管理部门有关管理规则的模糊性，也在一定程度上导致了地方政府间水资源管理的矛盾。政府职能的条块分割，使得很多法律法规执行不力，导致20世纪80年代和20世纪90年代水污染和水资源退化的问题加剧[16][17]。

针对这些问题，全国人民代表大会常务委员会在1997年重新修订了法律框架，并于2002年修订了《水法》。修订后的《水法》在机构、管理和法律方面都做了重要调整，以解决中国的水资源系统危机。首先，2002年《水法》规定国务院水资源行政主管部门负责全国水资源的统一管理和监督工作，与地方行政部门一起加强流域管理[17]。为了控制水污染和地下水超采，法律规定了县、省和中央部门间的行政管理链；中央政府实施绑定目标，从而在省级规制水资源利用程度；将流域规模直接与水资源法规的实施和执行挂钩；将水利部直接置于跨省流域的水资源保护和污染法规之上。在区域一级，成立由省级部门负责人和地级市负责人组成的省级流域管理委员会，管理每个流域内的水资源；在地方一级，指定地县级水资源和环境保护部门负责执行水资源法规[14]。

2002年以来，国务院和水利部颁布了一系列国家法律和部级法规，制定了流域水资源配置和分区规划，以提高供水能力和用水效率。为了控制水资源需求的增长，水利部于2012年发布了《关于实行最严格水资源管理制度的意见》，在水资源总量、用水效率和环境水质方面设置了三条国家"红线"，要将水资源开发、利用、节约和保护的主要指标纳入地方经济社会发展综合评价体系，县级以上地方人民政府主要负责人对本行政区域水资源管理和保护工作负总责。同一时期，中央政府还通过实施用水者协会和水权交易计划，开始尝试以市场为基础的水资源短缺解决方案[18][19]。2015年《环境保护法》还提出让公众更好地参与环境政策制定和实施，坚持水资源综合管理方法，并且试图通过对污染者实施系统的监管措施和行政处罚来改善水资源管理效果。这些立法和政策转变表明，中国的水资源管理正朝着更加全面和稳健的方向转变，使中国的水资源管理更加集中和一体化[20][21]。

虽然这些立法和监管取得了很大进步，但目前还存在许多重要的治理问题，如水资源权属不清、水环境权得不到保障等问题[22]。现有关于流域管理的法律法规达11项之多，每个部门都试图执行自己的政策议程，导致这些法律法规执行中出现各种矛盾[15][16]。尽管 2002 年《水法》赋予流域管理机构法律地位，但规定的权力只是原则性的，难以操作，流域管理机构与地方政府在跨省河流管理中对法律权限的解释也有矛盾[23]。此外，在现行的法律制度中，地下水的污染和过度开采不适用于刑事指控，也没有相应的国家层面的政策指导方针，地方政府的任务多是发布政策，缺乏协调能力，导致水资源管理法规的执行不力[24][16]。在这样的背景下，项目制作为一项能够将从国家部门到地方政府，再到村庄和村民串联起来并形成多个主体之间的互动方式，成为一项越来越重要的管理制度。

三　项目制下的水资源管理

中国目前的水资源管理系统中，自上而下的行政命令多是依赖项目制来实现。项目制是指中央对地方或地方对基层的财政转移支付的一种运作和管理方式。作为一种治理模式，它在运作的过程中将国家从中央到地方的各层级关系及社会各领域统合起来[25]，从而形成了具有权力利益差别的中央、地方政府和村庄之间的分级治理机制，影响着中央、地方政府和村庄决策和行动的策略，并对基层社会产生了诸多意外后果[25][26]。在项目制的结构下，抽象的水资源管理和环境改善的需求被具体化为可操作和可实现的目标：基础设施建设包括大坝和节水渠等、关井压田的数量和下游湖泊恢复有水等。

水资源管理项目最重要的功能就是通过建设大规模基础设施来控制水资源，即通过工程措施来解决水资源短缺问题，这是一种解决水资源短缺的供给侧方法[27][28][29]。"十三五"规划包括建设 172 个重大水利工程，预计可节约农业生产用水 26 万亿立方米，增加总供水量 80 万亿立方米，扩大灌溉总面积 7800 万亩[30]。到 2018 年底，172 项重大水利工程已批复立项 134 个，累计开工 132 项，在建投资规模超过 1 万亿元[31]。水利部成立了加快推进水利工程建设领导小组，会同国家发改委等部门建立重大水利项目审批部际联席会议制度，简化前期工作审批程序，优化审批流程，协调解决重大问题，加快审批进度；建立重大水利工程按月协调会商制度，与各省区市签署责任书，层层压实建设责任[32]。

这些资金投入和制度建设明确表明了中央政府解决水资源管理问题的决心，但在实施过程中却遇到几方面的问题。首先，大规模的基础设施建设试图减少水资源管理中的不确定性，主要办法是通过控制水量以解决短缺问题，但结果却显示水资源短缺问题并没有解决[29]，同时由于补给减少，地下水资源呈减少趋势，地下水水位表现为较强的区域性下降[30]。其次，这些工程措施在提高水质和用水效率方面的效果甚微[31]。再次，水资源管理基础设施的突出地位反过来又塑造了精英驱动的政策过程，由此造成社会公平方面的不足[32]。效率和透明度的缺乏增加了水权的交易成本，降低了私人部门利益相关者参与水资源管理的动机[14][18]。最后，尽管2002年的《水法》、2015年的《环境保护法》和许多部级法规都要求公众参与和监督水资源管理，但尚未发布相关的国家指导方针，以明确谁构成公众或以何种方式参与，使公众参与在实践中变得难以施行。

为了深入分析以上问题的产生原因及其影响，本文选取西北四大河流进行分析，包括河西走廊三大内陆河疏勒河、黑河和石羊河，以及中国最大的内陆河塔里木河。这四个流域都存在严重的水资源减少问题，这已成为当地农民和中央政府共同关注的焦点问题。基于对案例地水资源管理项目的回顾，本文分析这些项目的执行如何在消除水资源管理系统中的不确定性和脆弱性的同时，又产生了新的不确定性和脆弱性。本文提出水资源综合管理项目并不仅仅是对地表水和地下水资源的综合管理，而且还通过对水资源使用权的控制重新调整了土地利用和农业生产方式。因此，水资源综合管理项目需要考虑不同利益相关方与权利主体，从而更好地评估水资源系统的不确定性和可持续性，弥补现有的以水利工程和社会工程为主导的不足。

四　项目制在四大河流水资源综合管理中的应用

（一）方法和数据

案例研究的数据来源于政府资料、政策文件、学术研究、媒体报道和深度访谈，以分析西北四大河流水资源综合管理规划的形成与执行过程。通过多个渠道获取不同类型的资料，有利于整理出更具一致性与可靠性的信息。基于生态和地理环境的相似性以及地区经济发展的可比性，本文选取西北四大河流，包括中国最长的内陆河塔里木河以及河西走廊三大内陆河疏勒河、黑河和石羊河。沿塔克拉玛干沙漠北缘穿越新疆多地的塔里木河为新疆南部的绿洲提供必要的水资源，支持农业发展。疏勒河、黑河和石羊河是河西走廊最重要的三条内陆河，保护这三条河流对于防止沙漠化和保护中国北方生态屏障具有重要意义。河西走廊的农业发展也具有很长的历史，目前它是中国西北地区最重要的商品粮基地和经济作物产地，甘肃省 2/3 的商品粮、9/10 的甜菜和几乎所有的棉花与水果蔬菜都产自这里。

对于石羊河案例的具体分析数据来源于对甘肃民勤县 87 个农户访谈和 23 个政府官员访谈，包括县、乡和村领导，这些访谈都是由本文的第二作者完成的，农户抽样和乡镇领导抽样采用滚雪球的办法，力求覆盖不同的地理位置、不同的经济水平和不同的主体评价。半结构式访谈来自 2010—2011 年完成的 7 次实地调研，了解受访谈人对于自然资源管理、项目执行以及环境保护与经济发展间矛盾的不同视角。2013 年春和 2016 年夏，研究人员又回到调研地对 12 位关键受访人进行追踪访谈，了解 2012 年以来规划的实施情况及其如何影响农户生计。

（二）项目制应用的主要内容

位于干旱区的这四大河流，不仅下游严重缺水，而且还面临着生态系统退化的问题。20 世纪 90 年代末到 21 世纪初，中央政府在这四大流域的水资源综合管理规划中投入大量财政和制度支持，为这些流域建立了类似于黄河水利委员会的流域管理机构[21]，例如 1998 年在塔里木河流域管理委员会基础上，根据塔里木河流域治理实际情况，成立了塔里木河流域水利委员会[33]；黑河流域管理局由水利部成立，1999 年并入黄河水利委员会；2002 年和 2004 年，甘肃省分别成立了石羊河和疏勒河水资源管理委员会。流域管理机构的建立促进了流域上下游政府之间的协调，并促进了当地水资源分配的设计与实施。为确保政策目标能够按时实现，四个水资源综合管理项目均采用了地方首长负责制，2017 年后采用了河长制，依靠党政机构中的层级制度克服跨界治理的问题[34]。

虽然规划项目的实施是由地方政府负责，但这些规划强调了一种综合管理方法，包括水源地的森林和草地保护、减少中游地区的农业用地规模以及恢复下游的内陆湖泊和湿地。表 1 列出了水利部批准的四个流域最近实施的管理规划项目的主要内容。基于表 1 内容，本文对水资源综合管理规划的设计，以及地方管理部门起草的补充法规指南进行分析，归纳出三个方面的措施，包括自上而下的实施、水利工程建设和面向市场的措施，下文详细分析这些措施实施的成功与不足。

1. 自上而下的实施办法以解决环境问题

不难看出，四大流域的管理规划都是自上而下制定与实施的，中央部委的决策者和国家级研究机构的专家对水资源综合管理方案进行设计并对方案成果进行预期，流域管理机构负责起草年度水资源分配计划，并发布省、地级行政命令，以实现中央政府的政策目标[20]。中央政府运用地方行政首长负责制，将限制性环境目标纳入个别干部考核体系，控制专项资金向地方政府的转移，对下级实施规划产生影响。2016 年发展成为"河长"制，该制度试图通过明确跨司法管辖区污染和保护问题的干部责任，以减少水资源系统管理中的不确定性和风险[29][34]。

河流断流甚至终端湖泊消失是决策者及外界重视水资源短缺问题的一个最直接诱因，因此恢复终端湖泊也成为水资源管理规划的重要目标之一。关井压田，即在规定期限内通过压缩耕种面积减少农业用水，是水资源综合管理规划实施的首要事项，这一措施无疑给当地农民生计带来很大影响。例如，2005 年以前塔里木河干流要完成 33 万亩农田退耕自然封育任务；民勤县必须将农业用水量从 2000 年的 4 亿立方米减少到 2020 年的 1.7 亿立方米，并将耕地面积减少 40 万亩。随后，民勤县关闭了 3800 多口深井，并在剩余的泵上安装了电子仪表。为了减少用水，规划中都包括农业结构调整计划，流域内的地方政府颁布行政命令，禁止高耗水的作物种植和灌溉方法。根据水资源综合管理规划，农业节约用水将成为生态用水，用于恢复下游地区的终端湖泊和湿地。2014 年，甘肃省水利局宣布，民勤县在 2012 年实现了水资源综合管理项目的限制性目标，比目标完成日期提前 8 年，并在青土湖地区创建了 106 平方公里的湿地[35]。

表 1　　　　　　　　　　　　四大流域水资源综合管理规划主要内容

	疏勒河	黑河	石羊河	塔里木河
流域管理局（成立时间）	甘肃省水利厅疏勒河流域水资源局（2004年）	水利部黄河水利委员会黑河流域管理局（1999年）	甘肃省水利厅石羊河流域管理局（2002年）	新疆塔里木河流域管理局（1997年，2011年改革）

续表

	疏勒河	黑河	石羊河	塔里木河
现执行规划	《敦煌水资源合理利用和生态保护综合规划（2011—2020）》（包括党河流域）	《黑河流域近期治理规划（2002—2011）》（《黑河流域综合规划》报批工作还在进行中[34]）	《石羊河流域重点治理规划（2007—2020）》	《塔里木河流域近期综合治理规划（2001—2007）》
规划实施时间	2011—2020年	2002—2011年	2007—2020年	2001—2007年
投入资金（亿元）	47.22	23.50	47.49	107.39
是否有节水/引水工程？	是	是	是	是
是否关井压田？	是（由瓜州县水务局执行）	是（由张掖市水务局执行）	是	是
是否调整农业结构？	否	是	是	是
是否有污染控制？	是	是	否	是
是否有生态修复？	是	是	是	是
是否有生态移民？	否	是	是	是
是否实施河长制？	是	是	是	是
是否有新法规？	是	是	是	是
是否确权？	是	是	是	是
是否有水资源税？	是	是	是	是
是否有用水者协会？	是	是	是	是

资料来源：《敦煌水资源合理利用和生态保护综合规划（2011—2020）》《黑河流域近期治理规划（2002—2011）》《石羊河流域重点治理规划（2007—2020）》《塔里木河流域近期综合治理规划（2001—2007）》。

2. 水利工程建设以减少不确定性

基础设施建设是中国维持北方供水的主要措施[28]，如上文所述，"十三五"规划包括建设172个引水水利工程，在这些工程中，四个流域也有相关项目，如表2所示。

表 2　四大流域调节水流的基础设施建设和节水灌溉工程

	疏勒河	黑河	石羊河	塔里木河
大坝修建及扩建	昌马水库	黄藏寺水利枢纽工程	红崖山水库加高扩建工程（库容从9900万立方米增加到1.48亿立方米）	对12座平原水库进行节水改造
节水灌溉工程	100万亩农田实施，包括405公里的防渗渠	46万亩农田实施，但新开垦的35万亩农田增加了2000万立方米水的使用	436.23公里的防渗渠，18833公顷安装滴灌设施，1873公顷大棚	新增节水灌溉面积971万亩
引水工程	引哈济党	狼心山引水枢纽，昂次河分水枢纽	景泰川电力提灌工程二期	博斯腾湖输水工程

资料来源：《敦煌水资源合理利用和生态保护综合规划（2011—2020）》《黑河流域近期治理规划（2002—2011）》《石羊河流域重点治理规划（2007—2020）》《塔里木河流域近期综合治理规划（2001—2007）》。

　　为了恢复终端湖泊，工程措施被认为是最有效的办法。塔里木河自20世纪60年代以来缩短了363公里，塔里木河主干最早注入罗布泊，1972年前尾水可达到羌县城北的台特马湖，后终点进一步退缩到铁干里克的大西海子水库。黑河的下游湖泊东居延海在20世纪80年代开始萎缩，1995—2000年完全干涸。从20世纪70年代到2010年，石羊河和疏勒河的天然河道和终端湖泊也逐渐消失。干涸的湖泊和河床成为周围沙丘扩张的管道，并导致下游绿洲严重沙漠化。为了让这些干涸的河道与湖泊恢复有水，规划从三个方面着手改善，一是对河道进行大规模的渠化，以减少水渗漏；二是通过修建水坝控制河流，试图保证"生态水"的季节性流入，恢复已干涸的湖泊；三是为提高灌溉用水效率，各流域绝大多数分流渠和三级渠采用混凝土或压实黏土衬砌，并增加了数百个辅助设施，以加强流量监测。过去10年东居延海和青土湖重新有水，以及2017年党河和疏勒河在哈拉诺尔湖再次汇合在一定程度上证明了河流恢复项目的有效性。

　　就石羊河来说，规划项目的实施消除了体制性的调水障碍，增加了引入民勤的黄河水量。2001—2006年，由于甘肃省政府面临黄河流域下游省份的强烈阻力，石羊河流入民勤县的年均水量仅为6100万立方米左右，远低于灌溉和湿地恢复所需水平。因此，规划中设计的红崖山大坝扩建工程和景泰川电力提升灌溉扩建项目二期建设项目都无法按计划运行。水资源管理规划实施后，引入民勤的黄河水量自 2010 年开始增加，2017 年向扩建的红崖山大坝输送了 1.2 亿立方米以上的黄河水，使石羊河水资源管理委员会能够释放 3830 立方米的"生态水"，恢复终端湖[35]。民勤县还扩大了节水输送和灌溉系统，改造了 4542 口电子表深井，修建了 436.23 公里的防渗渠、28 万亩的滴灌田和 2.8 万亩的温室大棚[36]。因此，民勤县灌溉水有效利用系数由 2009 年的 0.589 提高到 2014 年的 0.614，每年节约用水约 1.78 亿立方米[35]。

在水资源综合管理项目的相关文件中，都强调了要想重新调整水资源的时空配置，必须在源头地区建设大型的流量控制工程，以及在中下游地区安装节水设施。为确保政策目标的迅速实现，三个流域的管理机构和县级政府在项目实施中制定了严格的执行时间表与可量化的标准。例如在 2001 年，国务院命令黑河流域管理局和甘肃、内蒙古地方政府在三年内完成水资源综合管理项目的所有用水和分配目标[37]。同样，疏勒河和石羊河流域的每个州和县政府都必须在水资源综合管理项目实施的头两年内完成配水目标。相较于通过公众参与促进各方合理用水以减少用水需求的过程，基础设施的扩展为实现项目目标提供了一种快速有效的方式，并能提供可靠的经验数据来评估地方官员的绩效。此外，水利工程的建设也能给地方政府带来中央政府的资金，例如黑河流域近期治理规划包括 84 个基础设施项目，2002 年张掖市的国有固定资产投资增长 54%，财政总收入增长 28%。在规划执行期间，中央政府不断增加对其他基础设施和经济项目的支持，以补偿当地因调水造成的经济损失[38]。

3. 市场调节以改变农民用水行为

自 2001 年以来，水利部推动水权登记和补偿水权转让，以提高用水效率和解决缺水问题[19]。四个流域的水资源综合管理项目都包括扩大农户使用权登记、提高地表水水价和对地下水实行数量定价机制的措施。用水权的评估和交易是适度降低水资源需求的核心，因为价格信号旨在引导消费的合理选择，并通过相关措施激励节水型社会的转型。实施面向市场的措施需要将水资源从难以测量的资源转变为符合年度配水计划的可量化单位，这取决于流量控制基础设施的建设以及发挥协调和监督功能的流域管理机构的建立。

2014年，中央政府将甘肃省确定为农业水价七大改革试点地之一，加强供给侧结构性改革和农业用水需求管理，坚持政府和市场协同发力，以完善农田水利工程体系为基础，以健全农业水价形成机制为核心，以创新体制机制为动力，加快建立健全反映水资源稀缺程度的农业水价形成机制，促进农业现代化，助推脱贫攻坚和全面小康社会建设[39]。为实现这一目标，甘肃省多措并举：一是成立了由省政府分管副省长任组长、多部门成员参与的农业水价综合改革领导小组，统筹协调推进全省农业水价综合改革；二是各试点县制定农业水权分配方案，并据此将水权逐级分配到协会或农户，2015年以来省财政已累计安排1.4亿元，对试点县（区）末级渠系及计划设施进行配套完善；三是改革水价，10个试点县（区）共规范和组建农民用水合作组织902个，发放小型水利工程所有权证、使用权证、管护协议书1641套[40]。因此，水资源综合管理规划中所列的市场导向措施应被视为这些流域农业生产宏观重组和农业景观重构的关键部分。

（三）实施水资源综合管理项目的限制因素和新的不确定性产生

从以上内容可以看到，这四大流域水资源综合管理项目的设计考虑了水资源管理的不同方面，自上而下的项目设计与实施通过河长制和关井压田等措施保证流域内环境问题得以考虑和解决；基础设施建设通过提高对水流量的监测和控制能力以减少不确定性；市场调节通过水权登记和定价等办法促使农民合理用水。但是，这三个方面在具体实施的过程中，遇到了诸多障碍和限制因素。本节主要基于对石羊河流域的案例调查和相关文献资料，梳理这些限制因素并分析其如何阻碍了项目目标的实现。

1. 自上而下的项目实施引发新环境问题

虽然减少农业种植面积和农业用水是不得不采用的重要方案，但这一目标与地方政府制定的经济发展和扶贫指标产生了矛盾，再加上地县一级地表水和地下水管理缺乏整合，导致黑河和疏勒河流域在实施地表水分配计划后迅速增加地下水资源开采，2000—2012年，黑河流域共钻取机井3000多口，地下水开采率平均每年增加1亿立方米，新增灌溉用水总量2亿多立方米[41]。在疏勒河流域，上游水库建设减少了对下游定居点的地表水供应，2006—2014年地下水使用量急剧增加，达到每年1.8亿立方米[42]。在2011年机构调整之前，塔里木河流域管理局根本无法有效控制地表水资源的过度抽取，最终导致了 2006 年到 2009 年台特马湖重新干涸[43]。《塔里木河流域近期综合治理规划》中提出新建机电井 3272 眼，并使用现有机电全部配套发挥效益，新增地下水开采量 4.58 亿立方米。因此，2001—2017 年，塔里木河流域反而增加了 859.7 平方公里的耕地[44]。

由于民勤县的地下水矿物质浓度较高，农民们认为滴灌可能会加剧耕地土壤的碱化（2013 年 5 月访谈），再加上滴灌安装和运行成本高，而喷雾器经常被复合肥料堵塞，压缩机无法向管道末端的田地泵送出足够的水，导致村民之间经常发生用水冲突（2011 年 11 月访谈）。总之，土地碎片化阻碍了机械化的推广，农业生产条件不能达到滴灌使用的配套要求，使滴灌很难在实地得到充分应用。另外，还有许多人质疑在年蒸发率为 2644 毫米的干旱区环境，通过明渠输送大量水资源来维持干旱区地表湖泊，是否是一种资源的浪费（2011 年 10 月、2013 年 4 月和 2016 年 5 月访谈）。

2. 自上而下和偏重基础设施的项目实施引发社会经济问题

为了将民勤县树立成为国家典范，在水资源综合管理规划的实施过程中，省市县三级政府依靠自上而下的政治动员，通过严格的时间框架来实施保护计划，以完成规划任务。因此，与水资源综合管理规划中规定的协作治理结构不同，实际的政策实施过程是命令控制型的体系，强调一级级按时完成配额，而对分配任务的可操作性考虑不足。《石羊河流域重点治理规划》将 55.2% 的基础设施投资指定给了温棚建设，因此扩大温棚成为地方治理中最重要的政治任务。每一位干部都要负责在其层级职位之下的行政区域内及时建设温棚[45]。由于需要迅速实现上级政府设定的限制性目标，而民勤县地理位置偏僻，缺乏销售网络，使得温室种植无利可图，最终被肆意废弃。到 2016 年，至少有 1583 个温室被消除改造，造成大量的资源浪费。县政府表示，对依托石羊河流域重点治理项目建成的温棚必须按照清理一座重建一座的原则，其余的温室作业可恢复地貌继续用于农业生产或流转给农业专业合作社和种植大户[46][47]。

与此同时，与水行政管理和生态恢复项目相关的成本开始超过中央政府的初始资金，民勤县政府在平衡预算上遇到困难。民勤县财政局 2018 年 12 月的一份报告显示，项目目标与实施成本之间存在着这种紧张关系："……基础设施建设、社会福利和行政人员配备成本持续增加，加上利息和本金支付带来的压力，政府面临着严峻的挑战。预防和解决民勤财政危机的难度越来越大"[48]。为了降低成本，地方政府开始鼓励私人投资扩大节水基础设施和高效利用水资源[49]。鼓励种植大户、家庭农场实施农田高效节水技术，对于流转土地 100 亩以上的优先给予地膜、水溶肥等补贴[50]。民勤县设施农业和实施滴灌的大田节水作物、特色林果和生态用水，在配水定额内用水的，地表水水价优惠 30%，地下水 50%；对传统方式种植的高耗水低效益作物，在配水定额内用水的，地表水水价上浮 30%，地下水 50%。由此可见，地方政府要完成项目目标，实施成本却成为难以逾越的障碍[51]。

3. 偏重基础设施的项目执行和市场调节办法引发管理问题

水资源配置成为基层干部保证水资源定额完成的纪律工具，这种简单的做法后来被应用于石羊河流域水资源综合管理项目中的几乎所有目标，并在民勤县 2018 年水调配计划中得到印证：每个乡镇都要将滴灌作业与指定水权联系起来，对未积极实施节水基础设施和技术、未积极监测作物选择和种植面积或未遵守对用水者协会规定的村庄进行特别监督[52]。为了执行对非节水作物的禁令，民勤县 2015 年水调配计划规定取消农户种植洋葱和玉米时的用水权、用电权，温棚种植者也在此规定的限制范围内。当地干部要每天监测上报种植情况，如果发现在指定村内有洋葱种植，就会采取惩罚措施[49]。因此，水使用权的行使及其后续的惩戒性，成为民勤县农村治理中影响当地社会关系的重要因素之一。

尽管中央和地方政府都在大力推进水权交易和农业水价改革，但这些措施的实施遇到了很多制度障碍[18][21][42]，市场机制并没有发挥预期的作用，水资源综合管理的各种目标还是主要依赖于行政命令实现。首先，市场化机制在上下游用户间的水资源配置中很难发挥作用，分水规划依然是各地县政府水量配额的主要依据。其次，这些流域的下游湖泊和湿地能否恢复，取决于中央政府通过地方行政首长负责制设计和实施的水流定额，水权交易也无法发挥作用。再次，由于国家没有关于多级水管理体制安排的指导方针，一些流域管理机构将地下水管理权下放到地方，导致地下水管理不力。例如，石羊河流域管理局既控制地表灌溉，又控制地下水开采，实行了严格的人均用水定额制度；但黑河流域管理局和疏勒河流域管理局已将地下水监管委托给州和县级水管理部门，由于管理不力，导致两个流域地下水严重枯竭，水权交易制度更是留于空谈[18][42]。最后，地方政府还必须平衡水资源保护和扶贫之间的矛盾关系，地方政府减少耕种面积、降低灌溉用水以及提高灌溉用水价格的空间都很有限，也阻碍了市场机制发挥作用。

五　结论与分析

以上对疏勒河、黑河、石羊河和塔里木河水资源综合管理规划的分析表明，社会因素的复杂性和相互关联性在西北内陆水资源管理中发挥着重要影响。为了迅速解决严重的水资源短缺和生态退化问题，水资源综合管理规划利用基础设施的建设，将不受管制的用水量转化为可量化的单位，根据具有约束力的目标来实施政策，并促进了水资源利用技术的使用和当地农业结构调整。这些流域管理的变化不仅代表了整个流域水资源调控的尝试，也通过水资源分配控制改变了当地土地利用、农业生产和社会分层的模式，最重要的是改变了国家与社会的关系。因此，要想正确评估水系统不确定性和可持续性，必须理解更广泛的生态环境和农村治理范围内嵌入的制度关系及其如何与水资源管理形成"混合的社会自然过程"。

总结来看，四个流域水资源综合管理规划之所以又引发了新的不确定性，主要源于以下四个矛盾。首先，强调基础设施建设和自上而下的实施方法可能会阻碍通过用水权登记与交易以减少水需求的目标，这从根本上是行政命令与市场手段之间的矛盾。其次是自上而下的实施办法与综合管理之间的矛盾，自上而下需要用清晰简单的指标来监督实施效果，而综合管理本身需要考虑多个利益相关者的不同需求，其结果就是四个流域水资源综合管理规划的政策制定过程都未能充分考虑地方政府机构的不同保护和经济目标。再次是不同管理尺度之间的矛盾，大型水利基础设施建设结合行政命令，可以解决不同区域和不同用途的调水问题，但村级和农户层面的用水虽然有节水灌溉设施的配合，但如何使用这些设施以实现真正节水还是需要农户的参与管理以及基层政府的支持。最后是国家干预意愿与地方政府合作之间的矛盾，从以上分析可以看到，自上而下的实施方法在人力资源和管理支出方面是昂贵的，目前国家干预这些流域治理的持续时间和强度主要缘于国家对这些问题的重视程度，并没有完善的法律机构和市场机制支持。如果没有形成各级政府与地理范围内不同利益相关者的长期合作，我们研究的水资源综合管理规划可能只有在特定的时空背景下取得成功，因为它们的长期可行性取决于中央政府提供和维持财政转移的意愿。

　　针对以上问题，本文试图提出两个思路来缓和目前存在的矛盾。第一个思路是在目前实施自上而下的以基础设施建设为主的大型项目的同时，国家可以拿出一小部分资金用于鼓励基层自下而上的多个利益相关者参与水资源管理的小项目发展。这有利于缓和上述第一个和第二个矛盾，例如在农村社区范围内，基于用水者协会协调不同农户、农业合作社、外来农业经营者和基层政府等对于水资源管理的不同需求，提出切实可行的节水方案，包括市场手段与行政手段如何有效结合。更重要的是，这些项目的开展也可促进当地社区积极维护国家投入大量资金修建的各种基础设施，有利于这些设施的可持续利用。当然，这些小项目的发展，需要时间来培育，也需要合理的效果评价。第二个思路是水资源综合管理需要考虑政府不同层级的不同功能，分工合作，有效发挥各自的作用。用水者协会协调不同利益相关者的用水行为；乡级政府帮助解决争端并鼓励节水行为；县级政府相关部门给予政策支持和技术指导并成为上下沟通的桥梁；省市级政府部门给予财政和政策支持并协调大尺度调水方案，同时成为国家与地方沟通的桥梁；中央政府则从宏观把握用水情况并给予相应的政策与财政支持。事实上，层级管理与综合管理并不矛盾，只要各级政府明白自己的功能且实现上下级的有效协调，就可以实现水资源综合管理的目标。

　　总之，实施水资源综合管理规划所带来的新的不确定性是中国面临的困境，中央政府必须对经济快速增长所引起的生态恶化及资源过度开采做出迅速的政策反应。由于中国巨大的区域差异使资源治理变得极为复杂，在此不存在一种万能的方法。因此，反思已有水资源综合管理规划实施的得失，思考未来解决对策，不仅对于中国的流域管理和水资源保护利用非常重要，而且对于世界其他国家推行类似项目也可以提供更多的经验参考。

参考文献

［1］ 王浩：《中国未来水资源情势与管理需求》，《世界环境》2011 年第 2 期。

［2］ 水利部：《2014 年中国水资源公报》，http：//www.mwr.gov.cn/sj/tjgb/szygb/201612/t20161222_776054.html。

[3] 邓铭江：《中国西北"水三线"空间格局与水资源配置方略》，《地理学报》2018 年第 7 期。

[4] 联合国教科文组织：《世界水发展报告：不确定性和风险条件下的水管理》，中国水利水电出版社 2013 年版。

[5] Bensoussan, A. , Farhi, N. , *Uncertainties and Risks in Water Resources Management. The economics of sustainable development*, London：Economica, 2010：163 – 179.

[6] Taylor, P. L. , Sonnenfeld, D. A. , "Water crises and institutions：Inventing and reinventing governance in an era of uncertainty", *Society & Natural Resources*, Vol. 30, No. 4, 2017.

[7] Schneider, R. L. , "Integrated, watershed-based management for sustainable water resources", *Frontiers of Earth Science in China*, Vol. 4, No. 1, 2010.

[8] United States Agency for International Development, *What is integrated water resources management?*, Washington, DC：United States Agency for International Development, 2007.

[9] Ibisch, R. , Leidel, M. , Niemann, S. , Hornidge, A. , & Hornidge, R. , "Capacity development as a key factor for integrated water resources management：lessons learned from a series of applied research projects", *Integrated water resources management：concept, research and implementation*, Berlin：Springer, 2016.

[10] Mukhtarov, F. G. , "Intellectual history and current status of Integrated Water Resources Management：A global perspective", *Adaptive and integrated water management*, Berlin：Springer, 2008.

[11] Reed, M. S. , "Stakeholder participation for environmental management：a literature review", *Biological Conservation*, Vol. 141, No. 10, 2008.

[12] 刘道祥：《水资源系统风险管理研究综述》，《西北水电》2003 年第 1 期。

[13] 夏军、翟金良、占车生：《我国水资源研究与发展的若干思考》，《地理科学进展》2011 年第 9 期。

[14] Magee, D. , "The politics of water in rural China：a review of English-language scholarship", *Journal of Peasant Studies*, Vol. 40, No. 6, 2013.

[15] Nickum, J. , "Water policy reform in China's fragmented hydraulic state：Focus on self-funded/managed irrigation and drainage districts", *Water Alternatives*, Vol. 3, No. 3, 2010.

[16] Yao, J. , & Zhou, P. , "The importance of water law", *Economy and Social Development*, Vol. 14, No. 6, 2016.

[17] Yu, X. , Geng, Y. , Heck, P. , & Xue, B. A. , "review of China's rural

water management", *Sustainability*, Vol. 7, No. 5, 2015.

［18］ Moore, S. M., "The development of water markets in China: progress, peril, and prospects", *Water Policy*, Vol. 17, No. 2, 2015.

［19］ Wang, J., Huang, J., Rozelle, S., Huang, Q., Blanke, A., "Agriculture and groundwater development in northern China: trends, institutional responses, and policy options", *Water Policy*, Vol. 9, No. S1, 2007.

［20］ Moore, S., "Hydropolitics and inter-jurisdictional relationships in China: The pursuit of localized preferences in a centralized system", *The China Quarterly*, 2014.

［21］ Shen, D., "Post – 1980 water policy in China", *International Journal of Water Resources Development*, Vol. 30, No. 4, 2014.

［22］ 贾绍凤、张杰：《变革中的中国水资源管理》，《中国人口·资源与环境》2011 年第 10 期。

［23］ Yang, X., Lu, X., & Ran, L., "Sustaining China's large rivers: River development policy, impacts, institutional issues and strategies for future improvement", *Geoforum*, Vol. 69, 2016.

［24］ Shen, D., "Groundwater management in China", *Water Policy*, Vol. 17, No. 1, 2015.

［25］ 渠敬东：《项目制：一种新的国家治理体制》，《中国社会科学》2012 年第 5 期。

［26］ 折晓叶、陈婴婴：《项目制的分级运作机制和治理逻辑——对"项目进村"案例的社会学分析》，《中国社会科学》2011 年第 4 期。

［27］ Crow-Miller, B., "Discourses of deflection: The politics of framing China's south-north water transfer project", *Water Alternatives*, Vol. 8, No. 2, 2015.

［28］ Crow-Miller, B., Webber, M., & Rogers, S., "The Techno-Politics of Big Infrastructure and the Chinese Water Machine", *Water Alternatives*, Vol. 10, No. 2, 2017.

［29］ Moore, S. M., "Legitimacy, Development and Sustainability: Understanding Water Policy and Politics in Contemporary China", *The China Quarterly*, Vol. 12, 2018.

［30］ 国务院：《在十三五期间分步建设 172 项重大水利工程》，http://scitech.people.com.cn/n/2014/0523/c1057 – 25054199.html。

［31］ 国新网、国新办水利发布会：《172 项重大水利工程已开工 132 项规模超 1 万亿》，https://www.guancha.cn/economy/2018_12_06_482332.shtml。

［32］ 水利部：《重大水利工程建设加速推进》，http://www.mwr.gov.cn/ztpd/2017ztbd/dlfjshms/zdgcjsqmts/201710/t20171011_ 1002156.html。

［33］ 王蓉、王忠静、许虎安、王福勇、王国新：《塔里木河流域水权制度建设的特点及问题分析》，《中国水利》2006 年第 21 期。

［34］ Chien, S., & Hong, D., "River leaders in China: party-state hierarchy and transboundary governance", *Political Geography*, Vol. 62, 2018.

［35］ 甘肃日报：《人水和谐 润泽民生——民勤县水利改革 40 年成就回顾》，http://szb.gansudaily.com.cn/gsrb/201811/27/c96756.html。

［36］ 民勤县政府：《民勤县高标准农田建设实施方案（2015—2020 年）》，http://61.178.185.70：8888/pub/mqxzfxxgk/gkml/zfwj/zfwjfl/agwwzfl/mzbf/5968.htm。

［37］ 国务院：《国务院关于黑河流域近期治理规划的批复》，2001 年国函〔2001〕86 号。

［38］ 钟方雷、徐中民、窪田顺平、李佳、秋山知宏：《黑河流域分水政策制度变迁分析》，《水利经济》2014 年第 5 期。

［39］ 宋振峰：《甘肃省推进农业水价综合改革》，《甘肃日报》2016 年 8 月 19 日。

［40］ 甘肃省水利厅：《多措并举综合施策 加快推进农业水价综合改革》，http://www.mwr.gov.cn/ztpd/2017ztbd/2017nqgsltjzhy/jlfy/201701/t20170106_783861.html。

［41］ 肖生春、肖洪浪、米丽娜等：《国家黑河流域综合治理工程生态成效科学评估》，《中国科学院院刊》2017 年第 1 期。

［42］ Aarnoudse, E., Bluemling, B., Qu, W., Herzfeld, T., "Groundwater regulation in case of overdraft: national groundwater policy implementation in north-west China", *International Journal of Water Resources Development*, Vol. 35, No. 8, 2018.

［43］ 黄小宁：《对塔里木河流域综合规划的思考》，《水利水电技术》2007 年第 6 期。

［44］ 陈曦、包安明、王新平等：《塔里木河近期综合治理工程生态成效评估》，《中国科学院院刊》2017 年第 1 期。

［45］ 许德忠：《武威召开石羊河流域重点治理工作汇报座谈会》，http://www.h2o-china.com/news/70094.html。

［46］ 民勤县政府：《民勤县设施农牧业闲置棚消除改造实施方案》，http://mqdaj.minqin.gov.cn/Item/61467.aspx。

［47］ 石破：《民勤怎么办？》，http://news.sina.com.cn/c/sd/2010-03-30/142619971840.shtml。

［48］ 民勤财政局：《民勤县 2018 年 12 月财政收支情况分析》，2018 年。

［49］ 民勤县政府：《民勤县高标准农田建设实施方案》，http://61.178.185.70：8888/pub/mqxzfxxgk/gkml/zfwj/zfwjfl/agwwzfl/mzbf/5968.htm。

［50］甘肃省政府：《灌区农田高效节水技术推广规划（2015—2017 年)》，http：//www. gansu. gov. cn/art/2014/9/22/art_4843_206825. html。

［51］水利部：《甘肃省农业水价综合改革做法和经验》，http：//www. jsgg. com. cn/Index/Display. asp？NewsID＝2086。

［52］民勤县政府：《民勤县 2018 年水资源调分配方案》，http：//mqdaj. min-qin. gov. cn/Item/77784. aspx。

生态产品价值实现模式、关键问题及制度保障体系[*]

一 引言与研究述评

2020 年是"两山论"提出十五周年，经过多年的理论探索以及地方实践，"两山论"已经成为新时代中国生态文明建设的重要理论遵循和思想指引，并为全球可持续发展贡献中国智慧和中国方案。生态产品价值实现是"绿水青山就是金山银山"理念的核心，旨在将可利用的生态产品和可供交易的生态系统服务转化为经济价值、实现生态系统服务增值，将生态优势转化为经济优势[1]。早在 2005 年习近平同志就在《浙江日报》发文指出，将"生态环境优势转化为生态农业、生态工业、生态旅游等生态经济的优势"。从经济学的视角来看，生态产品价值实现的本质在于发掘自然资源优势，利用市场化的手段将资源优势转化为产品优势以及实现其内在价值，将"绿水青山"转化为"金山银山"，促进生态产品价值实现[2]。此外，党的十八大报告提出了生态文明建设的战略任务，也进一步提出"要加大自然生态系统和环境保护力度，增强生态产品的生产能力"。积极探索生态产品价值实现机制与模式，促进生态产品的价值转换，不仅是深入学习贯彻落实习近平总书记生态文明思想的要求，有助于实现具有生态优势的欠发达地区的经济增长，进而促进区域协调发展，而且在"双循环"的新发展格局下，也有助于促

* 本文作者为孙博文（中国社会科学院数量经济与技术经济研究所、中国社会科学院环境与发展研究中心，副研究员）、彭绪庶（中国社会科学院数量经济与技术经济研究所、中国社会科学院环境与发展研究中心，研究员）。本文部分内容发表于《生态产品价值实现模式、关键问题及制度保障体系》，《生态经济》2021 年第 6 期。

进消费升级以及扩大内需，实现中国经济高质量发展。

从既有的研究看，围绕生态产品的内涵界定以及生态产品价值实现的机制、模式以及路径等，已经涌现了大量成果[3][4][5][6][7][8][9]。总体来看，既有的关于生态产品价值实现的研究呈现出以下几个特点：第一，对生态产品与生态产品价值的概念界定依然莫衷一是。对生态产品的供给主体、表现形态、价值溯源以及区域特征等基本概念还存在诸多分歧[3][10]。第二，对生态产品价值实现模式的探讨缺乏一个统一的分析框架。比如，部分学者从生态产业（生态农业、生态工业、生态旅游业）发展、生态补偿、生态产权交易等某一领域对生态产品的价值实现进行了探讨[11][12]，还有较多学者从政府与市场主导关系[3]、政策工具应用[6]、生态产品消费属性[5]等视角切入进行研究，以及部分学者探讨了资本投入（公共投资、私人投资）对不同生态产品消费属性生态产品（生态私人产品、生态准公共产品、生态俱乐部产品以及生态公共品）价值实现机制的促进作用[12]。但总体来看，既有的研究缺乏一个统一的理论分析框架以及框架指导下的生态产品价值差异化模式的探讨。第三，既有的研究重在生态产品价值实现的实践路径探讨，鲜有学者关注一些基础理论的突破。新时代生态产品价值的实现要充分贯彻习近平新时代中国特色社会主义思想要求，寻求生态要素理论、生态补偿理论以及生态金融理论等新突破[13]。第四，既有的研究对现代信息技术工具在生态产品价值实现中的作用探讨较少。现代信息技术的发展以及互联网工具的普及应用，对生态产品市场交易模式创新、自然资源资产产权界定、生态产品价值核算以及生态环境保护信息监督等起到了重要推动作用，大大提高了生态产品价值转化的效率，有必要在生态产品价值实现的模式探讨中加强相关内容的分析。

基于以上分析，本文将重点关注以下四个方面的问题：首先，从表现形态、供给属性、消费属性、价值溯源以及区域特征等方面，对生态产品的概念内涵以及外延进行了解读。其次，基于生态产品的消费属性分类，概括了生态产品价值实现的匹配模式。再次，总结梳理了生态产品价值实现面临的一系列理论与实践问题。最后，提出生态产品价值实现的制度保障体系。

二 生态产品概念界定与内涵特征

（一）生态产品的概念界定

生态产品与物质产品、精神产品并列为支撑人类生存发展的三大类产品。有别于后两者满足人类物质层面、精神层面的需求属性，生态产品旨在满足"优美生态环境需要"。从字面语法上来解释，生态产品既可以是偏正结构层面的"生态的产品"，也可以是动宾结构下的"生态系统生产的产品"[14]，前者更多地体现出产品的无害性、绿色性、资源节约型以及生态环境友好型特征，与当前学界所提倡的工业领域产业、产品生态化改造有共通之处[4]，相比而言，后者则意味着"从自然系统中生产出的具有生态功能的产品"，更多体现了生态系统领域的生态系统服务。

联合国以及中国政策层面基本上沿用了自然生态系统产品的定义，在2001—2005年联合国启动了"千年生态系统评估"项目影响下，更多的学者开始将生态产品视为生态系统服务（Ecosystem Services），认为生态产品是指在不损害生态系统稳定性以及完整性前提下为人类生产生活提供的物质和服务，通常分为生态物质产品、调节服务产品以及文化服务产品等三类[9][15][16][17]，中国在2010年12月发布的《全国主体功能区规划》首次提出了"生态产品"的概念，指出"人类需求既包括对农产品、工业品和服务产品的需求，也包括对清新空气、清洁水源、宜人气候等生态产品的需求"。中央财经领导小组办公室副主任杨伟民认为，"生态产品"就是良好的生态环境，包括清新空气、清洁水源、宜人气候、舒适环境。

（二）生态产品内涵特征

根据生态产品的表现形态、供给属性、消费属性、价值溯源以及区域特征，生态产品的内涵可从以下多个方面进行深入解读。

第一，表现形态。生态产品可分为有形产品和无形产品两类，有形产品是指自然生态系统提供的空气、水源、森林、土壤、湖泊、河流、草原等物质产品，无形产品则是指生态系统提供的调节服务（如防风固沙、涵养水源、气候调节）、文化服务（如生态旅游、美学体验以及艺术价值）等产品。

第二，供给属性。基于自然生态系统与人类的供给主体的分异，潘家华[10][18]将生态产品划分为自然要素类、自然属性类、生态衍生品类以及生态标识类等。自然要素类一般来自非人类生产，缺乏稀缺属性，如干净的空气、清洁的水源、无污染的土壤、茂盛的森林和适宜的气候，以及食物链的完整、生态功能的健全等系统性服务；自然属性类非人类生产但存在稀缺属性，如树木、花草、禽兽等各种植物、动物等；生态衍生品由人类深入参与生产，依赖于自然要素以及自然属性，交换价值凸显，如人工林、林下中草药、自然放养的禽畜养殖等；生态标识类则是广义上人类生产的生态中性产品。

第三，消费属性。根据消费属性可将生态产品划分为生态公共产品、生态私人产品以及生态混合公共产品等[7][9]。生态私人产品产权较为清晰，可通过市场交易的方式实现生态产品价值。生态公共产品具有典型的外部性特征，具有非排他性、非竞争性以及不可分割性。生态混合公共产品介于生态公共产品以及生态私人产品之间，是指具有有限的非竞争性或有限的非排他性的公共产品，包括生态准公共产品以及生态俱乐部产品。

第四，价值溯源。古典经济学"劳动价值论"认为活劳动是价值的唯一源泉，因此自然生态供给下的生态产品不具有价值。但从新古典经济学的"效用价值论"来看，随着人类文明的不断进步，自然生态系统的稀缺性逐步凸显，其对人类的价值也就日益增加。此外，习近平总书记"两山论"则进一步明确了生态产品满足"自然生态"的需要，是对古典经济学与新古典经济学的突破[7][10][18][19]。

第五，区域特征。生态产品的供给与空间分布、距离、空间尺度密切相关，具有显著的区域异质性特征，包括国家生态产品、省级及流域生态产品，以及更小地理尺度的区县乡镇生态产品等[7]。

三　生态产品价值实现的内在逻辑及匹配模式

（一）生态产品消费视阈下的价值实现逻辑

消费视阈下的生态产品可分为生态私人产品、生态混合产品和生态公共产品三类，生态混合产品包括生态准公共产品以及生态俱乐部产品。生态私人产品产权清晰，具有排他性以及竞争性，可由市场交易直接实现其价值。生态公共产品具有较强的外部性，市场失灵问题突出，需要由政府主体保障其价值实现①。对于生态混合产品而言，由于其存在有限的排他性以及竞争性，一般需要由政府与市场协同参与实现其价值②（见图1）。

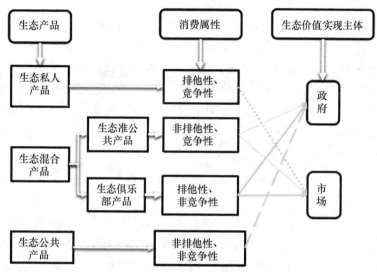

图1　生态产品消费属性及价值实现逻辑

（二）生态产品价值实现匹配模式

1. 生态私人产品价值实现之生态产业化模式

主要有三种典型的模式③：第一类是利用自然生态系统下的水源、

---

① 生态公共产品受益人群为全国人民乃至全人类，是指山水林田湖草等全国性的自然生态资源，主要是指生态产品中的调节类服务功能，如固定二氧化碳、涵养水源、防风固沙、调节气候等。由于面临着市场失灵的问题，其价值一般难以通过市场化手段实现，需要政府或地方参与统筹协调，为被限制发展权的地区提供利益补偿（陈清，2018）。

② 生态准公共产品是指具有消费上的竞争性、非排他性，受益人群通常为某一流域或某一区域的人群，所有权属于国家或者集体，受益方为某一地区或者流域的人，在消费上却可能存在着竞争，如地下水流域与水体资源、牧区、森林、灌溉渠道等，具有典型的公共资源属性，因为市场失灵的问题，需要完善一系列的制度建设，通过明晰自然资源资产产权，以及在此基础上进行市场交易。生态俱乐部产品则是指具有消费上的排他性、竞争性，具有俱乐部性质，如农村承包地、农村宅基地、集体林权以及其他自然资源产权等。

③ 产业生态化改造更多地体现了产品生产的清洁化、绿色化、低碳化以及智能化。基于本研究的生态产品内涵界定，考虑到生态产品更多地体现了生态系统生产的属性，因此本文将更广义地产业生态化改造作为生态产品价值实现的模式范畴。

优质土壤、中草药、木材等发展生态农业以及现代农业。随着数字经济时代的到来，生态农产品交易环节大大压缩、交易主体日趋多元化、交易成本不断降低、交易效率不断改善，生态农产品品牌塑造能力增强，生态农业的"生态溢价"空间也大大提升[20]。第二类是立足于生态农业、生态养殖等优势基础上，形成种养、加工、销售于一体的生态工业[21]。第三类是基于"生态要素"所蕴含的美学价值、文化价值，结合人力资本、人造资本（交通、通信、酒店等基础设施）发展生态文化旅游业[2][9][21]。除了以上三种模式之外，一二三产业融合发展模式也已经成为很多地区实现生态农业、生态工业以及生态文旅产业融合发展的现实选择。

2. 生态公共产品之生态修复与生态补偿模式

人类的一些劳动，不仅没有创造价值，反而生产出价值为负向的"恶品"，贬损生态产品的价值[10]。这意味着，对既有遭到破坏的生态系统的修复已经成为生态产品价值实现的前提和必需[22]。生态修复工程由于外部性强、周期长、投入资金大，往往依赖于政府主导下的财政资金投入或者政策性银行资金支持，探索多元化资金渠道来源的生态补偿模式。政府主导下的生态补偿方式可分为保护性（纵向）补偿、跨区域（横向）协调补偿以及激励性补偿模式等[5][6]。纵向补偿通常由中央财政出资，通过转移支付的方式给予生态保护主体资金支持，是当前生态补偿的主要模式[23]，此外横向补偿是指跨区域（流域）补偿模式，由区域（流域）受益方为保护方提供资金补偿，由于存在区域行政壁垒，这一补偿模式往往涉及多个政府主体，是当前生态补偿工作的难点。最后则是政府主导下的激励性补偿模式，政府可通过政策性补贴、企业税收减免的方式给予生态保护主体一定的激励性补偿。

（三）生态混合产品之生态资源资本化、生态产权交易模式

生态混合产品中，生态准公共品具有典型的生态资源属性，如流域水资源、碳排放、牧区、森林以及灌溉渠道等，对其消费存在着市场竞争行为以及"拥挤效应"，因此可以探索引入市场化交易机制实现其内在价值，其本质是一种市场主导型生态补偿模式[24]。另外，生态俱乐部物品是指所有权明确，但其他用益物权，包括生态产品的所有权、收益权、使用权以及处分权等需要进一步界定的产品，常见的有土地承包经营权、建设用地使用权、宅基地使用权、集体林权以及自然资源使用权

等[25][26]。对以上两类具有有限的竞争性及排他性的生态产品，一方面有生态产权交易模式。可通过清晰界定产权，探索集体林权、土地承包经营权、用能权、水权、排污权、碳排放权市场交易模式[27]。另一方面有生态资源资产资本化运营模式。以生态银行为例，通过零存整取的思维，对山水林田湖草茶等碎片化、分散化生态资源进行规模化收储、整合、优化形成资源包，后端通过营销、推介、对接优质项目资本，搭建资源变资产、变资本转化平台。

为推进生态产品价值实现机制的理论和实践探索，发挥典型案例的示范作用和指导意义，自然资源部分别于 2020 年 4 月 27 日以及 11 月 6 日推出了两批生态产品价值实现典型案例。笔者根据第一批 11 个重点案例以及本文的模式总结，对自然资源部典型案例中生态产品价值实现路径以及典型模式进行了归纳总结如下，进一步证明了研究对生态产品价值实现模式概括的一般性以及科学性。

表 1   自然资源部生态产品价值实现典型案例模式总结

	实现路径	模式
福建省厦门市五缘湾	陆海环境综合整治和生态修复保护，发展生态居住、休闲旅游、医疗健康、商业酒店、商务办公等现代服务产业	生态私人产品之生态（旅游、康养、服务）产业
福建省南平市	森林生态银行，借鉴银行分散式输入、集中式输出的模式	生态混合产品之生态资源资本化运营
重庆市	森林覆盖率约束性指标，实现达标区与非达标区市场化交易	生态混合产品之森林覆盖率（权利指标）交易
重庆市	地票制度，拓展了其生态功能，建立了市场化的"退建还耕还林还草"机制	生态混合产品之生态产权（地票）市场化交易
浙江省余姚市梁弄镇	通过土地整治与生态修复，发展红色教育培训、生态旅游等产业	生态私人产品之生态（旅游、培训）产业
江苏省徐州市贾汪区	通过采煤塌陷区生态修复，打造国家湿地公园	生态公共之生态公园
山东省威海市	通过矿坑生态修复，打造 5A 华夏城景区	生态混合产品之生态（旅游）产业

续表

地区	实现路径	模式
江西省赣州市寻乌县	通过山水林田湖草生态保护修复，发展油茶种植、生态旅游、体育健身等产业	生态私人产品之生态（农业、旅游、服务）产业
云南省玉溪市	流域整体保护、系统修复和综合治理	生态公共产品之生态（水）资源保护
湖北省鄂州市	统一生态产品价值核算方法，为生态补偿提供技术支持	生态公共产品之生态补偿
美国	法律明确湿地"零净损失"的强制约束，形成第三方湿地补偿市场	生态混合产品之湿地（生态）市场化补偿

资料来源：笔者根据《自然资源部推荐 11 个生态产品价值实现案例》（http：//www.mnr. gov. cn/dt/ywbb/202004/t20200427_ 2510199. html）整理。

四　生态产品价值实现面临理论与实践问题

（一）生态产品价值实现面临的理论问题

在生态产品价值实现的过程中，生态产品界定、生态要素理论、生态金融理论以及生态补偿理论创新方面还存在较大的探索空间。

1. 生态产品界定泛化

根据联合国千年生态系统评估项目以及中国政策层面的概念划定，生态产品应当限定为自然生态系统生产的生态物质产品、生态调节服务以及生态文化产品等，体现了自然与人类生产主体的互动作用。而当下流行的产业生态化改造（绿色化、清洁化、智能化）所生产的工业产品或者生态标识产品不应纳入生态产品范畴进行讨论。

2. 生态要素理论不成熟

习近平生态文明思想为生态要素理论发展提供了理论指引，将生态要素作为一种有别于传统意义上劳动力、资本与技术的新型生产要素，有助于革新新古典生产理论，但是当前学术界对此探讨仅限于理论层面，数学建模以及量化测算生态要素贡献的研究比较罕见。

3. 生态金融理论有待发展

生态环境的外部性决定了环境治理以及生态修复资金需要政府或者政策性金融机构给予资金保障[12]。与生态金融相比，由于市场化程度较高，以绿色信贷、绿色基金、绿色债券以及环境保险在内的绿色金融体系相对成熟，但生态工程具有投资巨大、周期超长、外部性强的特征，加大了生态金融理论和实践方面的探索难度。

4. 生态补偿理论亟待本土化创新

新时代生态补偿理论要对来自西方的生态补偿理论结合中国开展生态补偿的实践进行本土化整合、创新和突破，不断拓展政府主导型与市场主导型生态补偿理论边界，解决效率与公平问题。比如，精心设计"精准补偿"制度，重视政府主导型生态补偿模式中的财政支出、转移支付的资金使用效率问题；除了效率问题，中国特色社会主义的生态补偿理论还应当关注福利分配功能，强化对生态补偿促进区域均衡、区域协调发展的理论机制分析。

（二）生态产品价值实现面临的实践困境

1. 生态产业"生态溢价"空间不足

作为典型的生态私人产品，生态农产品价值可以通过市场交易手段来实现，但传统的生态农产品交易模式存在着交易环节多、交易成本较高、互联网技术应用不成熟以及品牌化程度不高等问题，不利于生态产品"生态溢价"空间的提升。此外，对于生态旅游服务业而言，其面临着人力资本和人造资本供给不足的问题，比如生态旅游专业人员缺乏、交通与其他公共服务基础配套设施建设滞后以及资金投入不足等，这都在很大程度上抑制了生态旅游产品的开发、营销以及区域旅游品牌打造等。

2. 资金短缺问题

生态产品具有典型的生态外部性属性，一方面，由于投资风险大、收益回报水平低，企业往往缺乏对生态产业投资的激励；另一方面，政府主导型生态补偿方式作为生态公共产品价值实现的核心模式之一，其资金来源主要依赖于中央财政转移支付或者地方财政投入等，但生态保护以及修复工程较长、投资巨大，比如对于废弃矿山治理、沙漠化治理以及生态修复等，有的甚至需要几十年的治理时间，仅仅依赖于政府资金投入无法满足相应的需求。而且，受新冠肺炎疫情影响，中央严格控制相关领域的财政支出，进一步加剧了中央与地方用于生态保护与修复的财政压力。此外，由于生态金融体系不健全，多渠道生态融资模式尚未建立，绿色信贷、绿色债券、绿色转向基金、绿色 PPP 以及社会资本等融资渠道对生态产业发展、生态保护与生态修复的支持力度有限。

3. 生态产权界定不清和价值核算方法不统一

一是生态产权界定不清。清晰界定生态产权是将其转化为可经营生产要素以及市场化交易的前提。由于一系列体制机制以及技术方面的原因，包括碳排放权、排污权、取水权、用能权以及自然资源资产产权界定依然不清晰，在所有权、收益权、承包权以及经营权的权利边界界定方面还存在诸多改进空间，比如到目前为止仅在2016年出台了第一步水权交易规范文件《水权交易管理暂行办法》，碳排放权交易也未推广实行，排污权交易市场初步取得成效且已经完成第一批试点，用能权市场处于起步阶段。这一问题导致生态产权供求主体不明确，生态产权主体权责利无法统一，不利于生态产权的市场化交易以及生态产业化发展。二是生态产品价值核算方法不统一，不同地区生态产品价值的核算方法、核算内容体系以及数据来源渠道差异较大，并且生态产品价值核算方法不统一，导致生态产品价值难以量化。

4. 跨区域和跨流域的生态补偿机制不健全

近些年各地在生态补偿探索方面取得了有益的进展。但在跨行政区域方面的生态补偿方面，由于缺乏顶层设计以及法律约束，流域上下游利益平衡点难以达成，合作机制的建立面临诸多困难，导致跨行政区的生态补偿推进难度较大。全国"一盘棋"统一的价值补偿体系尚未形成，制约了补偿价值核算的精准性和完整性，补偿机制还有待规范和协调。

5. 生态信用评价制度体系亟待完善

生态信用制度是社会信用体系在生态环境保护领域的制度创新，有助于发挥信息公开机制，对生态信用良好行为进行增信，对社会失信行为进行惩罚。中国生态信用评价制度还不完善，表现在：一方面，对于政府主导的生态信用评价体系而言，由政府负责组织开展生态信用评价的区域选择、对象确定、数据库建立以及评价信息工作，面临着政府公共信息基础设施建设不足的问题；另一方面，对于市场主导的生态信用评价体系而言，通常由市场化的信用评价公司主导，考虑到生态信用评价的成本，市场化的中介机构缺乏对一些偏远地区、条件艰苦地区生态自然保护区、滩涂、林权保护的生态信用评价激励，不可避免地带来生态公共产品保护的"市场失灵"问题。

五 构建生态产品价值实现制度保障体系

(一) 完善生态私人产品溢价的要素保障制度

提升生态私人产品溢价空间需要充分发挥配套基础设施建设投资、互联网信息技术以及人力资本等要素的促进作用，建立完善生态私人产品价值提升要素保障制度。首先，加强交通通信基础设施建设。加强生态优势突出、经济欠发达地区交通通信基础设施建设力度，提高地方生态产品交易市场可达性以及降低生态旅游服务交易成本，有助于吸引更多的生态产品经销商以及生态旅游游客，将极大地提高生态物质产品、生态旅游产品的溢价空间。其次，数字化技术赋能提高生态产品溢价。充分利用互联网、融媒体等现代信息技术工具，尤其是在新冠肺炎疫情下，不断创新"电商+品牌"和"电商+直播"模式，通过销售平台的升级、终端消费客户的拓展以及产品销售即时性的提升，发掘差异化农产品的特色，更有利于生态产品的品牌塑造和营销推广。再次，提高生态产品品牌影响力。可以通过软文推广和口碑营销，微信、邮箱推广，病毒式营销推广以及友情链接和网址导航等方式，提高生态旅游的区域以及全国品牌影响力。最后，培养优秀专业人才。充分发挥人的主观能动性，吸引更多优秀的人才参与到生态农产品交易、生态产业发展以及生态旅游品牌塑造过程中，参与生态产品的整体规划和品牌营销、生态资源利用的统筹协调和规制管理、生态产品经营能力提升等方面，提升生态产品经营管理水平。

(二) 创新生态补偿制度

未来需要从以下两个方面寻求突破：第一，加强顶层设计，充分发挥中央在地方跨行政区生态补偿中的协调作用，在利用中央财政资金纵向转移支付的基础上，完善跨行政区生态补偿法律法规，明确区域（流域）之间横向生态补偿的适应范围以及工作机制等。第二，完善政府购买生态服务的市场化生态补偿机制。完善生态服务供给方（政府）与生态服务生产方（私人企业、社会组织和个体农户等）之间的市场交易制度，明确市场交易主体以及交易规则，尤其要不断完善投融资渠道，保障资金的有效供给[28]。开展公益性生态产品（如植树造林、涵养水源等)、公益性生态工程（防风固沙、退耕还林还草等）以及公益性生态管护事务（森林防火、野生动植物保护等）的市场化交易活动，采取经济补偿（补助）、特许经营、合同外包、项目申请等方式进行购买。

(三) 完善自然资源资产产权制度

自然资源资产产权是生态产权的重要组成部分，完善自然资源资产产权制度要求：一方面，通过确权登记摸清"家底"。推动自然资源资产确权登记首先要解决的一个问题是统一自然资源资产分类、检测与调查标准，解决重复统计、交叉统计以及统计遗漏的问题，做到"统一自然资源资产分类标准、统一自然资源资产监测评价制度、统一自然资源资产监测调查时间"等"三个统一"。在此基础上，划定各类自然资源产权的使用权以及所有权边界，为进一步开展市场交易奠定基础，尤其是要重点推进国家公园等各类自然保护地、重点国有林区、湿地、大江大河重要生态空间的确权登记工作。另一方面，不断完善自然资源产权体系。明确各类生态产权的行使主体以及各类自然资源产权的主体权利，不断创新自然资源全民所有制和集体所有权的实现形式，实现所有权与使用权的进一步分离，通过不断拓展使用权转让、担保、租赁以及入股职能，提高自然资源产权的多层次市场化交易。

(四) 完善生态产品价值核算制度

完全核算制度要求明确核算指标对象以及统一核算方法。一方面，构建科学的生态价值核算评价指标体系。根据生态产品的功能分类建立评价指标体系，基于"多维支柱框架"的生态产品价值评估体系的构建，将生态产品价值（GEP）划分为物质产品价值（EPV）、调节服务价值（ERV）以及文化服务价值（ECV）等三个维度，并进一步细化各维度下的指标体系[29][30]。另一方面，统一生态价值核算方法。常见的生态产品价值核算方法有直接市场法、替代市场法以及意愿调查法等。方法选择的原则是：对于产权清晰以及可直接进行市场交易的生态产品，采用市场价值法、费用支出法、收益现值法等直接市场法；对于空间不连续生态产品的估值，采用替代成本法、机会成本法、影子价格法以及旅行费用法等替代市场法；对于数据难以获得的情形，采用意愿调查法。

（五）建立多元生态金融制度

基于生态产品的公共属性、资金需求特征，建立由政府、企业、社会组织多渠道融资的生态金融体系。在生态文明战略深入推进的背景下，建立多元生态金融制度尤其要重视生态产品价值实现这一核心命题，并正确处理好政府与市场在多元融资供给中的主体地位。对于一些公共性较强的生态保护与生态修复工程而言，应当建立政府主导下的多元投融资体系，由于其资金需求大、周期较长，需要联合政府财政投入、绿色 PPP、生态保护与修复基金、中长期绿色债券等渠道，保证资金的科学分配；而对于外部性较弱、投资周期较短、市场回报率较高的生态私人产品而言，应当建立由政府主导的多元投融资体系，充分发挥生态信贷、生态产业投资基金、短期绿色债券的作用，促进生态私人产品价值实现和生态产业发展。

（六）健全生态产品价值实现法律保障制度

完善生态产品价值实现法律保障体系需要从生态产品市场交易、自然资源资产产权界定、自然资源有偿使用、生态基金运作以及生态补偿等方面加强立法。第一，建立与完善生态产品市场化交易法律体系。明确生态要素的产权归属、生态产品供给主体的权利与义务，建立生态私人产品以及生态准公共产品的市场交易体系以及完善生态产品市场交易监管制度。第二，完善资源资产产权法律体系。推进修订矿产资源法、水法、森林法、草原法、海域使用管理法、海岛保护法等法律及相关行政法规，以及完善自然资源资产产权登记制度。第三，完善自然资源有偿使用的相关法律安排。完善相关法律法规，全面推行自然资源的有偿使用制度，充分发挥市场作用，健全自然资源定价制度，使得自然资源价格能够真实反映其稀缺程度和生态环境成本。第四，加强生态基金运作提供立法保障。借鉴美国《超级基金法》，规范基金的整体运作，明确中央与地方政府、企业及各利益相关方的公共责任，明确补偿权利和付费任务等，严格保护产权。第五，完善跨行政区生态补偿法规体系。完善跨行政区生态补偿法律法规，明确生态补偿的适应范围以及工作原则等。

参考文献

［1］ 王金南、马国霞、於方、彭菲、杨威杉、周夏飞、周颖、赵学涛：《2015
年中国经济—生态生产总值核算研究》，《中国人口·资源与环境》2018
年第 2 期。

［2］ 苏杨、魏钰：《"两山论"的实践关键是生态产品的价值实现——浙江开化
的率先探索历程》，《中国发展观察》2018 年第 21 期。

［3］ 曾贤刚、虞慧怡、谢芳：《生态产品的概念、分类及其市场化供给机制》，
《中国人口·资源与环境》2014 年第 7 期。

［4］ 黄如良：《生态产品价值评估问题探讨》，《中国人口·资源与环境》2015
年第 3 期。

［5］ 范振林：《生态产品价值实现的机制与模式》，《中国土地》2020 年第
3 期。

［6］ 高晓龙、程会强、郑华、欧阳志云：《生态产品价值实现的政策工具探
究》，《生态学报》2019 年第 23 期。

［7］ 陈佩佩、张晓玲：《生态产品价值实现机制探析》，《中国土地》2020 年第
2 期。

［8］ 陈敬东、潘燕飞、刘奕羿：《生态产品价值实现研究——基于浙江丽水的
样本实践与理论创新》，《丽水学院学报》2020 年第 1 期。

［9］ 石敏俊：《生态产品价值实现的理论内涵和经济学机制》，《光明日报》
2020 年 8 月 25 日。

［10］ 潘家华：《科学梳理生态产品的消费属性》，《光明日报》2020 年 7 月
20 日。

［11］ 廖福霖：《生态产品价值实现》，《绿色中国》2018 年第 10 期。

［12］ 程翠云、李雅婷、董战峰：《打通"两山"转化通道的绿色金融机制创新
研究》，《环境保护》2020 年第 12 期。

［13］ 吴健、郭雅楠、余嘉玲、周景博、龚亚珍、郑华：《新时期中国生态补偿
的理论与政策创新思考》，《环境保护》2018 年第 6 期。

［14］ 张华：《加强生态产品生产能力研究》，《中外企业家》2014 年第 10 期。

［15］ 赵士洞、张为民、赖鹏飞译：《千年生态系统评估报告集》（一），中国
环境科学出版社 2007 年版。

［16］ 千年生态系统评估委员会：《生态系统与人类福祉：生物多样性综合报
告》，中国环境科学出版社 2006 年版。

［17］ 千年生态系统评估委员会：《千年生态系统评估报告集》（三），中国环
境科学出版社 2007 年版。

［18］ 潘家华：《提供生态产品　增值生态红利》，《经济参考报》2017 年 10 月

23 日。

[19] 张兴、姚震:《新时代自然资源生态产品价值实现机制》,《中国国土资源经济》2020 年第 1 期。

[20] 马小平:《新媒体时代农产品品牌营销新思维》,《商业经济研究》2018 年第 9 期。

[21] 董战峰、张哲予、杜艳春、何理、葛察忠:《"绿水青山就是金山银山"理念实践模式与路径探析》,《中国环境管理》2020 年第 5 期。

[22] Hansen K, Duke E, Bond C, et al., "Rancher preferences for a payment for ecosystem services program in Southwestern Wyoming", *Ecological Economics*, Vol. 146, 2018.

[23] 赵晶晶、葛颜祥:《流域生态补偿模式实践、比较与选择》,《山东农业大学学报》(社会科学版) 2019 年第 2 期。

[24] 刘薇:《市场化生态补偿机制的基本框架与运行模式》,《经济纵横》2014 年第 12 期。

[25] 欧永龙、周科廷、黄晶:《建设生态产权市场初探》,《农业发展与金融》2019 年第 4 期。

[26] 马永欢:《科学划定生态产权边界》,《中国自然资源报》2020 年 7 月 22 日。

[27] 温作民、朱小静、谢煜、吕柳:《浙江省林权交易中心的完善与发展》,《林业经济评论》2011 年第 11 期。

[28] 牟永福:《政府购买生态服务的合作模式——基于京津冀协同发展的视角》,《领导之友》2017 年第 21 期。

[29] 欧阳志云、朱春全、杨广斌、徐卫华、郑华、张琰、肖燚:《生态系统生产总值核算:概念、核算方法与案例研究》,《生态学报》2013 年第 21 期。

[30] 谢高地、甄霖、鲁春霞、肖玉、陈操:《一个基于专家知识的生态系统服务价值化方法》,《自然资源学报》2008 年第 5 期。

第五篇　机制保障与社会参与

中国环保产业发展历程、问题与对策[*]

一般来说，环保产业被分为狭义的环保产业与广义的环保产业，狭义的环保产业多指围绕污染治理与监测的相关产业与服务。广义的环保产业是从大环保角度出发，还包括了资源回收再利用、清洁生产、节能、新能源、应对气候变化问题对策、绿色产品等更宽的行业范畴。

中国环保产业从 20 世纪 70 年代开始起步，在 90 年代发展步伐明显加快，进入 2000 年以后，特别是 2002 年以后呈现出了快速的超常规发展，是国民经济体系中发展轨迹独特、成长较为迅速的新兴产业。经过几十年的发展和积累，中国环保产业已经基本建立起了可以对应中国污染当量和经济产业结构类型的环境产业体系。中国的环保产业对于中国经济建设的保驾护航、维护民众基本的生存质量均具有重要的意义和价值，是产业体系中不可或缺的重要组成部分。

一 中国环保产业的发展阶段与特点

环保产业具有明显的政策主导型产业的特征。中国环保产业是随着环境治理相关政策与标准体系建立，以及与相关产业发展政策紧密联动的推动下发展起来的。自 20 世纪 80 年代开始，中国的环保产业开始起步发展，至今已经历了 40 多年的历程，其间随着相关政策体系的不断完善，"以企业为主体、以市场为导向、政府引导"的发展路径逐步清

---

* 本文作者为王世汶（中国社会科学院数量经济与技术经济研究所、中国社会科学院环境与发展研究中心，副研究员）、杨亮（清华大学环境学院环境管理与政策教研所）。本篇部分内容发表于《新时期·新市场·新环境产业》，《中国发展观察》2020 年第 24 期。

晰，产业规模、产业综合水平不断提升。

表1 中国环保产业领域主要政策

名称	发布主体	发布时间
《关于积极发展环境保护产业若干意见的通知》（国办发〔1990〕64号）	国务院办公厅	1990年11月
《国务院关于环境保护若干问题的决定》（国发〔1996〕31号）	国务院	1996年8月
《国务院关于国家环境保护"九五"计划和2010年远景目标的批复》（国函〔1996〕72号）	国务院	1996年9月
《关于加快发展环保产业的意见》（国经贸资源〔2001〕517号）	国家经贸委、国家计委、科技部、财政部、建设部、中国人民银行、国家税务总局、国家质检总局	2001年7月
《关于加快培育和发展战略性新兴产业的决定》（国发〔2010〕32号）	国务院	2010年10月
《环境保护部关于环保系统进一步推动环保产业发展的指导意见》（环发〔2011〕第36号）	环境保护部	2010年10月
《国务院关于加快发展节能环保产业的意见》（国发〔2013〕30号）	国务院	2013年8月
《关于发展环保服务业的指导意见》（环发〔2013〕8号）	环境保护部	2013年1月
《重大环保技术装备与产品产业化工程实施方案》（发改环资〔2014〕2064号）	国家发展改革委、工业和信息化部、科学技术部、财政部、环境保护部	2014年9月
《关于推行环境污染第三方治理的意见》（国办发〔2014〕69号）	国务院办公厅	2015年1月
《关于培育环境治理和生态保护市场主体的意见》（发改环资〔2016〕2028号）	发展改革委环境保护部	2016年9月

续表

政策名称	发布主体	发布时间
《关于政府参与的污水、垃圾处理项目全面实施 PPP 模式的通知》（财建〔2017〕455号）	财政部、住房城乡建设部、农业部、环境保护部	2017 年 7 月
《关于加快推进环保装备制造业发展的指导意见》（工信部节〔2017〕250 号）	工信部	2017 年 10 月
《关于生态环境领域进一步深化"放管服"改革，推动经济高质量发展的指导意见》（环规财〔2018〕86 号）	生态环境部	2018 年 8 月
《关于构建现代环境治理体系的指导意见》	中共中央办公厅、国务院办公厅	2020 年 3 月
产业发展规划		
《环保产业发展"十五"规划》（国经贸资源〔2001〕1023 号）	国家经贸委	2001 年 10 月
《"十二五"节能环保产业发展规划》（国发〔2011〕26 号）	国务院	2012 年 7 月
《"十三五"节能环保产业发展规划》（发改环资〔2016〕2686 号）	国家发展改革委、科技部、工业和信息化部、环境保护部	2016 年 12 月

中国环保产业的发展不是一蹴而就，而是一个逐步发展、逐步完善的长期过程。总体而言，40 多年的发展历程可分为发展初期阶段、高速发展期与新的发展阶段。

（一）发展初期阶段

1. 起步期

20 世纪 80 年代，随着《环境保护法（试行）》的颁布实施及相关政策的落地，环境治理需求逐步显现，中国开始出现专门从事环境污染治理的机构与企业，多集中于机械制造、专业仪器及专用材料生产领域相关污染治理。1989 年中国环境保护工业协会开展的全国从事环保产业企事业单位的首次摸底调查显示，至 1988 年全国从事环保产业的生产或研究的单位是 2500 家，产值为 38 亿元。

2. 发展初期

进入 20 世纪 90 年代，中国工业化进程、城镇化进程加快，环境污染问题日益突出。1990 年 11 月，《关于积极发展环境保护产业若干意见的通知》颁布，这是首次由国务院层面颁布的推进发展环保产业的指导性文件。该意见明确了中国对环保产业的定义与范畴；提出了"在产业结构调整中把环境保护产业列入优先发展领域，在各方面创造条件、积极支持、引导环境保护产业的发展"的要求，提升了中国环保产业在经济发展中的定位。此外，该意见提出了"建立环境保护产业的质量标准体系和价格标准体系"的要求，为后续相关工作的开展明确了方向。1996 年，《国务院关于环境保护若干问题的决定》提出了"制订鼓励和优惠政策，大力发展环境保护产业"，产业促进政策的提出为环保产业发展提供了发展动力。2000 年，积极发展环保产业的提法首次出现在国务院政府工作报告中。

中国环保产业发展初期的特点是政府主导，起步晚、发展快。至 2000 年，环保产业规模较 20 世纪 80 年代有了快速提升，相关产业政策逐步明晰，中国环保产业得到了初步发展。由国家环保总局公布的《2000 年全国环境保护相关产业状况公报》显示，截至 2000 年，全国环保产业产值达 1689.9 亿元，企业数约为 1.9 万个，从业人数达 297.3 万人。

在这一时期，中国环保产业的发展是以设备制造为主，政府是市场需求的主体，并统筹环保工程建设与相关运营服务。行业发展在政府的直接推动下快速发展，部件加工、设备制造、耗材药剂生产等相关中小企业是市场主要组成部分，形成了以宜兴为代表的环保产业聚集区域，至 20 世纪 90 年代中后期行业内逐步出现了龙净环保、桑德环境等部分龙头企业。

3. 稳步发展期

国家经贸委、国家计委、科技部、财政部等 8 部委于 2001 年 7 月联合颁布的《关于加快发展环保产业的意见》中进一步明确"各地区和有关部门在制定国民经济和社会发展计划及远景目标时，要把环保产业作为重点发展领域"。在同一年国家经贸委颁布了中国首部针对环保产业的专项发展规划——《环保产业发展"十五"规划》，明确提出了"十五"时期中国环保产业发展的目标、重点领域与发展策略。

专栏1 《环保产业发展"十五"规划》

到2005年，中国环保产业总产值将达到2000亿元，其中环保设备（产品）生产550亿元，占27.5%；资源综合利用产值950亿元，占47.5%；环境服务产值500亿元，占25%。"十五"期间，中国环保产业年均增长率为15%左右。

"十五"期间要研究开发一批具有国际先进水平的拥有自主知识产权的环保技术和产品；巩固和提高一批具有一定比较优势、国内市场需求量大的环保技术和产品；推广和应用一批先进、成熟的环保技术和产品。

到2005年，形成3—5家具有国际竞争力的环保产业大公司和企业集团；发展一批拥有技术优势、为大公司和企业集团服务、"专、精、特、新"的中小型环保产业企业；扶持一批环境服务企业，提高环保产业社会化服务水平。

摘自《环保产业发展"十五"规划》

环境治理市场需求的进一步开启。"十一五"时期，"节能减排"首次作为约束性指标被列入国民经济和社会发展五年规划纲要。国务院于2007年5月颁布了《节能减排综合性工作方案》，系统地提出了"十一五"时期的减排任务，以城市污水处理、工业污水处理为重点的水污染治理，以燃煤电厂脱硫为重点的大气污染治理，以城市垃圾无害化处理、工业固体废弃物处理为重点的固体废弃物治理成为环保领域发展重点。《国家环境保护"十一五"规划》提出了"为实现'十一五'环境保护目标，全国环保投资约需占同期国内生产总值的1.35%"。在这一时期环保政策收紧与环保基建投资扩大的背景下，环保产业得到了快速发展。

"十一五"时期公用设施的市场化改革得到全面加速。中央政府陆续颁布的《关于加快市政公用行业市场化进程的意见》《市政公用事业特许经营管理办法》等政策措施有效地推进了包括城市污水处理、城市垃圾处理等环境基础设施建设的市场化进程，相关产业得到了全面发展。同时，《环境污染治理设施运营资质许可管理办法》等文件的出台为行业的规范发展提供了保障。

环保技术的研发与产业化推广。随着产业规模的发展，中国环保领域附加值低的产品比重偏大，有竞争力、科技含量高的产品比重过小、专业化水平不高等问题逐步显现。在这一时期，中国初步建立了包括相关政策制定与规划编制、各类优秀技术装备推广目录发布、国家重大专项项目实施、专项基金机制建立、税收政策倾斜等多项举措构成的综合推进体系，推进环境保护领域先进技术的研发、引进与技术产业化及普及推广。例如，《国家环境保护最佳实用技术推广管理办法》（国家环保总局1993年11月首次制定，1999年、2007年两次修订，2010年12月终止实施）、《国家环境保护科技发展规划》（"十一五"时期、"十二五"时期）、《国家鼓励发展的重大环保技术装备目录》《国家鼓励发展的环境保护技术录》《国家先进污染防治示范技术名录》等具体技术政策措施的落地；"水体污染控制与治理科技重大专项"等环保领域国家科技重大专项的实施等。

在这一时期，中国环保产业规模快速增长，环境保护部公布的《2011年环保产业调查公报》显示，截至2011年，全国环保产业产值达30752.5亿元，企业数为23820个，从业人数达319.5万人（含绿色产品）。

至"十一五"末期，中国环保产业已初具规模，较发展初期有了质的变化。环保产业已逐步从设备装备制造延展到工程建设领域，环境基础设施的社会化建设运营比例大幅提升。行业整体基本具备了为工业污染治理、城市污染治理和生态保护提供工程技术、污染治理设备、运维服务的能力。在产业结构上，虽然中小企业仍然是行业的主要组成部分，产业集中度较低，但已形成了以50余家环保上市企业为代表的头部阵营。在2000年之后，以来自欧美日等跨国环保龙头企业为代表的外资企业在中国环保领域的业务拓展持续加速。外资企业的进入虽然在一定时期内对中国环保企业的发展带来了一定的冲击，但同时所带来的先进污染治理理念、先进环保技术与设备为中国环保产业的发展起到了促进作用。进入"十一五"中后期，外资企业由于其自身特点与先天短板以及中国环保企业的快速发展，其在华的发展遭遇一定瓶颈，在多个细分领域的发展逐步放缓。

（二）高速发展期与新的发展阶段

进入"十二五"时期，环保产业迎来了高速发展期与新的发展阶段。环境保护在国民经济发展中战略地位的进一步提升，新环保法的实施、集中污染治理攻坚战的落地等使生态环境治理需求更为迫切，治理市场规模进一步扩大。

环保产业成为战略性新兴产业。2010 年国务院颁布了《关于加快培育和发展战略性新兴产业的决定》，节能环保产业被列为战略性新兴产业的首位。2012 年颁布的《"十二五"节能环保产业发展规划》提出了"节能环保产业产值年均增长 15% 以上，到 2015 年，节能环保产业总产值达到 4.5 万亿元，增加值占国内生产总值的比重为 2% 左右"的发展目标。国务院于 2013 年 8 月颁布了《关于加快发展节能环保产业的意见》，这是自 2001 年《关于加快发展环保产业的意见》发布以来，时隔 12 年，国家再次颁布的全面发展环保产业的指导性文件。该意见明确了"以企业为主体、以市场为导向、以工程为依托，强化政府引导"的基本发展方针，从提升环保技术装备水平、扩大环保服务产业、推行市场化机制、加强技术创新等多角度提出了明确的要求。

环境服务业的快速发展。中国环保产业在发展初期，以末端治理设备制造、专业耗材药剂生产为主，随着环境治理需求的扩大与专业性的不断提升，作为环保产业重要组成部分的环境服务业，在"十二五"时期得到了全面的发展。2013 年环保部颁布了《关于发展环保服务业的指导意见》，提出了"服务业产值年均增长率达到 30% 以上"的发展要求。国务院于 2014 年 12 月颁布的《关于推行环境污染第三方治理的意见》进一步明确了推进环保设施建设和运营专业化、产业化的发展方向，明确了"排污者付费、市场化运作、政府引导推动"的发展原则。

环保装备制造业的进一步升级。在环保装备制造领域，至"十二五"时期末，中国的环保装备制造业已初步形成了覆盖环境保护全领域的技术装备制造能力，部分装备达到国际领先水平，2016 年实现产值6200 亿元。2017 年工信部颁布《关于加快推进环保装备制造业发展的指导意见》，进一步提出了"到 2020 年主要技术装备基本达到国际先进水平，国际竞争力明显增强，环保装备制造业产值达到 10000 亿元"的发展目标。

PPP 模式的推广。在"十二五"时期末，政府和社会资本合作模式（PPP 模式）在环保领域的推广得到全面加速。《关于在公共服务领域推广政府和社会资本合作模式指导意见》《关于政府参与的污水、垃圾处理项目全面实施 PPP 模式的通知》《国务院办公厅关于保持基础设施领域补短板力度的指导意见》等相关政策逐步落地。PPP 模式的应用从城市污水处理、垃圾处理逐步拓展到农村环境治理、城市黑臭水体治理、流域水体治理、生态修复等多个领域。随着《关于规范政府和社会资本合作（PPP）综合平台项目库管理的通知》《财政部关于进一步加强政府和社会资本合作（PPP）示范项目规范管理的通知》《关于推进政府和社会资本合作规范发展的实施意见》等政策的发布，中国 PPP 模式发展更趋于规范化。新的市场需求及规范化实施要求为环境保护项目的形成、投融资机制、项目模式等带来深刻的变革，对各参与主体带来了深刻的影响。

变革与再升级。进入"十三五"时期，随着生态环保领域战略地位的全面提升，环境管理从总量控制向以环境改善为核心的管理模式的转变以及以水、大气、土壤为代表领域的"污染防治攻坚战"的全面推进，环保产业的发展得到进一步推动。在 2016 年的国务院政府工作报告中，明确提出了"把节能环保产业培育成中国发展的一大支柱产业"，并以 2020 年规划目标的形式体现在 2016 年由国家发改委、科技部等 4 部委联合颁布的《"十三五"节能环保产业发展规划》中。中共中央办公厅、国务院办公厅于 2020 年 3 月印发了《关于构建现代环境治理体系的指导意见》，指出了追求高质量发展，树立绿色发展理念。该意见分析了内外环境存在的问题及面临的挑战，主要包括两个方面（1）生态环境治理方面还存在诸多短板：环境保护滞后于经济社会发展；以环境污染为代价的发展模式依然没有彻底转变；以重化工为主的产业结构、以煤为主的能源结构、以公路货运为主的运输结构尚未根本改变。（2）经济下行压力加大带来更多挑战：在经济下行压力下，传统高耗能行业规模扩张较为明显。该意见提出了以强化政府主导作用为关键，以深化企业主体作用为根本，以更好动员社会组织和公众共同参与为支撑，实现政府治理和社会调节、企业自治良性互动，完善体制机制，强化源头治理，形成工作合力，为推动生态环境根本好转、建设生态文明和美丽中国提供有力制度保障。

新时期下，中国环保产业发展面临新的发展机遇与挑战。宏观经济发展的周期变化、生态文明现代化建设的推进、生态环境治理体系的现代化、治理能力的现代化都提出了更高且更深入的生态环境治理需求，对环保产业提出了更高的要求，中国环保产业迎来了新的变革与再升级时期。

2019 年，基于全国环保产业重点企业调查及全国环境服务业财务统计，由中国环境保护产业协会联合生态环境部环境规划院撰写发布的

《中国环保产业分析报告（2019）》显示，截至 2018 年全国环保产业营收收入约 16000 亿元，其中环境服务业收入约 9090 亿元。

值得注意的是，作为《中国环保产业分析报告（2019）》的数据基础的环保产业重点企业调查对象和范围与 2004 年、2011 年等全国范围开展的"全国环境保护相关产业领域调查"的对象范围不同，不宜做直接数值对比。作为 2019 年报告基础数据收集指南的《全国环保产业重点企业基本情况调查方案》显示，本次的调查范围是"为防止、清除、监测水污染、大气污染、固体废物、土壤污染、噪声与振动污染等而发生的生产经营与服务活动"，"资源循环利用""环境友好产品"等领域并未列入调查统计范围。

目前，中国的环保产业已经形成了涵盖装备制造、工程服务、运维服务等主要产业环节，覆盖全部主要环境治理子领域的相对完整的工业体系，已经成为中国经济发展的重要组成部分。长久以来环保产业"小而散"的问题正在被逐步打破，由上百家上市公司、国有大型环保企业等组成的优势头部阵营正在成为引领环保产业发展的主要力量。随着环境治理工作的进一步深入、市场需求的不断变化，环保产业正在经历新的一轮优胜劣汰与全面升级。

二 现阶段中国环保产业存在的问题

中国环保产业的发展取得了巨大的成就，但现阶段仍存在若干问题，表现在以下几个方面。

（一）尚未形成良好的竞争环境

由于市场信号的扭曲，目前国内环保市场的竞争尚缺乏良性的氛围，技术水平和服务能力没有获得应有的地位。环保产业质量的结果导向虽有所加强，但优胜劣汰还缺乏应有的力度，这也是环保产业虽然企业数量庞大，但体量普遍偏小、技术水平参差不齐、低价无序竞争充斥整个产业链的重要原因。

（二）创新能力不足

环保产业内绝大部分企业在经济实力、人才储备、信息获取、长远规划、知识产权保护等方面基本不具备原创性技术研发的能力和意愿。

这使得环保产业的整体水平和发达国家相比还处于中下游地位，除了具备一定的价格优势外，难以参与国际上的正面竞争。

（三）高端人才不足、产学研机制不顺

环保产业从业人员的受教育水平比 20 年前有了大幅的提升，接受过专业教育的从业人员越来越多，在有些企业中已经占据了相当大的比例。但由于面对低水平的重复竞争，人才进步的速度整体上不容乐观。业内产学研机制不够顺畅，企业从科研院所获取的技术成果和人才除了带动了小部分发展以外，没有获得广泛的效益。

（四）环保产业投资效率有待提高

由于政策波动，资本助推，环保产业发展的短期利益诉求明显。在不断出台的政策利导下，快速扩张构成了企业的基本特征，技术的规范化、管理的精细化、运行的自动化即使是在优势的分支领域内也没有形成积累，环保产业投资相应的效益溢出不够充分。在一些市场机制相对不健全的细分领域内，有限的环境投资还存在着浪费的现象。

三 当前环境治理市场发生的变化和未来预期

中国的环境治理和改善需求构成了世界上最大规模的环境治理市场。但需要说明的是，环境治理需求与环境治理市场是不同的两个概念。环境治理市场是具备了支付意愿和支付能力条件下的治理需求，环境治理需求是长远的；环境治理市场是具有时间特性和阶段特性的，从特定时期的定量规模来看，环境治理市场规模小于环境治理需求规模。

中国经济在经历了 40 年的高速发展后，经济的增长速度正趋于放缓，如果不改变当前的经济产业结构和技术水平，发展经济与保护环境将在新形势下面临新的冲突和纠结。

2020 年新冠肺炎疫情暴发，世界经济遭受重大的影响。后疫情时代，重建经济秩序和重构产业链将是重点，在这一背景下，中国的环境治理与改善需求必须进行相应的调整，以符合经济社会的稳定与发展需要。

（一）新环境治理市场定位下的新供给：新环境产业

供给侧的变化往往受需求侧变化的带动和影响，环境治理市场出现

了一些本质性的调整后，必然也会通过传导机制对环境产业构成制约，并通过环保产业自身的调整和变化，最终形成新的供需相对平衡。

1. 新环境治理市场的需求特点

第一，在恢复与提振经济的背景下，环境政策将趋于平缓，环境的投入和对污染的约束将不再激进；环境质量作为政府的管理目标，相关要求会相对稳定，经济发展和保护环境将维持一个新的平衡。

第二，在经济发展和保护环境的双目标要求下，在环境投入和环境管控的双约束下，如何通过调整供给侧的变革，使环境质量和环境效益得以最大限度的改善，将成为环保产业面临的新课题、新挑战。

第三，政府对环境质量过程控制和结果控制的能力必须得到大幅度的加强，通过升级技术手段和改善控制方法，确保环境管理在精细化和实时性上有质的提升，通过管理强化政府责任追究和全过程监控，确保污染排放能控制在预期的范围内。

第四，存量环境治理设施的稳定性和达标率必须有相应的提高，环境设施的管理水平、自动化水平、智慧化水平都需普遍升级，从而获得高性价比的环境挤出效应。

第五，对于具有重大危害的环境污染领域和恶性的环境污染源，必须通过技术创新或技术引进，形成有效的治理能力和管控基础。

第六，环保产业的供给能力和供给质量必须符合新时期的要求，低水平重复建设和恶性竞争的局面必须有所改进，环保产业面临全面升级的迫切性和压力。

2. 新环境产业的提出

基于环保产业面临的是全产业的变革和调整的考量，本文把整体调整后的环保产业称为新环境产业。

新环境产业的基本定位是在保证经济可持续增长，环境投入有限的前提下，通过强化技术研发能力、突破治理技术难点、加速数字化改造、改善竞争环境、优化创新机制等手段，将环保产业构建为能够有效支撑环境管理转型与升级、突破解决危及民生健康的重大环境安全污染和隐患、提升环境设施运行的管理水平和稳定性、补齐环境治理系统化短板、有效严控重点污染源、在局部地区和流域持续改善生态系统的稳定的、有内在竞争力和进步迭代能力的新型产业群体。

（二）新环境产业的基本特征与变革的方向

1. 横向"金字塔"，纵向"产业链"

新环境产业的竞争格局将会以不同的产业链组合而逐渐展开。产业链的组合以基于竞争优势下的经济效益最大化为原则，服务于特定目标和特定项目的环境企业；以实现特定环境目标为导向，实现不同优势企业的组合或联合。环境市场的需求越来越多的是以区域环境质量总体改善为诉求，较少出现非综合环境质量考量下的单体项目。

新环境产业伴随着不断的优胜劣汰，将逐渐形成以大型国企和混合所有制上市公司为塔尖，以服务特定领域或拥有核心技术为特征的专业综合公司为中间，以专业的咨询公司、设备公司、材料与药剂公司、服务公司为底盘的"金字塔"结构。"金字塔"纵向的不同公司构成服务特定目标或资本连接的产业链。

2. 全产业链的数字化转型

在所有产业都向数字化转型的大背景下，新环境产业的数字化也是必然的趋势。新环境产业的全产业链数字化转型首先源于政府环境管理的数字化转型的迫切需求。在管理部门人员有限、管理对象庞杂且数量巨大、管理过程动态且具有不确定性的情况下，只有数字化的转型可以让环境管理部门的管理能力有质的提升。

目前，尽管各省区市生态环境大数据体系构建尚在规划和建设过程中，但在可以预期的五年内，环境信息采集手段、过程分析手段、应急手段都将实现部分或全面的数字化。污染排放的人为督查将让位于实时的数字督查，环境管理将基本结束报表式、间断式、文字式、会议式的阶段，升级到全方位、全时空、全过程、可视化、智慧化的管控阶段。环境质量的变化将逐步纳入无缝隙、无死角、立体化、预警化的监控中，真正实现环境的全过程、全方位管理。

与此同时，环境治理设施运行的数字化监控、市政市容卫生的数字化监控、环境设备运行状况的数字化监控，也正在进行探索和实践。尽管存在数据采集、工艺匹配、人工智能算法模型等挑战和困难，但是精细化、智能化环境管理已成为必然的发展方向。

伴随着来自政府和环境企业的数字化需求，诞生和转型了一大批从事环境数字化设计规划、建设、设备制造、运营的企业。虽然这些企业规模还不够大，但增长速度强劲，成为环境产业中最具发展潜力的一个分支。

3. 环境治理市场规划与设计的方式将出现重大调整

目前环境治理市场的规划与设计在方法学上存在较大的不科学性，主要体现在基础数据不清、模型偏离实际、结果无法事先预判、应变能力较差等问题。

环境质量改善目标设定下的环境治理市场规划设计要在数据、模型、验证、调整、动态等方面进行重大的调整，更多地依托物联和智慧化。环境治理市场的导出将更加符合环境效益最大化原则，更加具有预见性和可实现性。

4. 重点尖端技术的突破和实用化

中国环保产业的技术水平，无论是监测技术、材料技术、工艺技术，还是设备精度比如各类精密传感器、熔融焚烧炉、环保复合材料、特种菌剂和药剂等，和世界发达国家相比还有一定的差距。在新环境产业阶段，无论通过何种创新方式和合作模式，环保企业应逐步拥有和掌握一定程度的尖端技术，在数字监控、工艺优化、提质增效、运营管理等方面予以突破。

5. 运营管理整体趋于数字平台化运行

无论是来自政府的环境管控，还是环境基础设施的运营企业设备的运维服务，在新环境产业阶段都应该分别实现数字平台化远程监控或运行。不同平台之间可以通过数据的互联互通，从而实现环境整体化管理运行的数字化、立体化、复合化，不同平台之间的互通与协同将极大提升对环境质量的把控能力与水平。

6. 基于责任厘清下的环境监测与应急管控系统

政府的环境管理与治理责任是以行政边界为考核单元的，因而地方政府的责任划分与厘清是刚性的需求。为了强化环保责任的归属与追责，在行政边界上环境质量的实时监控不仅便于厘清责任的归属，预警与协同防控联动也是的必要手段和方法。因此基于责任厘清下的环境监测与应急管控系统是独立于整体环境监控体系的必要补充。

7. 从竞相模仿转向知识产权合作

对知识产权的不够尊重是环保产业技术进步迟缓的一个重要因素，模仿和抄袭在行业内饱受诟病。环保产业的技术升级是典型的引进、消化、吸收、创新的模式，结合中国环保企业的发展现状，上述模式仍是促进产业整体技术进步的重要路径之一。因此须遵守国际惯例，以获得长期合作机会。采取正规的手段和方法获得合作方的认可和承诺，转移真技术，培养有真正价值追求的客户，是新环境产业发展的标志之一。

8. 环境设施运营管理服务能力的升级

重建设、轻运营一直是国内环保产业的普遍问题。吸纳阶段中国环境基础设施的规模已经排在了世界的前列，但部分污水处理设施出水的稳定性并不高，垃圾焚烧设施更是在废弃物排放等方面与世界先进水平相比还有较大差距。

新环境产业要把构建良好的运营管理能力作为核心的特色之一，凸显环保产业是服务产业的理念。提升环境治理的系统性、整体性、稳定性，把建设和运营作为服务的工具，这对于环保产业来说是整体能力和定位的提升。

9. 产业的规模与配置将发生重大调整

在追求结果的管理与投资目标导向下，新环境产业的企业数量将大幅度减少。有限的环境治理投入并不支撑如此数量规模的环保企业存在。在市场规律下，在合理分工、优胜劣汰、扶优扶强的理念下，环保企业的数量将大幅度缩减，通过倒闭、并购等市场化方式，将企业数量维持在一个合理的数量级内。同时会净化现有的市场竞争格局和竞争环境，避免有限的环保投入浪费在低效、低端、低水平的企业手中。

10. 新型产学研合作关系的重新构建

新环境产业产生的内核中，一个突出的特征就是技术水平的提升。而其中一些技术水平的提升，如数字化管理、人工智能、智慧运维平台的建设运营等，都必须以良好的科研成果和背景为支撑。过去的产学研合作主要集中于特定工艺及组合的技术转移。新型的产学研合作除了合作的技术内容有重大调整外，合作的机制也必须进行适度的创新，以确保好的技术可以以规模化的方式应用于整个产业，而非扶持和服务个别的企业。

11. 企业营销的轻型化、自媒体化

传统环保企业的营销支出在企业经营成本中占据较大的比重，随着自媒体的高速发展，企业也在探索全新的宣传和市场拓展模式，短视频、小程序、直播等使企业认识到传递其价值与服务完全可以有更轻型、更形象化的方式。同时随着自身的数字化转型，客户也开始逐渐接受这类新型的手段和方式。新模式的应用不仅扩大了企业传播的半径，而且很大程度上降低了企业的营销支出，将是新环境产业的一个重要外在特征。

12. 内部办公、服务支撑、售后维护的数字化

受特殊时期的影响，企业已经体会了远程办公、远程会议、远程产品交付、视频运维指导、直播人员培训的便捷性和灵活性。在这种体验先行的催生下，企业内部治理与外部服务的数字化将是大势所趋，环保产业内也会诞生一批为环保企业提供信息化服务的专业公司。

（三）对新环境产业的几点预判

1. 民营企业依然将是新环境产业的核心

环保产业是以服务为基本业务内涵的产业，其核心能力不是资本实力，而是创新能力和服务能力，而创新和服务却是民营企业的天然优势所在。

新环境产业应该形成国有企业和民营企业的合理分工与配合，国有企业更具有经济实力，更应体现政府的意志和方向，而广大民营企业在优化自身的前提下，把技术搞好，把服务做到极致，完成环境产业对经济保驾护航和支撑的作用。

在新环境产业的"金字塔"中，中间和底层的基础应该还是民营企业，金字塔尖上的国有企业更应该具有战略性布局和资本的特征。

2. 综合服务能力考验企业竞争力

新环境产业一定要强化和提升"软"服务能力，将"软"服务能力和"硬"工程设备能力更充分地结合在一起，"软"的部分更具服务特征和整体目标特征。尤其是环境企业，不能把"软"的部分理解为科研院所的责任和特长所在，工程、技术都是服务的抓手和工具，服务才能构成整体，才能形成解决方案。今后的市场也越来越会凸显"软"的竞争力和服务综合优势，所以"软"是环境产业更需要强化的部分。

3. 环境服务界面将深度数字化

无论什么类型的客户，其未来和提供环境服务的企业的交互界面和业绩结算界面多将以数字化的形式存在。供需双方通过数字平台进行业务沟通，环境质量考核界面以数字形式加以确认。企业服务的内容可以是不同的技术、设备和工程，但客户服务体系将会建立在数字化平台之上。

4. 人才和合作将是新环境产业的难点

新环境产业内人才的提升还缺乏有效的途径，企业之间、产学研之

间合作机制的建立和有效运转将影响产业链的形成。人才的数量和水平的快速提升会增加企业的竞争力，同时产业链的优劣将决定综合环境服务能力的构建。

5. 数字化与核心技术是产业的支撑

数字化将极大地提升效率，尤其是提升政府的管理效率和环境存量设施的产出效率。核心治理技术是解决环境问题的关键要素，尤其一些高端技术是解决环境疑难问题的抓手。如果"数字化"与"核心技术"这两方面都得到有效强化，环境问题的"点"和"面"就有了升级的途径。

四　结语

随着中国经济进入一个新的时期，中国的环境政策与管理目标也会发生相应的改变，作为供给侧的中国环境产业也势必面临多元的调整。2020年3月中共中央办公厅、国务院办公厅印发《关于构建现代环境治理体系的指导意见》，明确了"构建规范开放的市场""强化环保产业支撑"等环保产业发展的要求。在此指导下，以提升整体效能、突破治理技术难点、加速数字化改造、推进规模和实力优化及重构创新机制等为标志的新环境产业，势必在相当大程度上改善供给能力，为中国新一轮经济发展提供强有力的支撑。

中国绿色金融的发展现状、问题与对策[*]

一 中国绿色金融政策演变历程与现状分析

绿色金融是指为支持环境改善、应对气候变化和资源节约高效利用的经济活动，即对环保、节能、清洁能源、绿色交通、绿色建筑等领域的项目投融资、项目运营、风险管理等所提供的金融服务。伴随着中国绿色金融政策的演变，中国绿色金融发展经历了初始阶段、逐步成熟阶段及全面推进阶段。"十三五"规划提出"建立绿色金融体系"，构建绿色金融体系正式上升为国家战略，绿色信贷、绿色债券、绿色基金、绿色保险与碳交易规模不断增长。中国人民银行数据显示，截至2021年第三季度，中国本外币绿色贷款余额已达14.78万亿元，绿色债券市场余额也已超过1万亿元，绿色信贷余额与绿色债券发行量居世界前列。2021年7月16日，全国碳排放权交易市场正式启动上线交易，成为全球规模最大的碳市场。

本文在梳理中国绿色金融发展现状的基础上，借鉴高收入和中等收入国家在绿色金融发展方面的经验，包括完善法律法规、提高商业银行参与度和信息透明度、健全金融机构风险管理框架等，针对中国绿色金融发展过程中存在的问题，提出相应的政策建议。

（一）中国绿色金融政策演变历程

自1995年中国人民银行发布《关于运用信贷政策促进环境保护工作

---

* 本文作者为贾晓薇（大连外国语大学商学院，副教授）。本文部分内容发表于《绿色金融发展与经济可持续增长》，社会科学文献出版社2021年版。

的通知》起，中国绿色金融政策实行已经超过 26 年。本文根据政策颁布和实施的重点与内容将中国绿色金融政策的演变历程分为三个阶段。

第一阶段，1995—2007 年的初始发展阶段。

1995 年中国人民银行发布了《关于运用信贷政策促进环境保护工作的通知》，运用信贷政策促进环境保护，意味着绿色信贷制度的开始实行。2004 年财政部设立中央环境保护基金，财政与金融相结合，共同改善环境质量。2007 年《关于落实环保政策法规防范信贷风险的意见》发布，提出未通过环评或者环保设施验收不可新增授信支持，同期国家环保总局和保监会还提出环责险的试点工作，绿色保险制度开始实行。这一阶段，中国绿色金融制度已经初步形成。

第二阶段，2008—2015 年的逐步成熟阶段。

2008 年证监会与国家环保总局发布《关于加强上市公司环境保护监督管理工作的指导意见》，加强对上市公司的监管，引导企业积极履行保护环境的社会责任。2011 年国家发改委提出碳排放权交易的试点，2012 年《绿色信贷指引》等系列绿色信贷制度的提出和完善，明确了银行业对绿色信贷的支持方向和重点领域。2015 年国务院《生态文明体制改革总体方案》首次提出建立绿色金融体系，标志着绿色金融制度的逐步成熟。

第三阶段，2016 年至今的全面推进阶段。

2016 年七部委联合发布《构建绿色金融体系指导意见》，进行了绿色金融体系的顶层设计。2017 年《关于支持绿色债券发展的指导意见》发布以及绿色金融标准制定，在浙江、江西、广东、贵州、新疆等五省区八市进行绿色金融改革试点，2018 年各省区发布绿色金融建设的实施方案。2019 年七部委公布《绿色产业指导目录》，为绿色信贷提供了统一的标准。2020 年和 2021 年《绿色债券支持项目目录》的颁布，进一步规范了绿色债券的标准。2021 年 7 月全国碳排放权交易市场正式启动，这是一项重大的制度创新。

26 年多的发展历程，中国绿色金融发展经历了初始发展阶段、逐步成熟阶段到全面推进阶段，从绿色保险制度的实行到全国碳排放权交易市场的统一实行，中国绿色金融发展取得了较为明显的成就。

（二）中国绿色金融发展现状分析

经过多年的发展，中国的绿色投融资资金需求总体呈上升趋势。表

1 列出了 2015—2019 年中国绿色投融资总量。表 1 列出了 2015—2019
年中国绿色投融资总量。从表 1 可以看出，2015—2019 年中国绿色投融
资金额连续增加，2019 年绿色投融资金额达到 25054.69 亿元，相较于
2015 年提高了 8475.69 亿元。具体到不同行业，绿色投融资总量呈现出
不同的变化趋势，部分产业绿色投融资总量在达到高峰值之后开始回
落。2018 年国家《电力法》鼓励利用可再生能源和清洁能源发电，因
此 2019 年清洁和可再生能源（电力）投资需求增幅达到 22%。在环境
修复方面，工商业场地修复需要增加投资，而耕地上土壤修复以及地下
水修复投资都有一定程度的波动，主要原因是 2019 年开始实施《土壤
污染防治法》，耕地上土壤修复投资急剧增加。

表 1 　　　　　　　　　中国绿色投融资总量　　　　　　　单位：亿元

领域	类别	2015 年	2016 年	2017 年	2018 年	2019 年
可持续资源	清洁和可再生能源（电力）	4215	4913	8738	5976	7302
	生物质能（非电力）	560	600	700	1000	454.7
工业污染治理	工业废水治理	184	108	76.4	137	837.9
	工业废气治理	1866	1860	604	1686.7	930.2
	工业固体废物治理	16	39	12.7	17.6	37.1
基础设施建设（环境保护）	城镇供水	1237	1149	242	1189	1923
	城镇排水	450	377	806.4	814.7	931.1
	城市生活垃圾处理	34	118	16.38	180.18	88.14
	城市轨道交通	3683	4080	5045.2	4226.3	3217.8
环境修复	工商业场地修复	17	23	50	70	401
	耕地上土壤修复	2	3	536	335	938
	地下水修复	3	20	564.9	634.2	539.7
能源与资源节约	节能	2332	1986	1517	1652	1012
	节水	1433	1582	1476.13	1477.82	886.51
绿色产品	绿色建筑	227	420	315.86	326.64	281.14
	新能源汽车	320	277	908.75	4662.4	5274.4
合计		16579	17555	21609.72	24385.54	25054.69

资料来源：马中等主编《中国绿色金融发展报告（2017）》和《中国绿色金融发展研究报告（2019）》，中国金融出版社出版。

随着中国绿色金融标准、统计制度、评估认证、信息披露等基础性制度安排逐步完善，地方绿色金融改革创新不断推进，中国绿色金融发展水平已位居国际第一方阵。绿色金融市场规模持续扩大，绿色债券发行量位居世界前列，绿色保险、绿色基金、绿色信托、绿色 PPP 等新产品不断创新，拓宽了绿色项目的融资渠道。

1. 绿色信贷规模持续稳定增长

图 1 列出了中国 21 家主要银行 2013 年 6 月到 2020 年 12 月的绿色信贷余额。从 2013 年中国统计绿色信贷算起，绿色信贷规模整体持续稳步增长，21 家主要银行绿色信贷余额从 2013 年 6 月的 4.85 万亿元增长至 2020 年年末的 11.95 万亿元。中国绿色信贷规模居世界首位，资产质量整体良好。绿色信贷环境效益逐步显现，每年可支持节约标准煤超过 3.2 亿吨，减排二氧化碳当量超过 7.3 亿吨。

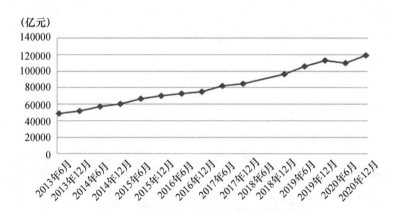

图 1 中国 21 家主要银行绿色信贷余额规模

资料来源：中国银保监会。

2018 年 1 月，中国人民银行发布了《关于建立绿色贷款专项统计制度的通知》；同年 3 月《中国银行业绿色银行评价实施方案（试行）》开始实施，该方案涉及 300 多个细分指标，绿色信贷激励政策逐步完善并落实。中国人民银行已明确将优先接受符合标准的绿色金融资产作为再贷款、常备借贷便利（SLF）、中期借贷便利（MLF）的货币政策工具的合格抵押品范围，在宏观审慎评估工作中将绿色信贷纳入指标考核范畴，为银行业借助绿色贷款获得低成本的资金开辟渠道。

2020 年年末，本外币绿色贷款余额占全国金融机构人民币贷款余额的 6.92%，基础设施绿色升级产业贷款余额占全国绿色贷款余额的 48.2%，占比最大；清洁能源产业贷款余额占全国绿色贷款余额的 26.78%；其他产业贷款余额占全国绿色贷款余额的 25.02%。基础设施绿色升级产业贷款余额和清洁能源产业贷款余额分别为 5.76 万亿元和 3.2 万亿元，比 2020 年年初分别增长 21.3% 和 13.4%。分行业看，交通运输、仓储和邮政业绿色贷款余额 3.62 万亿元，比 2020 年年初增长 13%。绿色贷款主要投向了绿色交通运输项目和可再生能源及清洁能源项目。

2. 绿色债券发行数量逐年增加

在绿色金融市场中，绿色债券市场发展较为迅猛，绿色债券发行数量逐年增加。图 2 显示了 2016—2020 年中国绿色债券发行情况。

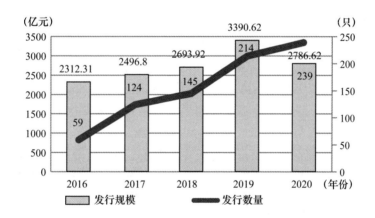

图 2　中国绿色债券发行情况

资料来源：中国金融信息网绿色债券数据库。

从总体上看，绿色债券发行数量稳定增长。2019 年，中国绿色债券发行规模为 3390.62 亿元，达到 2016 年以来的最高值，发行的数量也超过了 200 只。截至 2020 年年末，中国绿色债券发行规模达 2786.62 亿元，发行的数量达到 239 只，居世界第二位。中国人民银行的数据显示，截至 2020 年，中国绿色债券存量为 8132 亿元。而据中央财经大学绿色金融国际研究院发布的《中国绿色债券市场 2020 年度分析简报》，2020 年中国境内外发行绿色债券累计发行规模突破 1.4 万亿元。虽然因新冠肺炎疫情影响，2020 年普通贴标绿色债券发行规模有所下降，但发行数量持续增加，达到 2016 年以来的最高值。

从结构上看，在 2018 年之前，中国绿色债券市场均以绿色金融债为主，其年度发行规模及发行数量占比均超过了 50%。2019 年，中国非绿色金融债券发行规模占比首次超过了绿色金融债券，绿色金融债券发行规模只占到了 28%。2020 年普通贴标绿色债券发行数量为 192 只，同比增长 17.79%；非贴标绿色债券发行规模为 3.46 万亿元，其中用于绿色产业规模达 1.67 万亿元，占 48.27%。2009—2020 年，中国非贴标绿色债券发行总规模为 10.32 万亿元，其中用于绿色项目投资的金额达 6.12 万亿元，占 59.30%。

3. 绿色基金增长速度加快

绿色基金是促进绿色投资、加快绿色资金周转的重要工具，近年来中国绿色基金发展速度较快，截至 2019 年 11 月，全国公募发行的绿色基金共 133 只，公募绿色基金总规模约为 687.1 亿元。其中，2019 年以来中国公募绿色基金发行数量及规模都有较快的增长，截至 2019 年 11 月公募绿色基金的发行数量已经是 2018 年发行数量的 1.8 倍，同时公募绿色基金总规模也比 2018 年增长了 65.8%。截至 2020 年，全国已设立并在中国证券投资基金业协会备案的绿色基金已超过 850 家。经过 2020 年年初的低迷，绿色基金在中央到地方一系列政策支持下，于 2020 年下半年进入了发展快车道，新增绿色基金数量环比增长较快。特别是 2020 年 7 月国家绿色发展基金的成立，更是进一步刺激资本对绿色投融资方面的热情，新增绿色基金数量自 2017 年连续 3 年下降后初次增长。2020 年，全国设立并在中国证券投资基金业协会备案的绿色基金 126 只，其中私募绿色基金 105 只，公募绿色基金 21 只，同比上升 64%；绿色基金增长率为 16%，同比增长 45%。

4. 绿色保险覆盖范围增加

绿色保险方面，截至 2019 年 7 月，中国环境污染责任保险试点省（自治区、直辖市）共计 31 个，试点涉及重金属、石化、危险化学品、危险废物处置、电力、医药、印染等 20 余个高环境风险行业。2017 年，中国环境污染责任保险年度保费收入突破 3 亿元；2018 年，中国环境污染责任保险实现保费收入 3.09 亿元，提供风险保障 326.58 万亿元。截至 2018 年 4 月底，保险资金进行绿色投资以债权形式的总体注册规模达 6854.25 亿元，包括投资新能源 666 亿元、环保 52.7 亿元、水利 506.44 亿元等。2018—2020 年，保险业累计为全社会提供了 45.03 万亿元保额的绿色保险保障，支付 533.77 亿元赔款。保险资金运用于绿色投资的存量从 2018 年的 3954 亿元增加至 2020 年的 5615 亿元，年均增长 19.17%。

5. 碳交易累计成交额不断突破

碳金融方面，2018 年，北京、天津、上海、广东、深圳、重庆、湖北试点碳市场配额交易运行平稳，二级市场累计成交量为 2.63 亿吨，累计成交额近 54 亿元，其中北京累计成交量为 2907 万吨，成交额超过 10 亿元，分别占全国总量的 11.06% 与 19.5%。配额累计成交量最高的是广东，供给 7661 万吨，占全国总量的 29.15%。配额累计成交额最多的是湖北，供给 12.40 亿元，占全国总额的 23.05%。2018 年中国单位 GDP 二氧化碳排放下降 4%，比 2005 年累计下降 45.8%，已经提前完成 2020 年碳减排国际承诺（《中国应对气候变化的政策与行动 2019 年度报告》）。截至 2020 年，试点碳市场年成交额为 21.5 亿元，较 2019 年增长 3%；碳交易年平均成交价格为 28.6 元/吨，上涨 25%。2013—2020年，中国碳市场配额现货累计成交 4.45 亿吨二氧化碳，成交额为 104.31 亿元。

二 国外经济体的绿色金融发展历程

（一）高收入国家的绿色金融发展的状况

1. 美国的绿色金融发展

美国为了规范政府、企业与金融机构的行为，在 20 世纪 80 年代就出台了促进绿色金融发展的法律法规，如 1980 年《全面环境响应、赔偿和责任法案》（《超级基金法》），根据该法案，银行必须对客户造成的环境污染负责，并支付修复成本。美国的法律制度日益完善，涉及环境保护的就有 30 多条，其中以 1990 年修订的《清洁空气法案修正案》和 1992 年制定的《能源政策法》为代表，前者对排污权交易制度做出了规定，结果使得二氧化硫的排放大量减少。90 年代末，美国首次提出"绿色金融"概念，将环境因素融入金融创新中，信贷银行必须对信贷资金的使用承担相应的环境责任。由此在 2003 年"赤道原则"公布实施时，美国花旗银行是最早签署履行"赤道原则"的银行之一。2009 年《美国清洁能源与安全法》的公布和实施，促使美国经济向低碳经济转型。2011—2016 年，美国对清洁能源的投资额基本稳定在 500 亿美元左右。然而美国政府对清洁能源投资的重视程度并不一致，2017 年特朗普上台后，推翻了奥巴马政府的"清洁能源计划"，并退出了《巴黎协定》，影响了金融市场的一致预期，这影响了对清洁能源融资的各种投入。美国的主流机构投资者拥有稳定的长期资金来源，却并不愿意投资清洁能源项目，主要原因是这类机构享受很多免税待遇，对于清洁能源投资享受的税收优惠政策并不在意。而美国绿色市政债券的投资者主要是个人、相互基金、财产基金等短期资金提供者，但清洁能源项目投资回报期长，不能满足投资者对高流动性的需求，因此尽管美国拥有发达的资本市场，对清洁能源的融资却远远不够。

2. 英国的绿色金融发展

自 2000 年以来，英国联邦政府试图打造"最绿色政府"，鼓励投资绿色低碳经济。2001 年英国排污权交易体系（UK ETS）成立；2008 年英国气候变化法案颁布；2009 年英国发布《低碳转型计划》和《可再生能源战略》两个国家战略文件，世界银行在伦敦证券交易所发行首只绿色债券；2011 年英国设立 38.7 亿英镑的国际气候基金；2012 年英国绿色投资银行（GIB）设立；2015 年气候相关财务金融披露小组（TCFD）成立；2016 年二十国集团（G20）中英绿色金融研究小组成立；2017 年英国成立绿色金融工作小组并发布清洁增长战略；2018 年英国举办首届"绿色英国周"活动并以绿色金融作为重要主题；2019 年英国政府设定 2050 年温室气体零排放的目标。

2019 年 7 月英国政府提出了《英国绿色金融战略》，该战略包含两大长远目标以及三大核心要素。其两大目标分别是：（1）在政府部门的支持下，使私人部门/企业的现金流流向更加清洁、可持续增长的方向；（2）加强英国金融业的竞争力。该战略的三大核心要素包括：金融绿色化、投资绿色化、紧握机遇。如"金融绿色化"，该战略认为要实现英国 2050 年温室气体零排放的目标，必须从根本上彻底改变金融系统，使之更加绿色化，且有四个关键因素。一是设定共同的认识和愿景，即认同气候和环境因素导致的金融风险和机遇，并且积极采取措施应对此风险；二是明确各部门的职责；三是增加透明度，披露气候相关金融信息并建立长效机制；四是建立清晰和统一的绿色金融体系/标准。金融绿色化的主体不仅包括金融机构，也需要政府及企业的积极参与，不仅要推动英国金融体系的绿色化发展，也要助推全球金融体系的绿色化发展。

英国最新发布的绿色金融战略在总结英国现有绿色金融政策和工作的基础上，制定了详细的政策建议，助力实现温室气体零排放目标，并且加强英国在世界绿色金融舞台上的引领作用。过去 30 年，英国实现了降低 40% 碳排放的同时，经济增长了 2/3，在七国集团（G7）经济体中遥遥领先。自 2010 年以来，英国已经投入超过 920 亿英镑用于清洁能源，英国政府积极致力于与私人部门的资本合作。例如，英国政府与私人部门共同设立了一个绿色风投基金，用来支持英国的绿色清洁技术发展，该风投基金由英国商业能源产业战略部出资两千万英镑，并且撬动相应的私人资本加入。又如，英国森林合作伙伴项目在全球大宗商品市场上的第一个项目成功撬动了 684 万英镑的私人资本。另外，英国也致力于国际合作，2018 年英国商业能源产业战略部在中国、墨西哥和哥伦比亚开展了第一批英国气候加速转型项目（UK PACT）。该项目在中国专注于绿色金融的能力建设和交流合作，支持伦敦金融城与中国绿色金融委员会共同成立"中英绿色金融中心"，与北京市政府合作在通州设立绿色金融科技通道。

3. 德国的绿色金融发展

1974 年，德国成立了世界上第一家环境银行。德国一直在环境保护方面做得很好，德国复兴信贷银行（KFW）功不可没。在 20 世纪 70 年代以后，KFW 将项目扩展到能源节约和能源创新方面，之后投入到新能源领域，是当前世界上最大的环境投融资机构。其资本由联邦政府和各州政府参股构成，联邦政府对其业务提供补贴和担保，因此在环保领域发挥了积极的作用。其融资的资金由德国政府对其进行贴息处理，并以绿色信贷产品的形式办理业务，主要是以期限长、利息低的金融产品形式卖给商业银行，商业银行再以优惠的利息为最终贷款企业提供绿色信贷产品和服务。KFW 也通过发行绿色债券的方式来吸引新的投资者。2014 年以来，KFW 发行的绿色债券总额为 92 亿欧元，占市场份额的 7% 左右，2016 年绿色债券发行总计 28 亿欧元，每 100 欧元的绿债投资大概会减少 800 万吨温室气体排放。

2019 年 10 月，德国联邦政府内阁通过了气候保护一揽子计划，包括《2030 年气候保护计划》和《联邦气候保护法》，将 2030 年温室气体比 1990 年减排 55% 纳入法律；设立气候问题专家委员会，通过为各部门制定碳排放预算、为二氧化碳定价、鼓励建筑节能改造等措施实现碳中和。德国气候保护计划的核心内容包括三部分：一是从 2021 年起将二氧化碳定价从欧盟碳市场框架下的现有能源行业和高耗能行业扩展到运输和建筑供热领域；二是制定推广计划，包括减免实施建筑节能改造的税收，为将燃料加热设备替换为环保设备提供补贴；三是减轻居民负担，降低电价和公共交通的价格。由于经济增长、移民压力等因素，德国 2020 年温室气体较 1990 年减排 40% 的计划无法达成，此次发布的 2030 年一揽子计划对于弥合减排差距具有重要导向作用，在新的政策节点下，有助于为应对气候变化带来机遇。

4. 日本的绿色金融发展

日本曾是污染最为严重的国家之一，从 20 世纪 70 年代开始重视治理污染，开展环境保护。日本的绿色金融政策从设计到法律保障，都形成了比较完备的体系。1993 年日本政府颁布《环境基本法》，在此基础上还颁布了《推进形成循环型社会基本法》《资源有效利用促进法》以及《固体废弃物管理和公共清洁法》等法律，是绿色金融发展的基本法律保障。2003 年日本环境省发布《环境报告书指导方针》，强调企业的环境保护责任，2004 年日本政策投资银行（DBJ）开发的评级系统是全球第一个基于环保评级的融资服务系统，对贷款企业进行环保评级，确定贷款的利率水平。2007 年专门成立由金融机构参与的环境类融资贷款贴息部门，组织绿色信贷工作。2011 年制定并实施《21 世纪金融行动原则》，提出金融业对日本转变为可持续社会应该做出的贡献。2013 年由公益财团法人日本环境协会建立环保补助基金，促进金融机构对环保型企业的投资。2014 年实行环境管理制度证书和注册机制，对企业的环保项目进行评估，从而建立起金融、企业与社会责任之间的关系。除此之外，日本环境省推出对于家庭和企业的环保事业补贴，主要是对使用可再生能源设备、低碳化设备补贴租金总额的 3%—5%，2015 补贴总预算达到 18 亿日元。日本政府还实行绿色汽车减税制度、绿色住宅生态返点制度、太阳能发电剩余电力回购制度、垃圾分类制度等鼓励和促进环保的制度，对于这些方面提供的贷款优惠利率实行税收优惠。

日本的商业银行积极参与绿色金融。2003 年日本瑞惠实业银行宣布加入"赤道原则"，是亚洲的第一个赤道银行，制定符合"赤道原则"的工作流程和指标体系，积累了环境管理经验，获得了更多的收益。三井住友银行将环境、社会和治理（ESG）原则作为金融投资的核心，把环境治理问题融入贷款决策过程，同时建立环境社会风险评估体系，通过环保评级的结果设立融资条件，对环保型住宅贷款实行优惠贷款。

（二）中高收入国家绿色金融发展的状况

1. 巴西的绿色金融发展

巴西是较早探索使用环境连带责任促进环境保护的国家之一，规定金融机构对客户造成的环境污染事件有无限连带责任。2008 年以来，巴西央行主要致力于风险缓解、统一金融体系与公共政策、提高行业效率；2010 年在农村信贷方面发布减少温室气体排放的清单；2011 年针对应对和适应气候变化项目出台融资规定。继 2014 年公布《社会和环境责任政策》后，巴西中央银行在 2017 年年初再次要求将社会环境风险纳入金融机构风险管理框架，对运营中的社会和环境风险进行分类、评估、监测、减缓和控制风险提供系统性的框架，使金融机构对新产品和服务的社会环境风险进行评估。巴西要求所有上市公司须发布可持续报告，如不披露报告，必须做出解释。巴西联合银行推出了一种对绿色贷款和信贷融资进行系统化追踪并报告的方法和工具。

2. 南非的绿色金融发展

南非依靠其矿产资源，达到中高收入水平，但面临较为严重的环境问题，是世界上碳排放强度最大的国家之一。经济的绿色转型需要绿色金融的发展，南非的绿色金融主要在可持续的框架下进行，涉及环境、社会和治理（ESG）问题。南非投资行业主要将 ESG 目标纳入投资决策。在 2014 年的调查报告中显示，1115 只基金中有 71% 的投资资产涉及与 ESG 相关的策略。南非政府为绿色发展基础设施融资，曾启动一项可再生能源独立发电采购项目，通过竞价选出投资人和购买人签订电力购买协议，同时获得政府的担保，这大大提高了项目融资的可能性。2013—2016 年已有 8270 亿南非兰特投入能源、水资源和环保的基础设施建设中。

南非的绿色金融政策体系和治理规则有三项重大变化。首先，《国王准则Ⅲ》提出绿色金融政策，要求上市公司在年报中披露可持续发展的问题以及如何消除对环境和社会的不利影响。其次，《社保基金法案》将 ESG 风险因素考虑进去，拓展了金融审慎监管的定义，要求基金受托人必须对影响基金资产的可持续因素给予重视。最后，《投资责任准则》主要是针对机构投资者的自愿性原则，通过信息披露实现市场的自我监督。南非的绿色金融改革与中国不同，中国的模式是自上而下的改革，南非的是自上而下与自下而上相结合，其在法律和监管方面推行的政策值得我们借鉴。

（三）中低收入国家绿色金融发展的状况

1. 印度的绿色金融发展

印度工业发展银行率先在印度银行业开展环保银行业务，致力于气候变化，特别为涉足清洁发展机制及自愿减排机构提供全咨询业务。印度国家银行为可再生能源项目提供资金支持，支持环保居住项目，同时在碳金融领域提供资金支持和咨询服务。印度工业信贷投资银行帮助多个组织开展清洁能源、生物质热点联产、废热回收等项目，还资助减少温室气体排放项目和清洁技术。而印度小产业发展银行，为采用绿色节能技术的中小微企业提供贷款，这成为印度绿色金融发展的一个鲜明特色。印度小产业发展银行为 2000 多家中小微企业的清洁生产与节能投资提供资助，总金额超过 80 亿卢布。由于班加罗尔工业区电子垃圾较多，印度小产业发展银行设置了建设电子垃圾回收设施、建立污水处理厂、在孟买实行出租车融资计划、资助出租车司机购买新车等针对中小微企业进行的融资发展项目；同时联合中小企业评级机构，引进"绿色评级"，鼓励中小微企业采用新技术和新工艺、防止环境恶化的产业活动。

印度的绿色债券市场发展非常迅速。2015 年，印度发行首只绿色债券，截至 2017 年 4 月，绿色债券发行规模达到 32 亿美元，在全球排在第 8 位。在印度发行的贴标绿债中，68% 投入可再生能源领域。

2. 孟加拉国的绿色金融发展

孟加拉国虽然收入水平较低，对绿色金融的重视程度却较高。孟加拉国央行要求所有银行对新融资项目进行环境风险评级，以规范信贷，截至 2016 年，孟加拉国发放了 5030 亿迪拉姆绿色信贷，占信贷总额的 7.5%。

孟加拉国银行在 2008 年和 2011 年先后出台了《关于"普及企业社会责任纳入孟加拉国银行和金融机构"的通知》《绿色银行政策指南》和《环境风险管理指南》，以利于金融机构分析项目的环境风险。2015—2017 年又出台了许多绿色金融方面的制度，如《强制性绿色金融信贷目标》《金融机构综合风险管理准则》等，将环境风险纳入信用风险评价体系，引入绿色营销，建立绿色战略规划，创建气候风险基金，建立绿色分支机构，改善内部环境管理规范，开发环境友好型举措，推出创新产品。

（四）启示

通过国内外绿色金融发展阶段与发展现状的分析，我们可以看到世界收入水平不同的经济体绿色金融发展水平有显著的差异，也是由于不同国家采取不同的政策，决定了绿色金融发展水平的不同。

高收入经济体经济发展到一定阶段，绿色金融发展也比较成熟，环境治理、能源发展方面融资的方式和渠道多样化，尤其是绿色金融发展的法律体系完备，商业银行积极参与，绿色金融发展取得较大成效。而中高收入国家正处于工业化阶段，环境污染严重，政府正在积极探索绿色转型的路径，重视绿色金融政策的实施，将社会环境风险纳入金融机构风险管理框架，要求上市公司须发布可持续报告，为绿色发展基础设施融资。中低收入国家资金投向清洁技术和能够带来可持续发展的项目，采用 ESG 原则进行投资，可以规避由于环境或者气候的变化带来的金融风险，这是经济可持续增长的保证。

总结高收入经济体绿色金融发展政策，包括以下四个方面。第一，绿色金融的发展不能只依靠市场机制，政府的重视与参与是极其重要的，制定明确的目标，政府的推行才有针对性。第二，法律法规的健全和完善是重要的基石和保障，无论美日还是英德，都建立了完备的环保法律框架，绿色金融的发展有法可依、有章可循。第三，商业银行积极参与，制定符合环保评级标准的绿色项目的贴息计划，对绿色信贷进行风险评价，与政府部门合作，积极引导社会资源流向节能环保产业。第四，信息透明，能够披露环境信息，将 ESG 原则作为投资的核心，是高收入国家绿色金融发展的可以遵循的规律。

三 中国绿色金融发展存在的问题

自 1995 年以来，以绿色金融推动绿色发展成为中国经济转型升级、调结构、促增长的重要方式。与其他国家相比，中国的绿色金融制度也存在着不足，如法律制度不够完善、产品制度缺乏标准、政策支持体系滞后、中介服务体系落后、信息沟通机制不畅等。具体来说，包括以下五个方面。

（一）法律制度不够完善

无论是美国的《超级基金法》，还是日本的环保法律，高收入国家的绿色金融发展都是建立在立法完备的基础之上。1989 年中国出台的《环境保护法》，是针对环境保护方面的主要法律依据，但范围比较广泛。《可再生能源法》2005 年才颁布，且没有针对绿色金融领域的详细的法律条文。《绿色信贷指引》是境内银行业发展绿色信贷的纲领性文件。《绿色信贷统计制度》等规章制度是约束金融机构的行为规则，但灵活性较大。全国首部绿色金融领域法规——《深圳经济特区绿色金融条例》要求从 2022 年起，在深圳注册的金融行业上市公司须强制性披露环境信息。但到目前为止，并没有统一的绿色金融方面的法规，因此执行的约束力不强。而法律规范是支持绿色金融制度实行和绿色项目发展的基本保障，因此应加快完善中国绿色金融发展的立法体系，并修改环保方面的法律，使其能够与金融体系对接，为金融支持环保提供法律依据。

（二）产品制度缺乏标准

虽然各国在绿色金融产品的分类中没有全球公认的统一标准，但是高收入国家的做法值得借鉴。例如，2011 年日本发布《21 世纪金融行动准则》，并在 2014 年建立起环境管理制度证书与注册机制，对企业环保项目进行评估。绿色金融产品包括绿色信贷、绿色证券以及绿色保险等，但目前缺乏统一的执行标准，因此金融机构在界定绿色信贷投放对象时有一定的盲目性，真正需要资金投入环保项目的企业可能无法融资，除了绿色信贷有《绿色信贷指引》、绿色债券有比较详细的标准外，中国其他的绿色股票制度、绿色保险制度都缺乏操作层面的明确规定。而且绿色债券与国际标准有一定的差异，如何认定还需要继续深入研究，并取得共识。同时支持可持续资产证券化也需要标准化的产品，包括碳市场的衍生品等都需要有标准化的合约。目前中国统一的碳市场也只是针对电力等行业，还需要继续扩大行业范围、统一标准。

（三）政策支持体系滞后

从事绿色金融业务风险较大、项目回报长，因而政策上的支持尤其重要。日本环境省专门成立由金融机构参加的环境类融资贷款贴息部门，从政府层面组织绿色信贷工作。就目前中国的情况看，财政上仅限于税收的减免和优惠，虽然有些财政上的贴息贷款，但货币政策上仅限于采取不同的优惠利率以及不同的准备金率，包括央行的绿色再贷款等，但这些还远远不够。

（四）中介服务体系落后

与日本商业银行积极参与绿色金融不同，中国商业银行参与度不高，一个主要原因在于缺乏银行的环境评级系统。由于绿色信贷项目技术性高、专业性强，需要第三方中介机构的技术评估与鉴定，绿色债券的发行也需第三方认证的介入。但目前的中介服务体系较为落后，风险评估能力有限，不能与全球标准一致，在推进跨境绿债投资方面存在瓶颈。信用评级机构和资产评估机构在碳信用和碳资产的管理方面也缺乏经验，涉及碳排放权的交易受到很大阻碍。

（五）信息沟通机制不畅

南非绿色金融治理规则中的《国王准则》对于信息披露非常重视，《投资责任准则》通过信息披露实现市场的监督，这些做法都值得我们借鉴。2017 年 6 月，环保部和证监会签署《关于共同开展上市公司环境信息披露工作的合作协议》，督促上市公司履行信息披露义务，成为绿色金融资金运用引入社会监督和第三方评估的突破口，但这还远远不够。目前没有要求金融监管机构向环保部门共享污染企业的信贷信息，环保部门并不了解相关企业在银行的融资信息，信息的共享机制是单向的，这不利于环保部门加强监督。目前只有 20% 左右的上市公司披露环境信息，城市商业银行绿色信贷数据披露的完整度只有 20%—50%。信息披露可以为资产有效定价、投资者识别投资风险和机会提供依据，为使企业避免不公平的竞争，应该采取对上市公司和发债企业的环境信息进行强制披露，使得信息沟通通畅。

四 中国进一步发展绿色金融的对策

从中国绿色金融制度设计和推行的历程可以看出，中国政府出台了大量关于绿色信贷、绿色债券、绿色保险等方面的具体措施，鼓励发展和创新绿色金融产品和服务，加大绿色金融供给，鼓励更多的社会资本投入绿色产业，引导金融机构加大对绿色产业的扶持力度，发挥绿色金融在促进资源有效利用、促进企业加大对绿色环保产业的研发投入等方面的作用。但同时存在着一些缺陷，应从以下几个方面进行完善。

（一）加强绿色金融法律制度建设，对责任主体形成有效约束

首先，进一步完善环保方面的法律，在金融方面的法律中加入"绿色"元素，加大追究环境污染者法律责任的力度。其次，明确环境污染者应该承担的责任，加大环保执法力度，通过明晰产权，划分清楚企业环境治理的界限，强化激励和约束机制。最后，加强金融监管部门与环保部门的协同，加大执法力度和提高政策的约束性。

（二）加强绿色金融市场制度建设，确定绿色金融产品的标准

运用市场机制来配置资源，完善绿色金融市场制度，包括制定绿色产品的标准，进一步推动绿色指数、绿色资产证券、绿色基金等绿色金融产品的创新，丰富绿色市场的交易品种，形成有效的、充满活力的绿色金融市场。

确定绿色金融产品的标准。目前关于绿色信贷以及绿色债券等方面的标准还没有统一，严重制约了绿色金融的发展，难以对金融机构形成有效的约束和激励。国家应该尽快统一绿色金融产品的标准，以利于进一步推动产品的标准化。虽然《绿色产业指导目录（2019 年版）》的发布是绿色金融标准建设工作的重大突破，但是针对绿色金融产品的标准还需进一步统一和完善。《绿色债券支持项目目录（2020 年版）》虽然在支持项目的范围进行了统一和扩充，成为中国绿色债券的标准，但目前仍未完全与国际标准接轨。

（三）加强绿色金融监管制度建设，重视环境和社会风险管理

2012 年 6 月，银监会印发了《银行业金融机构绩效考评监管指引》，要求金融机构设置社会责任类指标，对节能减排和环保方面的业务进行考评。2014 年 6 月，银监会颁布了《绿色信贷实施情况关键评价指标》，主要是将绿色信贷纳入监管评级。监管机构应进一步完善绿色金融标准和监管机制，监督金融机构建立环境风险评估流程，合理控制绿色项目的融资杠杆率，对研发投入可能带来的风险建立绿色金融预警机制。其他银行业金融机构也纷纷颁布绿色信贷政策，越来越重视环境和社会风

险的管理。同时鼓励机构投资者发布绿色投资的责任报告，对所投资产涉及的环境风险和碳排放能力要进一步考察。建立绿色金融追责问责制度，在强化企业社会责任的同时，对金融机构的社会责任问题尤其给予高度重视。建立有效的监管制度，只有规范和约束金融机构的投资行为，才能从根本意义上保障绿色金融的推行；只有关于绿色证券以及绿色保险和绿色基金、碳金融等方面的监管制度需要不断完善，才能保障绿色金融业务的真正开展。要进一步区分商业性金融机构和政策性金融机构，同时为绿色金融发展配套监管政策，在培育绿色金融市场方面建立保障市场秩序良好、市场信息透明、市场监管配套措施完善的政策支持体系。

（四）加强绿色金融机构建设，发挥机构与第三方机构的服务作用

由于中国绿色金融市场的参与主体与日俱增，需要与绿色金融业务相关的中介机构以及金融机构自身的架构来支持。例如，绿色项目开发的投融资服务、碳咨询与碳资产管理、经纪业务、担保业务、项目评估、风险管理、法律与审计业务、第三方核证机构、绿色信用评级机构以及绿色金融登记结算等业务机构，金融机构自身的架构包括董事会、绿色信贷部门、环境与风险评估委员会等。另外，建议成立政策性银行如绿色银行，或者由地方政府出资建立绿色基金管理机构，同时吸引社会资本的参与和进入。金融机构与第三方机构在遵循"赤道原则"与《绿色信贷指引》的基础上，需要认真评估项目融资的风险，平衡营利性与社会责任的关系，机构参与市场的主体地位决定了机构自身制度框架的合理、高效。

（五）加强绿色金融信息平台建设，促进信息披露的通畅与共享

信息平台的建立是信息制度建设的重要举措。建立绿色金融信息平台、信息披露制度与环评信息共享机制对于上市公司的社会责任承担以及绿色金融业务的开展都极为重要，信息有效，市场有效才能成为现实，政府才能有制定政策的依据。商业银行对绿色信贷的信息披露是制定绿色金融制度的基础，环保部门可以定期向金融监管部门提供企业环境违法的名单以及金融机构在环保方面的情况，为有关监管部门制定鼓励或者惩罚措施提供依据。通过强化环境信息的披露来提升绿色金融市

场的透明度，提高社会公众获得环境信息的便利性，增强社会监督力度和第三方认证的权威性，加速环境问题外部性内部化的进程，引导社会各界提升绿色偏好，增强公众的环境意识，降低绿色产业的融资成本。同时，加快构建投资者信息网络，使绿色金融信息平台的信息公开和透明，使投资者决策时能够有所依据。2021 年 7 月，中国人民银行正式发布《金融机构环境信息披露指南》金融行业标准；同年 12 月生态环境部印发《企业环境信息依法披露管理办法》，强制五大类企业披露环境信息，这对于绿色金融信息平台的建设起到了积极的作用。

总之，绿色金融发展在解决能源与环境的约束问题上发挥着极其重要的作用，绿色金融制度是绿色金融发展的保障。因此完善绿色金融制度，促进绿色经济发展，保持经济高质量、可持续增长。"十四五"时期，随着中国绿色金融标准、统计制度、评估认证、信息披露等基础性制度逐步完善，地方绿色金融改革创新不断推进，具有中国特色的绿色金融体系将会形成。

参考文献

［1］中国人民银行研究局：《中国绿色金融发展报告（2018）》，中国金融出版社 2019 年版。

［2］中国人民银行研究局：《中国绿色金融发展报告（2019）》，中国金融出版社 2020 年版。

［3］中国人民银行：《2020 年金融机构贷款投向统计报告》，http：//www. pbc. gov. cn/goutongjiaoliu/113456/113469/4180902/index. html。

［4］环保在线：《IGF 观点 2020 年绿色基金市场进展及相关建议》，https：//www. hbzhan. com/news/detail/141663. html。

［5］碳交易网：《2020 年碳交易市场情况》，http：//www. tanpaifang. com/tanguwen/2021/0410/77392. html。

［6］中国金融信息网：《2019 年末江西绿色信贷余额 2732 亿元，同比增长逾两成》，http：//greenfinance. xinhuao8. com/a/20191227/1905011. shtml。

［7］中国金融信息网：《2020 年中国绿色金融发展趋势展望》，2019 年 12 月。

［8］王遥、罗谭晓思：《中国绿色金融发展报告（2018）》，清华大学出版社 2018 年版。

［9］陈诗一、李志青：《绿色金融概论》，复旦大学出版社 2019 年版。

［10］产业信息网：《2020 年中国非贴标绿色债券市场发行总量、发行规模及区域分布》，https：//www. chyxx. com/industry/202102/931412. html。

［11］证券日报网：《政策鼎力支持　绿色债券发行量有望稳步增长》，https：//baijiahao. baidu. com/s？id = 1692817704878347774&wfr = spider&for = pc。

［12］中国网财经：《保险业三年累计提供超 45 万亿保额绿色保障　绿色投资年均增长 19. 17%》，https：//finance. sina. com. cn/roll/2021 - 06 - 17/doc-ikqcfn-ca1551037. shtml？cref = cj。

［13］马中、周月秋、王文：《中国绿色金融发展报告（2017）》，中国金融出版社 2018 年版。

［14］马中、周月秋、王文：《中国绿色金融发展研究报告（2019）》，中国金融出版社 2019 年版。

环保组织视角下中国环境信息公开 20 年回顾与展望①

2017 年，生态环境部与住建部联合印发《关于推进环保设施和城市污水垃圾处理设施向公众开放的指导意见》，该意见指出：推动相关设施向公众开放，是保障公众环境知情权、参与权、监督权，提高全社会生态环境保护意识的有效措施。随着政策的落实，超过千家环保企业或者单位实现了环境信息实质公开。某种程度上可以看出，中国环境信息公开走向新的历程，不仅仅是数据和信息公开，而是真正切入了信息公开最为本质的内核——实现切实的开放互动。回顾自 2000 年以来，20 多年的发展，环境信息公开之路不断递进、向前发展，从排污信息涉密到信息公开成为政府和企业的普遍认知，整个过程中也在伴随和促成中国环境治理体系的不断迭代和发展。环保组织在这其中发挥了重要作用，主要表现为促成政策立法的完善和相关法律政策的有效落实。展望未来，随着现代化环境治理体系的构建和排污许可制度的实施，环境信息公开还有待进一步发展，从深度来看，公众广泛参与环境治理应成为可能；从广度来看，以手工监测数据公开为基础促成全面信息公开，形成环境信息共享机制打造多元主体参与，等等。

一 环境信息公开的内涵和意义

信息公开是一项有力的"软性工具"，区别于行政执法的强制力，更多的是鼓励性的软约束，通过信息公开促进企业完善内部环境监管体系的构建，提示政府职能部门合规行使公权力。信息公开某种程度上成

---

① 本文作者为张静宁（芜湖市生态环境保护志愿者协会）。

为"警示器"有利于现代化环境监管体系的构建，现代化环境治理体系的核心是多元共治，而多元共治的基础是信息全面公开。环境信息的全面公开和共享让非生态环境职能部门参与环境保护成为可能，共同促成绿色金融、绿色证券等市场化的手段参与环境监管。

一方面，环境信息公开可以按照公开主体简单划分为政府环境信息公开和企业环境信息公开，政府环境信息公开一般涵盖环境质量信息、执法信息、监督性监测信息和环境公报信息等，通过监督性监测信息公开平台、环保部门官网和政府网站等渠道公开。企业环境信息公开一般涵盖企业自行监测信息、企业环保设施运行情况和节能减排目标及实践情况等，通过自行监测信息公开平台、企业官网和政府网站等渠道公开。另一方面，环境信息公开基于排污信息公开、监管信息公开和相关监管政策公开，还涉及在信息公开基础上发展的公众参与。

本文定义的环境信息公开是指污染防治领域的环境信息公开，更多聚焦工业企业监管方面的相关信息公开，主要包含生态环境部门和企业两个主体。并以此为基础探讨相关环境监管政策对于信息公开的影响，从信息公开的维度看环境监管的深化与发展。

二 环境信息公开的阶段划分

（一）环境信息公开的启蒙和起步阶段（2000—2014 年）

中国现有的环境信息立法历程以 2003 年国家环保总局下发的《企业环境信息公开的公告》为起点，首次对于环境信息公开作出较为详细的规定，指出：省级环保部门要在当地主要媒体上定期公布超标准排放污染物或者超过污染物排放总量规定限额的污染严重企业名单，纳入名单的企业必须公开排放总量、污染治理和环保守法等五类信息，并且鼓励未纳入名单的企业主动公开。相关规定实际是基于 2003 年 1 月实施的《清洁生产促进法》第十七条的规定，省级环保部门要在本地区主要媒体上公布未达到能源消耗控制指标、重点污染物排放控制指标的企业的名单，列入名单的企业，应当按照国务院清洁生产综合协调部门、环境保护部门的规定公布能源消耗或者重点污染物产生、排放情况，接受公众监督。可以看出，2003 年之前环境信息公开依附于别的环境制度来规划，之后环境信息公开作为独立的法律制度进行立法[1]。

2008 年 5 月两项法规的实施给环保组织参与环境信息公开奠定了基础，其一是《政府信息公开条例》，从国务院法规的高度明确"信息公开申请"相关制度，确定了政府信息公开基本原则和制度。其二是《环境信息公开办法（试行）》，开始以法规的形式明确规定环保部门应该公开的十七项具体信息，鼓励未超标企业公开九项信息，明确要求纳入超标名单的企业应当公开企业基本信息、污染物排放、环保设施运行和应急预案四项信息，同时明确政府环境信息公开依申请公开相关要求细则。两部法规的实施被环保组织认为对于完善中国环境治理机制具有里程碑意义，也让公众环境研究中心（以下简称 IPE）2010 年首次开始对于全国 100 多个重要城市进行政府环境信息公开的评价[2]成为可能。

2011 年环保法的修改被列入十一届全国人大的立法计划，之后历经四次审议、两次公开征求意见，终于在 3 年后的 4 月 24 日尘埃落定[3]。在整个过程中，可以明显看到例如自然之友、IPE 等环保组织参与的身影，它们通过民间修改建议讨论会、直接邮寄修改意见等方式积极参与。这不仅是环境治理体系构建中积极引导社会组织参与的优秀案例，整个过程中也促成立法部门在环保法修订中增加公众参与制度的构建。

2015 年新修订的《环境保护法》得以正式实施，首次以基本法的形式明确了环境信息公开的基本原则，这也成为后续一系列环境法规政策制定考量的基本原则。环保法也从制度的角度将信息公开和公众参与连接起来，专门设置"信息公开和公众参与"章节，体现信息公开是公众参与的基础。

（二）深化阶段："国控企业"被"重排单位"替代（2014—2017 年）

2014 年 1 月 1 日正式实施的《国家重点监控企业污染源自行监测及信息公开办法（试行）》和《国家重点监控企业污染源监督性监测及信息公开办法（试行）》，明确规定了国家重点监控企业（简称"国控企业"）应该执行自行监测和监督性监测并进行信息公开，这是基于污染源监测数据公开角度进行明确规定，同时明确了企业和环保部门相关职责。基于此，各省市开始逐步建立了各省市国控企业自行监测及监督性监测信息公开平台，平台的建立让企业和基层环保部门开始有基础并成体系化的践行企业排污信息公开。

这两个文件也成为环保组织工作的重要抓手，并以此为依据对基层环保部门进行"点对点"的建议和倡导，促成更多国控企业可以在信息平台上公开环境信息。例如，环保组织芜湖生态自 2016 年开始观察全国纳入国控名单的垃圾焚烧厂在信息平台是否有公开、公开的完善程度如何。这不仅在促成国控企业完善公开环境信息，也在促成更多应该被纳入国控企业名单的企业纳入名单。

随着国家环境政策的变化，2015 年《环境保护法》首次提出"重点排污单位"（简称"重排单位"）的概念，随后配套办法《企业事业单位环境信息公开办法》对于重排单位信息公开内容进行了详细要求，环保组织针对此项政策开始统计各地重排单位名录发布情况，积极倡导各地按照要求公布名录。《重点排污单位名录管理规定（试行）》的出台进一步明确了相关工作的依据，大约两年的时间，各地市生态环境部门基本实现了较为及时发布本市的重排单位名录。某种程度上来看，环保组织因为组织灵活性，可以较快地捕捉到政策变化，快速学习接纳，促成基层生态环境加快实施新政策，推动政策的实施。

虽然重排单位替换了国控企业的概念，但相关要求却没有进一步明确，相关法律法规与政策性文件也没有进行很好的衔接。重排单位的监管是否完全替代国控企业在实践中并没有统一做法，部分省市"国控企业信息公开平台"直接改名为"重排企业信息公开平台"；部分省市将 2017 年国控企业（后续未更新）认为是应执行国控要求的企业。2017 年出现国控企业名单和重排单位名录同时存在的情况，被纳入重排单位名录的企业信息公开渠道并未明确，信息公开渠道的多元化伴随着"公开差"。

（三）完善阶段：在线数据公开让"大数据"成为可能（2017 年至今）

随着排污许可制度的实施，企业主体责任被进一步强调，自动监测设备的安装成为普遍要求。企业主体进行监测的自动监测数据一般也被称为"在线数据"，涉及废气和废水两个监测对象，属于企业自行监测信息中的重要部分。自行监测信息公开可以从内容和渠道两个维度来看，信息公开内容包含最为基础的排污信息，涉及企业自动监测数据和手工监测数据，另外，还有节能减排目标和实施情况等其他信息。信息公开渠道主要有两类，一类是以企业官网为主的民间信息公开渠道，包括企业年报、社会责任报告，等等；另一类是由官方设立，但由企业通过使用账户的形式进行上传公开的渠道，一般指各省市企业自行监测信息公开平台，包括汇报给相关生态环境部门进行公开的生态环境部门官网和人民政府网站，等等。2021年5月24日，生态环境部在官网对外发布《环境信息依法披露制度改革方案》，企业环境信息强制披露被提上政策制定的议程，进一步强调了企业作为信息公开的主体责任，某种程度上看政府对于企业监管信息公开被弱化，这是否一定是最好的发展路径值得思考。

比较特别的是生态环境部对于垃圾焚烧行业的监管要求。2016年《生活垃圾焚烧污染控制标准》（GB18485—2014）全面实施，对于自动监测设备安装和公开进行了明确要求，指出生活垃圾焚烧厂应设置焚烧炉运行工况在线监测装置；2017年环保部专门发布《关于生活垃圾焚烧厂安装污染物排放自动监控设备和联网有关事项的通知》，要求垃圾焚烧厂全面实施"装、竖、联"，即安装自动监测设备、竖电子显示屏并和生态环境部门联网；2018年生态环境部对垃圾焚烧行业进行专项整治；2020年垃圾焚烧厂在线数据全面达标和公开成为现实[4]。整个过程中，环保组织芜湖生态和自然之友就一直在以发布民间观察报告、举办研讨会、撰写建议信等民间力量的形式参与其中。例如，2019年全国两会期间，就曾联系两会委员成功提交建议生态环境部建设统一信息公开平台完善公开垃圾焚烧厂排污信息的提案。

基于垃圾焚烧厂自动监测数据日均值全面信息公开，环保组织上海青悦开始以民间环保组织的视角搜集基础数据，针对垃圾焚烧行业进行环境绩效分析。上海青悦开发了"生活垃圾焚烧厂环境绩效分析平台"，对于垃圾焚烧厂五项常规污染物排放情况进行分析排名，有效促成各个垃圾焚烧品牌相互良性竞争。从2019年11月实施的《生活垃圾焚烧发电厂自动监测数据标记规则》到2020年12月实施的《火电、水泥和造纸行业排污单位自动监测数据标记规则（试行）》，可以看出，垃圾焚烧行业是环境监管体系改革发展的试点行业，基于排污信息的全面公开，民间力量运用大数据分析成为可能，这也是环保组织深度参与环境治理的良好实践。

除了上海青悦和IPE在进行环境基础数据搜集和整合外，广州绿网2021年开始制作各地市的城市环境数据年报，包含空气质量、水环境质量、环评信息、行政处罚信息、固体废物信息等各类环境信息，某种程度上可以认为是从民间的角度给这个城市环境监管开具的"成绩单"，更多的意义在于该城市自身对比，判断有没有一年比一年更好的趋势。

这也可以看出，这些年环境信息公开的进步，不仅在于环境质量信息公开，还涉及污染源监管信息公开，同时，这也是环境大数据的运用和实践，这一切的基础实际是环境信息成体系的对外公开。

三 政府环境信息公开及互动情况

（一）环境执法监测信息公开及互动

2011 年，环境保护部发布《关于加强污染源监督性监测在环境执法中应用的通知》，明确监督性监测是以各级环保部门开展的，以环境执法为目的的监测行为。监督性监测信息公开的相关要求在 2014 年实施的《国家重点监控企业污染源监督性监测及信息公开办法（试行）》中进行了明确规定，2015 年实施的《环境保护法》规定，县级以上人民政府环境保护主管部门应当依法公开环境质量、环境监测、突发环境事件等信息。环保组织认为相对"环境质量"指空气、水、土壤等环境质量数据，法条中的"环境监测"信息，应指"政府主导监测"的信息。

芜湖生态在日常工作中发现，2019 年各地环境监测方案中开始将原有的"监督性监测"用"执法监测"替代，未能发现生态环境部发文明确表示变更的情况。为便于倡导工作开展，对于"执法监测"的概念通过信息公开申请、和基层生态环境部门直接沟通、访谈专家等方式进行探究，发现针对执法监测的概念有两种理解。一种是从广义上来说，执法监测包含检查、监测等一系列的执法行为；另一种是从狭义上来说，执法监测就是原有的监督性监测。

执法监测信息公开实际涉及执行和公开两个维度，可以简单理解为：如果有公开那必定执行了，而如果没有公开，对于环保组织和公众来说就是"黑箱"，可能执行了，也可能没有执行。通过履职申请（指针对政府职能部门应该履行的职能而未履行发起的申请）答复和沟通得知，基层生态环境监测站的监测能力一定程度上是执行好坏的决定因素；按照政策要求没有监测能力需要委托第三方力量开展的流程受地方经济水平制约；是否纳入重排单位；另外还有按照环境监测方案执行未顾及相应标准等原因描述。聚焦信息公开，监测数据不共享；信息公开平台不完善；对于地市区县生态环境部门仅被要求汇报，未明确要求公开等是被告知未能完善公开的主要因素。

探究执法监测信息，除了观察主动公开情况以外，环保组织运用较多的是信息公开申请，通过观察和信息公开申请获取的信息被认为是可获取的政府监管信息。整个过程除了促成具体议题的改变外，实际还在向基层生态环境部门传达一个理念，更多的主动公开可以减少依申请公开的工作量，即使是政府信息，主动公开也应该成为常态。

随着排污许可制度的改革，环境监管更为强调企业"自证守法"，这也是"放管服"的体现。执法监测弱化可能成为趋势，更多利用"双随机"的方法对企业进行抽查。其实，无论是生态环境部门环境监管重点变成企业"程序性合法"监督，还是随机性质的执法监测，环保组织更为期待更多元的信息公开、能公开尽可能公开的理念，让公众监督切实可行。

（二）行政处罚信息公开及互动

2010 年 3 月实施的《环境行政处罚办法》明确"行政处罚决定"应当公开，2015 年实施的《环境保护法》更是将该项要求提高到了基本法的高度，明确规定"县级以上人民政府环境保护主管部门和其他负有环境保护监督管理职责的部门，应当依法公开……环境行政许可、行政处罚等信息"。企业环境行政处罚信息公开责任主体主要为各地的生态环境部门，按照"谁制作，谁公开"的基本准则，下发行政处罚文书的环境部门应当公开，公开内容应包含行政处罚决定书中当事人的基本情况，环境违法事实、证据，行政处罚的依据、种类等关键信息。

针对企业行政处罚信息，环保组织开展了三个方面的工作。一是环境行政处罚信息情况，被认为是企业的环境信用关键因素，基于此，向有违规记录的企业邮寄建议信，建议其主动公开针对该项违规的整改情况。二是观察统计行政处罚信息公开情况，通过履职申请和两会提案（联系两会委员提交）等形式倡导"有执行必公开"。三是涉及行政处罚影响的环境信用，主要是针对 2011 年财政部和国家税务总局发布的《关于调整完善资源综合利用产品及劳务增值税政策的通知》（财税〔2011〕115 号），向税务部门邮寄建议信，建议其按照相关规定追缴有行政处罚的相关企业的退税。

随着环境信息公开体系的构建、环保组织专业化程度的提高。环保组织除了倡导更多元的信息公开外，还在探索实践如何更好地利用已经公开或者获取到的信息，更深度地参与环境监督。行政处罚是企业最在意的"黑历史",是最基础和直接的环境监管方式,也是执法监测、环境监管最重要的载体。正因为此,其信息公开是最好的构建公众参与的工具。不仅是环保组织作为社会力量参与其中,企业的供应商、投资方等各个维度的合作者都可以有效利用该信息,构建绿色金融、绿色供应链有效土壤。

四 展望:从环境信息公开到广泛公众参与

环境信息公开必然是和公众参与联系起来的,这不仅是环保法的理念体现,也是现代化环境治理体系构建的要求。目前,中国公众参与如果定义在狭义上的环保组织参与,已经有了较好的实践并取得了一定的成果;如果进行广义上的定义,每个普通人参与污染防治或环境治理,还有较长的一段路要走。

从环保社会组织的视角来看,环境信息公开的突破表现为两个方面。一方面是"全国生活垃圾焚烧厂自动监测数据公开平台"的发布,标志着自动监测数据全面公开成为可能。另一方面是"环保设施向公众开放"。2017 年 5 月,生态环境部和住房与城乡建设部联合印发《关于推进环保设施和城市污水垃圾处理设施向公众开放的指导意见》,随后陆续发布《城市生活垃圾处理设施向公众开放工作指南(试行)》《环境监测设施向公众开放工作指南(试行)》《关于进一步做好全国环保设施和城市污水垃圾处理设施向公众开放工作的通知》,一系列政策的发布在政策层面上为环保设施对外开放提供了保障。生态环境部有关负责人在政策发布答记者问时就曾表示,"这是政府部门转变治理方式,增强信息公开度,保障公众知情权、监督权、参与权的有效举措"。某种程度上看,这就是环境信息公开的进一步拓展,也是信息公开深度发展的体现。

从信息公开发展广度看,环境监管体系改革更多地强调"大数据""互联网+"等非现场执法的监管理念。某种程度上看,这弱化了政府主导的环境监管信息公开,同时也弱化了重金属、持久性有机污染物等不能实现在线监测的排污数据公开,环境信息公开也应该走向全面公开。综上所述,全面公开不仅是指污染物项目的全面公开,还指信息公开渠道完善,信息平台的构建无疑是较好的选择。延伸来看,环境信息共享机制可以有效协助非生态环境部门参与环境保护事业。

未来社会不可能没有排污企业，环保组织的目标也不是消灭排污企业，更多的是协助企业做好排污工作，充当"润滑剂"和"平台"，促成"睦邻友好"的状态实现。这样来看，一方面是信任的建立，而信任必然是需要企业或公众某一方先迈出一步。生态环境部"推了企业一把"，鼓励环保设施向公众开放，这个政策的基础是"顺畅联系渠道"，表现为企业通过官网公开联系方式，周边公众或者关注企业运营的公众可以随时和企业取得联系。另一方面企业将联系方式汇报给职能部门，统一公开，例如，环保设施向公众开放名单中的联系方式、全国生活垃圾焚烧发电厂自动监测数据公开平台上的联系方式，等等。这些举措也就是信息公开，而且是更高级的信息公开。

回顾环境信息公开20年，环保组织真正参与更多的是在后10年，后10年也是我们国家环境信息公开体系逐步构建、发展变化最大的10年。从申请公开申请答复称企业排污数据属于"秘密"到排污信息公开属于常态，从环保部门（现生态环境部门）收到环保组织建议信质疑是否会"敲诈"到商讨如何一起解决问题。可以明显看出，生态环境部门和企业对于信息公开态度的变化，这一方面是环保理念提升、相关政策逐步明确的结果；另一方面也是更多互动沟通促成、更多利益相关方接受并认可信息公开理念的结果。

正因为这些互动，环境信息公开成为环保组织较为熟练掌握的倡导工具和理念，这也正是环保组织价值的体现。相信一定不是为了公开而公开，公开是为了利用环保组织的力量促进执行；公开是为了调动普通公众参与污染防治的动力；公开是为了构建多元共治的现代化环境治理体系，正因为有了公开这样的基础和土壤，后续的一切才变得有可能。

参考文献

[1] 邓旸：《我国环境信息公开制度的立法构建》，硕士学位论文，中南林业科技大学，2006年。

[2] 马军等：《环境信息公开 艰难破冰——（PITI）2008年度报告》，公众环境研究中心，2010年9月17日。

[3] 任沁沁、顾瑞珍、罗沙：《我国通过史上最严新环保法 新法于明年1月1

日施行》，http：//theory. people. com. cn/n/2014/0425/c49154 – 24940969. html。

[4] 于天昊：《垃圾焚烧发电行业如何做到"华丽转身"?》，http：//epaper. ce-news. com. cn/html/2021 – 03/15/content_64083. htm。

中国社会组织环境公益诉讼述评①

2020 年 8 月 3 日，拉锯九年的曲靖铬渣污染公益诉讼案终于画上了句号。2011 年 9 月 20 日，环保社会组织北京市朝阳区自然之友环境研究所（以下简称"自然之友"）和重庆绿色志愿者联合会针对曲靖某化工企业违法处置铬渣行为提起环境公益诉讼，历经九载艰难推进，沉沉浮浮，终以调解结案。在此案起诉之前，中华环保联合会和贵阳公众环境教育中心也已经在贵州、江苏等地探索提起过几起环境公益诉讼案件，但与曲靖案相比，案情均不复杂，早已结案。

环境公益诉讼制度是一项新生事物，但已成为中国环境法治建设的重要内容。在习近平生态文明思想指导下，社会组织在环境公益诉讼中发挥着越来越重要的作用。中国社会组织环境公益诉讼经历了怎样的发展过程？其展现出什么样的特点？具有什么价值？发挥什么功能？又存在哪些不足？未来的发展方向是什么？本文将针对以上问题进行论述。

一 中国社会组织环境公益诉讼发展历程

2015 年 1 月 1 日，新修订通过的《环境保护法》正式实施，该法第五十八条规定：符合资格的社会组织可以针对污染环境、破坏生态损害社会公共利益的行为提起诉讼。新环保法的实施在中国环境法治推进中具有重大的标志性意义。本文以此时间点为界将社会组织参与环境公益诉讼过程分为两个阶段，来梳理中国社会组织环境公益诉讼的发展历程。

---

① 本文作者为葛枫（中国政法大学民商经济法学院）。

（一）中国社会组织环境公益诉讼探索期（2015 年之前）

2015 年之前是中国社会组织环境公益诉讼的探索期。无锡、贵阳、昆明、海南、重庆等地在一些地方性法规或文件中对环境公益诉讼做了相关规定，这些地方性规定成为当地法院探索环境公益诉讼实践的依据[1]。据统计，1995—2014 年，全国各级法院共受理环境公益诉讼案件 72 件，其中环保组织和个人起诉的环境公益诉讼案件分别为 17 件和 6 件[1]。2012 年《民事诉讼法》修改时增加了公益诉讼条款，该法第五十五条规定：对污染环境、侵害众多消费者合法权益等损害社会公共利益的行为，法律规定的机关和有关组织可以提起诉讼。但由于该条款规定得过于笼统，且缺乏环保法律的呼应，因此，2013 年和 2014 年无一起社会组织提起的环境公益诉讼案件进入实体审理程序。中华环保联合会提起的案件均以原告主体不适格被驳回起诉。

（二）中国社会组织环境公益诉讼全面发展期（2015 年至今）

2015 年至今，为中国社会组织环境公益诉讼的全面发展期。2014 年，在《环境保护法》修订通过之后，最高人民法院成立环境资源审判庭，并出台《最高人民法院关于审理环境民事公益诉讼案件适用法律若干问题的解释》，对环境民事公益诉讼的原告主体资格、案件范围、起诉材料、管辖法院、诉讼请求、审理程序、证据规则、信息公开和公众参与等具体程序和规则进行了比较全面的规范。

新环保法及相关司法解释的规定有力促进了社会组织参与环境公益诉讼活动。据不完全统计，2015 年环保组织提起 37 起公益诉讼案件[1]；2016 年环保组织提起 59 起公益诉讼案件[2]。根据最高人民法院统计，全国法院 2017 年受理社会组织提起环境民事公益诉讼案件 58 件，2018 年 65 件[3]，2019 年 179 件[4]。社会组织开始在全国各地稳步展开环境公益诉讼实践。

二　中国社会组织环境公益诉讼的特征

（一）以环境民事公益诉讼案件为主

按照所诉行为为行政行为还是民事行为，环境公益诉讼案件分为环境行政公益诉讼和环境民事公益诉讼。由于现行法律没有明确授予社会组织提起环境行政公益诉讼的起诉资格，社会组织提起的案件以环境民事公益诉讼案件为主。在 2014 年之前，法院曾经审理过社会组织提起的环境行政公益诉讼案件。在 2015 年之后，自然之友曾经提起过两起环境行政公益诉讼案件，但均以法律上不符合行政公益诉讼原告起诉资格为由被驳回起诉[1]。

（二）参与的社会组织和案件数量少但个案影响大

提起环境公益诉讼的社会组织数量少。据自然之友统计，2015 年有 9 家环保组织提起环境公益诉讼[1]，到 2016 年数量有所增加，有 14 家环保组织提起环境公益诉讼[2]。通过查阅裁判文书网公开的裁判文书及访谈参与的环保组织了解到，提起环境公益诉讼的社会组织数量在之后几年并没有增加，虽然不断有新的环保组织参与进来，但也有相当一些环保组织在之后没再提起环境公益诉讼案件。

社会组织提起的案件数量整体比较少，远远少于检察机关提起案件的数量。但社会组织提起的一些个案影响力较大，如新环保法第一案福建南平开矿毁林案、常州"毒地"案、绿孔雀栖息地保护案、曲靖铬渣污染案、腾格里沙漠排污案等。这些个案引起社会广泛关注，对于扩大环境公益诉讼的影响力、增强环境司法的威慑力、提升社会公众的环境意识、推动环境保护的政策倡导等方面具有重要意义。

（三）案件涉及领域广泛

社会组织提起的环境公益诉讼案件既涉及大气污染、水污染、土壤污染等污染问题，也包括物种保护、湿地破坏、森林砍伐等生态问题[5]，还包括能源和气候变化等领域。这些案件涉及的领域非常广泛。

（四）个案持续时间较长且诉讼成本高

社会组织提起的环境公益诉讼普遍存在审理时间长的现象。如曲靖铬渣案持续九年方结案。再如常州常隆地块土壤修复二次污染案已经进入第五个年头，尚未结案。一般来说，土壤污染类的案件持续时间比较长，因为土壤污染涉及复杂的鉴定，耗时长，鉴定费用高，对于财力有限的环保社会组织来说经济负担较重。

三　中国社会组织环境公益诉讼的价值与功能

中国社会组织环境公益诉讼在促进环境保护领域的社会治理多元化方面具有重要的价值。同时其功能也是多方面的，不仅具有补充行政执法、填补和预防环境损害的直接功能，还具有监督行政执法和政策倡导的间接功能。

（一）促进社会治理多元化

不同的社会治理模式有不同的运作机制。统治性社会治理模式是"权威—依附—服从"的权力机制，管理型社会治理模式是"契约—协作—纪律"的法治机制，多中心治理模式是"服务—信任—商谈"的伦理机制[6]。社会组织是在市场体制和国家体制之外出现的一项重大的组织创新，是社会权力的核心主体。良性的社会权力是推动国家民主化、法治化和社会进步的动力。社会主义国家应高度重视社会权力的发展，运用社会力量来促进和谐社会的形成[7]。环境公益诉讼是社会组织参与社会治理的重要途径。社会组织提起环境公益诉讼，通过司法权力，深入参与环境问题的解决过程中，必将进一步促进环境治理的多元化，推动环境问题的解决，并推动社会的进步。

（二）补充行政执法功能

中国环境保护工作主要依靠行政执法，现行环境法律也多规定的是相关行政机关的环保职责。但是，囿于行政机关的能力和资源，仅仅依靠行政执法显然是不够的。更何况地方行政机关还受限于地方经济发展的制约。因此，环境民事公益诉讼可以起到补充行政执法不足的作用。该功能得到学界的普遍认同。

（三）环境损害填补与预防功能

环保社会组织提起的环境民事公益诉讼大部分是针对损害已经发生的行为，该类诉讼的功能主要是损害填补，即赔偿损失、修复生态环境等。也有一些环境民事公益诉讼针对尚未发生损害但有产生损害的重大风险的行为，该类诉讼被称为预防性公益诉讼，其功能是直接预防损害的发生。由于生态环境具有破坏容易修复难的特点，预防损害的产生就具有极其重要的意义。因此，环境公益诉讼的预防功能尤为重要。将风险预防原则引入司法裁判，发挥环境民事公益诉讼的预防功能[8]。绿孔雀栖息地保护案即是典型的预防性环境公益诉讼。

（四）间接监督行政执法功能

行政公益诉讼对于行政执法具有直接监督功能，但是社会组织的行政公益诉权缺乏法律的明确规定。在一些案件中，社会组织通过民事公益诉讼达到间接监督行政执法的功能，不过这种间接监督功能严重受限，难以有效地监督行政执法。如绿孔雀栖息地保护民事公益诉讼中，就很难对行政机关的环评审批行政行为进行监督。

绿孔雀栖息地保护案

2017年上半年，自然之友等环保组织通过多次调查取证了解到云南红河中上游刚开始主体工程建设的戛洒江一级水电站（以下简称"该水电站"）淹没区大部分是连片的原始热带季雨林，人为干扰少，生物多样性极其丰富，是国家一级野生保护动物、濒危物种绿孔雀的核心栖息地，也是国家一级保护野生植物陈氏苏铁在中国最大种群分布的生境。该水电工程的环境影响评价虽然已获审批，但环境影响报告书并未对绿孔雀及陈氏苏铁等濒危物种的分布数量和生态影响进行客观评估。为及时避免该水电站建设造成不可逆的生态破坏，在举报到相关主管部门无果后，2017年7月12日，自然之友以该水电站的建设方和环评方（同时也是该水电项目建设工程的总承包方）为被告向楚雄彝族自治州中级人民法院提起中国首例濒危野生动物保护的预防性环境民事公益诉讼，请求法院判令二被告共同消除云南省红河（元江）干流戛洒江水电站建设对绿孔雀、苏铁等珍稀濒危野生动植物以及热带季雨林和热带雨林侵害的危险，立即停止该水电站建设，不得截流蓄水，不得对该水电站淹没区域植被进行砍伐等。该案于2017年8月14日立案，于2017年9月8日由云南省高级人民法院裁定昆明市中级人民法院审理。2017年8月，该水电工程暂时停工。2018年云南省将绿孔雀、陈氏苏铁等濒危物种列为极小种群，其栖息地和生境划入云南省生态保护红线内。2018年8月，该案在云南省昆明市中级人民法院开庭。2020年3月，法院一审判决水电站建设方立即停止基于现有环境影响评价下的戛洒江水电站建设项目，待水电站建设方按生态环境部要求完成环境影响评价后，采取改进措施并报生态环境部备案后，由相关行政主管部门视情况决定项目的后续处理。后二审维持原判。

绿孔雀案发生于案涉项目刚开始主体工程建设时，尚未对绿孔雀栖息地造成损害。此时采取预防措施，有十分重要的意义。法院经审理认定项目建设对保护物种绿孔雀、陈氏苏铁及淹没区整个生态系统的生物多样性和生物安全存在重大风险，并判令被告停止基于现有环评的项目建设活动，不可砍伐淹没区植被，不可截流蓄水。从绿孔雀案可以看出，环境民事公益诉讼在预防环境损害上可以发挥一定的功能。而且虽然是民事公益诉讼，从法院审查过程和判决结果来看，司法已经对与之相关的行政行为进行了某种程度的间接审查，经过审查确认了项目环评中的重要内容缺失，并将判决被告履行环境影响后评价的行为与行政机关的职权结合起来。

（五）间接的政策倡导功能

社会组织提起的一些环境民事公益诉讼具有间接的政策倡导功能。以常州"毒地"案为例，原告自然之友提起该诉讼的主要目标在于推动污染者担责原则在法律中的确立。围绕此目标，自然之友不仅在该案中推动污染者担责原则的实现，同时还通过媒体倡导，引起社会对土壤污染及其修复责任承担规则的关注，并且基于个案研究和长期调研的经验参与《土壤污染防治法》的制定，推动该原则在法律中确立下来[9]。

四　中国社会组织环境公益诉讼存在问题分析

（一）社会组织环境民事公益诉讼的功能定位不清晰

回顾社会组织环境民事公益诉讼实施的情况，其主要功能在于对环境损害进行填补。原因在于环境民事公益诉讼归入侵权的构成要件与民事责任体系中，侵权责任的首要功能是损害填补。而环境损害存在破坏容易恢复难的基本特点，环境民事公益诉讼囿于损害填补功能的制度设计限制了其预防功能的实现。

（二）社会组织环境民事公益诉讼程序不完善

迥异于传统的私益诉讼（主观诉讼），环境民事公益诉讼属于客观诉讼，诉讼目的在于保护环境公益，起诉主体与诉的利益没有直接关系。传统的诉讼程序经过改造方能适应环境公益保护的客观目的。现行的民事公益诉讼程序在传统诉讼程序上做了改造，但运行六年来已凸显出系列问题，亟须改造，否则危及制度的良性运行。如对当事人在撤诉、和解、调解等过程中处分权的限制缺乏有效的规则；裁判规则如何创新适用于环境公益的保护；执行程序如何保障环境公益保护的落实；与检察机关的协作程序有待完善；与生态环境损害赔偿制度的协调机制有待优化等。如行政机关可以发起生态环境损失赔偿索赔磋商程序，并在磋商不成的情况下可以起诉到法院。在实践案例中，如果环保公益机构针对同一违法行为先行提起了诉讼并立案，法院会中止环保公益机构的诉讼，待生态环境损害赔偿诉讼审理终结后驳回环保公益机构的起诉。在现有的程序中，环保公益机构和拟提起生态环境损害赔偿诉讼的行政机关缺乏沟通机制，且政府在进行生态环境损害赔偿磋商和诉讼的过程中，也缺乏必要的信息公开和公众参与机制。

（三）社会组织环境行政公益诉权缺失

行政机关作为维护环境公益的首要主体，失灵的表现存在客观不能和主观不能两种情形。客观不能是指因为职责的缺失、能力的受限等客观原因致使行政机关无法维护环境公益，在此种情况下，社会组织发起环境公益诉讼的目的旨在补充行政执法的不足，环境民事公益诉讼堪当此任。主观不能是指行政机关具有维护环境公益的法定职责，但主观上怠于履行或者违法作为，在中国民事和行政诉讼二分体制下，环境民事公益诉讼很难起到救济行政机关主观不能的作用。检察行政公益诉讼一定程度上可以起到监督和制约行政执法的作用，但囿于体制等方面的原因，有必要推进多元主体参与环境行政公益诉讼。

在难以发起行政公益诉讼的制度安排下，社会组织维护环境公益的目标促使它试图通过民事公益诉讼的途径达到对行政权力的监督，这会造成以下后果：要么社会权力与司法权力张力日益扩大；要么民事公益诉讼制度变形，使得司法权力有超越、过度干预行政权力之嫌。以绿孔雀栖息地保护案为例，案件涉及的水电建设项目已获得行政机关合法的审批手续，在民事诉讼的程序内，法院很难对行政行为进行审查。如绿孔雀案一审判决中虽然确认了案涉水电建设项目淹没区大部分已划入生态保护红线，项目建设对绿孔雀栖息地、陈氏苏铁生境等构成重大风险，但法院却仅是暂时性地判决被告停止建设，后续是否建设交给行政机关根据环境影响后评价结论来定。社会组织无权提起行政公益诉讼，严重限制了环境司法的作用。

（四）社会组织发育缓慢、支持环境缺乏、成长空间受限

中国的治理体制是强政府、弱社会，虽然环境治理政策一直强调多元共治，但作为社会重要主体的社会组织，其发展的社会、国家和市场支持机制缺乏，法治规制极不健全，成长空间严重受限。

五 中国社会组织环境公益诉讼完善建议

第一，重构社会组织环境民事公益诉讼的功能，在环境法的预防为主、公众参与、损害担责、保护优先等基本原则指导下，以预防功能为核心、以公众参与为基础、以促进政策形成创新功能来重构环境民事公益诉讼构成要件与责任体系。

第二，完善社会组织环境民事公益诉讼的立案、撤诉、和解、调解、执行等程序；完善社会组织与检察机关的协作程序、与生态环境损害赔偿权利主体的沟通协调程序等；完善体现预防功能的程序、审理复杂环境案件的裁判规则等。

第三，完善立法，赋予符合一定条件的环保社会组织具有提起行政公益诉讼的资格，进一步加强环境执法的司法监督与社会监督机制。

第四，完善相应的法律和政策保障机制，促进和规范社会组织发展，激励其参与环境公益诉讼的积极性。

总之，环境公益诉讼是中国生态文明建设过程中一个重要的制度创新，社会组织作为原告主体之一在制度形成、功能拓展、社会影响、多元共治推进等方面发挥了积极的作用。当然一项新制度是需要基于实践经验的总结提炼和理论的研究不断改进的，环境公益诉讼制度的完善必将进一步推动社会组织在环境治理中发挥更大的价值。

参考文献

［1］李楯：《环境公益诉讼观察报告 2015 年卷》，法律出版社 2016 年版。

［2］李楯：《环境公益诉讼观察报告 2016 年卷》，法律出版社 2018 年版。

［3］《〈中国环境资源审判 2017—2018〉白皮书：2018 年共受理环境资源刑事一审案件 26481 件》，http：//news. cnr. cn/dj/20190302/t20190302_ 524527648. shtml。

［4］最高人民法院：《〈中国环境资源审判 2019〉白皮书》，http：//www. court. gov. cn/zixun-xiangqing - 228341. html。

［5］葛枫：《我国环境公益诉讼历程及典型案例分析——以"自然之友"环境公益诉讼实践为例》，《社会治理》2018 年第 2 期。

［6］孔繁斌：《公共性的再生产——多中心的合作机制建构》，江苏人民出版社 2012 年版。

［7］郭道晖：《社会权力与公民社会》，译林出版社 2009 年版。

［8］于文轩：《生态文明语境下风险预防原则的变迁与适用》，《吉林大学社会科学学报》2019 年第 5 期。

［9］葛枫、周秀琴、王鑫一：《参与环境公益诉讼推动土壤污染类法制的健全——以自然之友参与土壤污染环境治理的法律行动为例》，《绿叶》2019 年第 5 期。